Manfred Knebusch
Claus Scheiderer

Einführung in die reelle Algebra

Manfred Knebusch
Claus Scheiderer

Einführung in die reelle Algebra

Friedr. Vieweg & Sohn   Braunschweig / Wiesbaden

CIP-Titelaufnahme der Deutschen Bibliothek

Knebusch, Manfred:
Einführung in die reelle Algebra / Manfred Knebusch;
Claus Scheiderer. — Braunschweig; Wiesbaden:
Vieweg, 1989
  (Vieweg-Studium; 63: Aufbaukurs Mathematik)

NE: Scheiderer, Claus: ; GT

Der Verlag Vieweg ist ein Unternehmen der Verlagsgruppe Bertelsmann International.

ISBN-13:978-3-528-07263-6   e-ISBN-13:978-3-322-85033-1
DOI: 10.1007/978-3-322-85033-1

Inhaltsverzeichnis

KAPITEL I

Angeordnete Körper und ihre reellen Abschlüsse

KAPITEL II

Konvexe Bewertungsringe und reelle Stellen

Kapitel III

Das reelle Spektrum

Vorwort

In den Lehrbüchern der Algebra, die heute üblicherweise benutzt werden — als besonders einflußreich seien genannt die Bücher von van der Waerden [vdW], Jacobson [JBA] und Lang [LaA] — wird reelle Algebra erst in späten Kapiteln und dann in sehr bescheidenem Umfang dargeboten (bei Jacobson ist es etwas mehr). Das große Lehrwerk *Eléments de Mathématique* von Bourbaki zeigt ein ähnliches Bild: In seinem Buch *Algèbre* kann man immerhin ein kurzes Kapitel (Chap. 6, Groupes et corps ordonnés) der reellen Algebra zurechnen. Hingegen wird der kommutativen Algebra ein eigenes Buch mit inzwischen neun Kapiteln gewidmet, wobei Bourbaki durchaus im elementaren Teil der Theorie verbleibt, nach seinen und heutigen Maßstäben nur das für eine Grundlegung unbedingt Notwendige zur Sprache bringt.

Dementsprechend scheinen heute nicht allzu viele Algebraiker die reelle Algebra überhaupt als eigenen Zweig der Algebra wahrzunehmen. Das ist nicht immer so gewesen. Im neunzehnten Jahrhundert erlebte die relle Algebra eine Zeit der Blüte. Die Lehre von den reellen Nullstellen eines reellen Polynoms in einer Variablen stand während dieses ganzen Jahrhunderts im Zentrum des algebraischen Interesses und war ein unverzichtbarer Bestandteil jeder höheren mathematischen Ausbildung.

Davon legt noch das große dreibändige Lehrbuch der Algebra von Heinrich Weber [W] Zeugnis ab. Obwohl Weber in seiner Forschung vorwiegend an Zahlentheorie, insbesondere komplexer Multiplikation und Klassenkörpertheorie, interessiert war und hierauf sein Lehrbuch vornehmlich ausrichtete, widmete er doch gleich im ersten Band weit über hundert Seiten den reellen Nullstellen reeller Polynome.

In unserem Jahrhundert ist ein drastischer Abfall des Interesses an reeller Algebra zu verzeichnen. Dieser Trend scheint sich erst seit Ende der siebziger Jahre zu ändern. Dies ist umso erstaunlicher, als die wesentlichen Keime einer modernen reellen Algebra, wie wir sie heute verstehen, bereits alle in zwei Arbeiten von Artin und Schreier aus den zwanziger Jahren ([AS], [A]) vorhanden sind.

Was also ist reelle Algebra? Wir versuchen jetzt nicht, eine formale Definition dieses Gebietes zu geben — was schwierig wäre —, sondern antworten lieber mit einer Analogie, welche die reelle Algebra in Parallele zur kommutativen Algebra setzt. Man darf die kommutative Algebra als den Teil der Algebra ansehen, der die für die algebraische Geometrie (vornehmlich in ihrer modernen abstrakten Ausprägung) typisch wichtigen algebraischen Grundlagen enthält; und algebraische Geometrie ist letztlich die Lehre von den Lösungsmengen von Systemen polynomialer Gleichungen ($F(x_1,\ldots,x_n) = 0$) und Nichtgleichungen ($F(x_1,\ldots,x_n) \neq 0$). Dementsprechend stellt die reelle Algebra algebraische Methoden bereit, die als Werkzeug typisch sind für die reelle algebraische Geometrie, insbesondere die semialgebraische Geometrie. Letztere ist die Lehre von den Lösungsmengen von Systemen polynomialer Ungleichungen ($F(x_1,\ldots,x_n) > 0$ oder

$F(x_1, \ldots, x_n) \geq 0$), wobei als Koeffizientenbereich klassisch der Körper der reellen Zahlen, allgemeiner ein angeordneter Körper zugrunde gelegt wird.

Diese Analogie macht plausibel, warum in unserem Jahrhundert bisher ein so viel stärkeres Interesse an kommutativer als an reeller Algebra zu verzeichnen war. Die algebraische Geometrie hat ja im zwanzigsten Jahrhundert einen kontinuierlichen und schließlich triumphalen Aufschwung genommen, während reelle algebraische Geometrie nur isoliert und dann meist mit transzendenten Methoden betrieben wurde. Somit war von der geometrischen Seite her über viele Jahrzehnte kein Motor vorhanden, der die reelle Algebra hätte vorantreiben können.

Erst 1987 ist überhaupt ein erstes Lehrbuch [BCR] über reelle algebraische Geometrie erschienen. Wir verweisen auf den letzten Abschnitt der Einleitung dieses verdienstvollen Werkes [loc.cit., p. 4f], in dem die Autoren Bedenkenswertes über den merkwürdigen Dornröschenschlaf der reellen algebraischen Geometrie (soweit sie mit algebraischen Methoden betrieben wurde) mitteilen.

Inzwischen ist dieser Schlaf einer lebhaften Entwicklung gewichen. Als wichtigstes auslösendes Moment hierfür sehen wir die Einführung — oder besser: Entdeckung — des reellen Spektrums Sper A eines kommutativen Ringes A durch Michel Coste und Marie-Françoise Roy um das Jahr 1979 an.

Man darf Sper A in Analogie zu dem von Grothendieck eingeführten Zariski-Spektrum Spec A sehen. Der Begriff des Zariski-Spektrums ist bekanntlich der Schlüssel zu Grothendiecks abstrakter algebraischer Geometrie. Ebenso ist der Begriff des reellen Spektrums der Schlüssel zu einer abstrakten semialgebraischen Geometrie. (Ein Unterschied: Im Gegensatz zu Spec A scheint Sper A (mindestens) zwei wichtige Strukturgarben zu tragen, die von Coste und Roy eingeführte Garbe der abstrakten Nash-Funktionen [R] und die von G. Brumfiel und N. Schwartz eingeführte Garbe der abstrakten semialgebraischen Funktionen [Bru3], [Schw1], [Schw2].)

Reelle Algebra tut not, um die jüngsten Entwicklungen in der reellen algebraischen Geometrie zu verstehen und der in der Zukunft zu erwartenden intellektuellen Herausforderung auf diesem Gebiet gewachsen zu sein. Damit kommen wir zu der Zielsetzung des vorliegenden Buches.

Unser Buch geht von zwei Einsichten aus: Reelle Algebra ist ein in ihren Grundlagen weitgehend autonomer Zweig der Algebra mit für diesen Zweig spezifischen Methoden. Diese Grundlagen können schon bei Vorliegen einiger Standard-Kenntnisse aus der linearen Algebra, der Gruppen-, Körper- und Ringtheorie, etwa im Umfang einer heute üblichen einsemestrigen Algebra-Vorlesung, mit Erfolg gelehrt werden.

Genauer unterscheiden wir zwischen einer *elementaren* und einer *höheren* reellen Algebra. Erstere kann ohne besondere Vorkenntnisse entwickelt und mit Nutzen in der reellen algebraischen Geometrie angewendet werden. Letztere benutzt ernstlich Mittel aus anderen Zweigen der Mathematik, insbesondere reelle algebraische Geometrie, kommutative Algebra, algebraische Geometrie, Modelltheorie und Theorie der quadratischen Formen, aber gelegentlich auch algebraische Topologie, reelle Analysis, komplexe Analysis. (Man kann die Liste sicher verlängern.) Eine analoge Unterscheidung kann man bei der kommutativen Algebra treffen. Dabei ist eine Abgrenzung zwischen „elementar" und „höher" auf beiden Gebieten nicht völlig objektiv möglich, sondern dem persönlichen Standpunkt und Geschmack unterworfen. Außerdem, je höher es hinaufgeht, um so fließender und willkürlicher wird die Grenze von beiden Arten der Algebra zu den entsprechenden Geometrien.

Unser Buch ist der in obigem Sinne elementaren reellen Algebra gewidmet. Ein weiteres Buch [HRA] über höhere reelle Algebra ist geplant. Im jetzigen Buch kommen wir tatsächlich mit Vorkenntnissen in dem oben angedeuteten Umfang aus. Wir hätten durch Hinzufügen von weiteren zwanzig bis dreißig Seiten die Voraussetzungen weiter herunterschrauben können und zum Beispiel *alles*, was an kommutativer Algebra und Theorie der quadratischen Formen gebraucht wird, hier auch entwickeln können. Ein Ehrgeiz in dieser Richtung schien uns aber nicht mehr sinnvoll zu sein. Wir vermuten, daß ein Student, der sich für reelle Algebra interessiert, ohnehin die in dem jetzigen Buche nötigen Voraussetzungen fast alle mitbringt und das Wenige, was ihm zufällig fehlen mag, leicht anderswo findet.

Auf ein Spezifikum der reellen Algebra sei besonders hingewiesen: Die große Rolle, die hier allgemeine (= Krullsche) Bewertungsringe spielen. In den meisten Teilen der kommutativen Algebra werden Bewertungsringe, die nicht diskret sind, nur als Hilfsmittel angesehen, auf das man oft auch verzichten kann. Hingegen sind allgemeine Bewertungsringe in der reellen Algebra ein durchweg natürlicher und sogar zentraler Begriff. Der Grund ist, daß jeder konvexe Teilring eines angeordneten Körpers ein Bewertungsring ist, aber nur in seltenen Fällen ein diskreter Bewertungsring. Dies hat schon Krull in der Einleitung zu seiner Pionier-Arbeit „Allgemeine Bewertungstheorie" [Kr] festgestellt. (Vorgeformt, noch ohne den Begriff des Bewertungsringes, findet man es bei Artin und Schreier [AS, p. 95].) Krull erkennt auch in der Theorie der angeordneten Körper ein wichtiges Anwendungsfeld der allgemeinen Bewertungstheorie, widmet den angeordneten Körpern aber dann doch nur einen – allerdings inhaltsreichen – Abschnitt seiner großen Arbeit [Kr, §12].

Unser Buch ist in drei Kapitel gegliedert. Das erste Kapitel enthält, neben der Artin–Schreierschen Theorie der angeordneten Körper und den elementaren Beziehungen zwischen Anordnungen und quadratischen Formen, einiges aus der reellen Algebra des neunzehnten Jahrhunderts. Dabei werden verschiedene Verfahren zur Bestimmung der Anzahl der reellen Nullstellen eines reellen Polynoms behandelt (Sturmscher Algorithmus, Hermites Methode mittels quadratischer Formen, Satz von Hurwitz). Ein weiterer Abschnitt ist der Beziehung zwischen dem Cauchy-Index und der Hankelform sowie der Bézoutiante einer rationalen Funktion gewidmet.

Das zweite Kapitel handelt von reeller Bewertungstheorie. Dabei wird alles, was wir an allgemeiner Bewertungstheorie brauchen, von Anfang an entwickelt. Das Kapitel gipfelt in einer Darstellung von Artins Lösung des 17. Hilbertschen Problems.

Das dritte Kapitel schließlich ist dem reellen Spektrum gewidmet. Nach einem kurzen Steilkurs über das Zariski-Spektrum wird das reelle Spektrum ausführlich auf seine Eigenschaften untersucht, allerdings nur als topologischer Raum. Eine Strukturgarbe wird noch nicht eingeführt. Dabei werden auch die verschiedenen Interpretationen der Punkte und gewisser Teilmengen des reellen Spektrums durch Filtersätze im geometrischen Fall (affine Algebren über reell abgeschlossenen Körpern) vorgestellt. In den letzten fünf Paragraphen des Kapitels kommen wir dann auf einige Teile der reellen Algebra zu sprechen, in denen das reelle Spektrum sich als klärend und hilfreich erweist, wie reduzierter Wittring eines Körpers, Positivstellensätze, Präordnungen von Ringen, konvexe Ideale, Holomorphiering eines Körpers. Dabei kommen noch einmal viele der früher entwickelten Techniken und Begriffe zum Einsatz.

Für den Kenner sei angemerkt, daß das Buch durchweg ohne das Tarski-Prinzip auskommt. (Wir hoffen, daß er ein wenig überrascht ist, wieviel reelle Algebra man sinnvoll darstellen kann, ohne dieses Prinzip zu benutzen.) Zwar halten wir das Tarski-Prinzip für äußerst wichtig und keineswegs für besonders schwierig, rechnen es aber doch schon zur höheren reellen Algebra.

Das Buch ist aus einer vierstündigen Vorlesung des ersten Autors in Regensburg im Wintersemester 1986/87 entstanden. Auf diese Vorlesung folgte ein ausgedehnter Kurs über Modelltheorie, in dem das Tarskiprinzip ziemlich bald und schmerzfrei nach dem Vorbild von Prestel [Pr2] bewiesen wurde, sodann eine Vorlesung über höhere reelle Algebra.

In dem Buch haben wir zu dem Stoff der ersten Vorlesung hier und da einzelne Abschnitte hinzugefügt, so daß es jetzt mehr umfaßt, als in einem Semester bewältigt werden kann. Da jedoch einige Abschnitte ohne Folgen für das weitere Verständnis übersprungen werden können, dürfte sich das Buch trotzdem gut als Anhalt für eine einsemestrige Vorlesung eignen.

Wir möchten dem Mißverständnis vorbeugen, daß unser Gegensatzpaar „elementar – höher" stark mit dem Paar „leicht – schwer" korreliert ist. Wir halten die elementare reelle Algebra, wie sie hier dargestellt wird, für nicht immer leicht. Es sind für den Anfänger doch einige lernpsychologische Barrieren zu überwinden. Besonders im dritten Kapitel mag manches auf den ersten Blick fremdartig anmuten. Auch ist unser Text durchaus knapp gehalten und erfordert eine intensive Mitarbeit des Lesers mit Papier und Bleistift. Unser Ziel war, den Anfänger zu erfreuen, zu motivieren und zu aktivieren, aber nicht, ihm durch langatmige Ausführungen, die ja auch ermüden können, alle Steine aus dem Weg zu räumen.

Wir danken dem Herausgeber der Serie „Aufbaukurs Mathematik", Gerd Fischer, sowie dem Vieweg-Verlag, und hier besonders Ulrike Schmickler-Hirzebruch, für viel Verständnis und Einfühlungsvermögen während der Vorbereitung des Manuskripts. Marina Franke hat mit Geduld und Kompetenz zahlreiche Versionen des Manuskripts in TₑX gesetzt; Uwe Helmke, Roland Huber und Michael Prechtl haben Korrektur gelesen und uns durch Anregungen und Verbesserungsvorschläge sehr geholfen. Ihnen allen sei an dieser Stelle herzlich gedankt.

Manfred Knebusch
Claus Scheiderer   Regensburg, im Januar 1989

Kapitel I
Angeordnete Körper und ihre reellen Abschlüsse

§1. Anordnungen und Präordnungen von Körpern

Sei K ein Körper.

Definition 1. Eine *Anordnung* (engl.: ordering) von K ist eine Teilmenge P von K, welche
$\quad$(1) $P + P \subseteq P,\ PP \subseteq P,$ [1]
$\quad$(2) $P \cap (-P) = \{0\},$
$\quad$(3) $P \cup (-P) = K$
erfüllt. Das Paar (K, P) bezeichnet man als einen *angeordneten Körper*.

Bemerkungen.
1. Unter Voraussetzung von (1) und (3) ist (2) äquivalent zu
$\quad$(2$'$) $-1 \notin P$.
2. Ist P eine Anordnung von K, so wird durch

$$a \leq b \iff b - a \in P \quad (a, b \in K)$$

eine totale Ordnung $\leq$ auf der Menge K definiert, welche für alle $a, b, c \in K$
$\quad$(i) $a \leq b \Rightarrow a + c \leq b + c \quad$ und
$\quad$(ii) $a \leq b,\ c \geq 0 \Rightarrow ac \leq bc$
erfüllt (Verträglichkeit mit $+$ und $\cdot$). Umgekehrt definiert jede (i) und (ii) erfüllende Totalordnung $<$ auf K wieder eine Anordnung P von K, nämlich $P := \{a \in K : a \geq 0\}$, und man sieht sofort, daß die beiden Zuordnungen invers zueinander sind. Daher ist es üblich, auch die Totalordnungen von K, welche (i) und (ii) erfüllen, als Anordnungen von K zu bezeichnen.

Definition 2. Eine *Präordnung* von K ist eine Teilmenge T von K, welche
$\quad$(1) $T + T \subseteq T, TT \subseteq T,$
$\quad$(2) $T \cap (-T) = \{0\},$
$\quad$(4) $K^2 \subseteq T$, d.h. $a^2 \in T$ für alle $a \in K$
erfüllt.

Bemerkungen.
3. Setzt man (1) und (4) voraus, so ist wieder (2) äquivalent zu
$\quad$(2$'$) $-1 \notin T$.
Man beachte, daß (4) wegen (1) eine Abschwächung von (3) ist: Jede Anordnung ist also eine Präordnung.
4. Ist T eine Präordnung von K, so wird durch

$$a \leq b \iff b - a \in T \quad (a, b \in K)$$

---

[1] $P + P := \{a + b : a, b \in P\}$. Analog PP.

eine i.a. nur noch *partielle* Ordnung $\leq$ auf K definiert, die mit $+$ und $\cdot$ verträglich ist.
5. Ist $\mathcal{T} = (T_\alpha : \alpha \in I)$ eine nicht-leere Familie von Präordnungen von K, so ist auch $\cap_\alpha T_\alpha$ eine Präordnung; ist zudem $\mathcal{T}$ aufsteigend filtrierend (d.h. gibt es zu $\alpha, \beta \in I$ stets $\gamma \in I$ mit $T_\alpha \cup T_\beta \subseteq T_\gamma$), so ist auch $\cup_\alpha T_\alpha$ eine Präordnung. Insbesondere gibt es in K eine kleinste Präordnung, vorausgesetzt, daß es überhaupt eine gibt!

Wir setzen stets $\Sigma K^2 := \{a_1^2 + \cdots + a_n^2 : n \in \mathbb{N}, a_1, \ldots, a_n \in K\}$. Es ist klar, daß ΣK^2 in jeder Präordnung von K enthalten ist. Andererseits ist ΣK^2 genau dann selbst eine Präordnung, wenn $-1 \notin \Sigma K^2$ ist.

Definition 3. Der Körper K heißt *formal reell*, wenn $-1 \notin \Sigma K^2$ ist, d.h. wenn -1 in K nicht als Summe von Quadraten geschrieben werden kann.

Die vorausgegangene Überlegung zeigt, daß ein Körper K genau dann eine Präordnung besitzt, wenn er formal reell ist. Ist dies der Fall, so ist ΣK^2 die kleinste Präordnung von K. Man beachte, daß alle formal reellen Körper die Charakteristik 0 haben!

Wir wollen nun einsehen, daß die Präordnungen genau die Durchschnitte von Anordnungen sind.

Lemma 1. *Sei T eine Präordnung von K und sei $a \in K$ mit $a \notin T$. Dann ist auch $T - aT = \{b - ac : b, c \in T\}$ eine Präordnung von K.*

Beweis. (1) und (4) sind klar für $T - aT$. Wir zeigen (2'): Wäre $-1 \in T - aT$, etwa $-1 = b - ac$ mit $b, c \in T$, so wäre $c \neq 0$ und daher $a = c^{-2} \cdot c(1 + b) \in T$, Widerspruch. $\square$

Lemma 2. *Zu jeder Präordnung T von K gibt es eine Anordnung P von K mit $T \subseteq P$.*

Beweis. Sei $M := \{T' \subseteq K : T'$ ist Präordnung und $T \subseteq T'\}$. M ist durch Inklusion geordnet, $M \neq \emptyset$, und das Zornsche Lemma ist anwendbar (Bemerkung 5). Daher gibt es eine maximale Präordnung P von K mit $T \subseteq P$. Dieses P ist eine Anordnung von K, denn ist $a \in K, a \notin P$, so ist $P = P - aP$ wegen Lemma 1 und der Maximalität von P, also $-a \in P$. $\hfill\square$

Theorem 1. *Jede Präordnung T von K ist Durchschnitt von Anordnungen von K.*

Beweis. $T \subseteq \cap\{P : P$ ist Anordnung und $T \subseteq P\}$ ist trivial. Ist $a \in K, a \notin T$, so ist $T - aT$ eine Präordnung, also in einer Anordnung P von K enthalten (Lemma 2). Wegen $-a \in P$ und $a \neq 0$ folgt $a \notin P$. $\hfill\square$

Korollar 1. *Genau dann hat K eine Anordnung, wenn K formal reell ist.*

(Das folgt schon aus Lemma 2.)

Korollar 2 (E. Artin [A]). *Sei char $K \neq 2$ und $a \in K$. Genau dann ist $a \geq 0$ bezüglich jeder Anordnung von K, wenn a Summe von Quadraten ist.*

Beweis. Ist K formal reell, also ΣK^2 eine Präordnung, so folgt die Behauptung aus Theorem 1. Ist K nicht formal reell und char $K \neq 2$, so ist $\Sigma K^2 = K$, denn

$$a = \left(\frac{a+1}{2}\right)^2 + (-1) \cdot \left(\frac{a-1}{2}\right)^2$$

gilt für jedes $a \in K$. $\qquad\qquad\square$

Man muß natürlich char $K \neq 2$ voraussetzen, da ΣK^2 in Charakteristik 2 ein i.a. echter Teilkörper von K ist.

Wir werden später noch vielen Beispielen von Anordnungen begegnen. Vorerst nur diese:

Beispiele.
1. Der Körper $\mathbb{R}$ der reellen Zahlen (und damit auch jeder Teilkörper) besitzt die Anordnung, die jeder kennt.
2. Sei $\mathbb{Q}(t)$ der rationale Funktionenkörper in einer Variablen über $\mathbb{Q}$, sei $\vartheta \in \mathbb{R}$ eine (über $\mathbb{Q}$) transzendente Zahl. Für jedes $f \in \mathbb{Q}(t)$ ist $f(\vartheta)$ eine wohldefinierte reelle Zahl, und die Teilmenge

$$P = \{f \in \mathbb{Q}(t) \colon f(\vartheta) \geq 0\}$$

ist eine Anordnung von $\mathbb{Q}(t)$. Es handelt sich dabei um die durch die Körpereinbettung $\mathbb{Q}(t) \hookrightarrow \mathbb{R}, f \mapsto f(\vartheta)$, auf $\mathbb{Q}(t)$ induzierte Anordnung.
3. Sei $(F, \leq)$ ein angeordneter Körper, und $F(t)$ der rationale Funktionenkörper einer Variablen über F. Für jedes $a \in F$ ist

$$P_{a,+} := \{0\} \cup \left\{(t-a)^r f(t) \colon r \in \mathbf{Z}, f \in F(t) \text{ mit } f(a) \neq \infty \text{ und } f(a) > 0\right\}\,^2$$

eine Anordnung von $F(t)$, ebenso

$$P_{a,-} := \{0\} \cup \left\{(a-t)^r f(t) \colon r \in \mathbf{Z}, f \in F(t) \text{ mit } f(a) \neq \infty \text{ und } f(a) > 0\right\}.$$

Beide Anordnungen setzen die Anordnung von F fort. Die Bezeichnung der Anordnungen erklärt sich so: Bezüglich $P_{a,+}$ gilt $a < t < b$ für alle $b \in F$ mit $b > a$. Es wird also $F(t)$ dadurch angeordnet, daß man die Transzendente t auf der „Geraden" F „unmittelbar rechts von a" einordnet. Analog liegt t unter $P_{a,-}$ unmittelbar links von a.

Bezeichnungen.
Ist (K, P) ein angeordneter Körper, so bezeichnen wir mit $\mathrm{sign}_P \colon K \to \{-1, 0, 1\}$ die Vorzeichenfunktion bezüglich P (es ist also $\mathrm{sign}_P(0) = 0$, und für $a \in K^*$ ist $\mathrm{sign}_P(a) = 1$ oder -1, je nachdem ob $a \in P$ oder $a \notin P$ ist). Wie üblich sei $|\cdot|_P \colon K \to P$, $|a|_P := a \cdot \mathrm{sign}_P(a)$, der Absolutbetrag. Besteht über P kein Zweifel, so werden wir den Index P auch weglassen.

---

[2]Hier und in Zukunft meinen wir mit $f(a) \neq \infty$, daß $f(t)$ in $t = a$ keinen Pol hat. Alsdann ist $f(a) \in F$ wohldefiniert. Insbesondere impliziert die Schreibweise $f(a) = b$ für $a, b \in F$, daß $f(a) \neq \infty$ ist.

Ebenso ist klar, was unter den verallgemeinerten Intervallen $[a, b]_P$, $[a, b[_P$, $]a, b]_P$, $]a, b[_P$ für $a, b \in K \cup \{-\infty, +\infty\}$ zu verstehen ist (etwa $[a, b[_P = \{x \in K : a \leq x < b$ bezüglich $P\}$, $]a, \infty[_P = \{x \in K : x > a$ bezüglich $P\}$, usw.). Auch hier werden wir den Index P oft unterdrücken, dafür manchmal $[a, b]_K$ usw. schreiben, wenn mehrere Körper im Spiel sind.

§2. Quadratische Formen, Wittringe, Signaturen

Im Rahmen dieses Kurses ist es uns unmöglich, eine tiefer gehende Einführung in die algebraische Theorie der quadratischen Formen zu geben. Wir müssen uns daher in den nächsten Abschnitten darauf beschränken, die Grundlagen dieser Theorie so weit zu entwickeln, wie wir sie bei späteren Anwendungen in der reellen Algebra benötigen werden. Insbesondere wird es dabei um die Beziehungen zwischen quadratischen Formen und Anordnungen gehen. Als Quellen sowohl zum Nachschlagen als auch für eine intensivere Beschäftigung mit quadratischen Formen seien die Werke von Lam [LQF] und Scharlau [Sch] empfohlen, ferner der schmalere Band [KK] über Wittringe.

In diesem Abschnitt ist K stets ein Körper mit char $K \neq 2$. Alle Vektorräume sind endlich-dimensional. Sei V ein K-Vektorraum. Eine *symmetrische Bilinearform* auf V (über K) ist eine K-bilineare Abbildung $b: V \times V \to K$ mit $b(v, w) = b(w, v)$ $(v, w \in V)$. Eine *quadratische Form* auf V (über K) ist eine Abbildung $q: V \to K$, für die $q(av) = a^2 q(v)$ $(a \in K, v \in V)$ gilt und die Abbildung $b_q: V \times V \to K$, $b_q(v, w) = q(v + w) - q(v) - q(w)$ eine (symmetrische) K-Bilinearform ist. Für jede symmetrische Bilinearform b auf V ist durch $q_b(v) := b(v, v)$ eine quadratische Form q_b auf V definiert. Wegen $2 \neq 0$ sind $b \mapsto q_b$ und $q \mapsto \frac{1}{2} b_q$ zueinander inverse Bijektionen zwischen den symmetrischen Bilinearformen und den quadratischen Formen auf V, weshalb man beide Konzepte häufig identifiziert.

Die Paare $\phi = (V, b)$ bzw. $\phi = (V, q)$ werden als *bilineare* bzw. *quadratische Räume* bezeichnet. Zwei quadratische Räume (V, q) und (V', q') heißen *isomorph* (oder isometrisch), i.Z. $(V, q) \cong (V', q')$, wenn es einen Vektorraum-Isomorphismus $\varphi: V \to V'$ mit $q = q' \circ \varphi$ gibt. Quadratische Räume lassen sich am einfachsten durch symmetrische Matrizen beschreiben: Ist $B = (b_{ij}) \in M_n(K)$ symmetrisch, so definiert B den quadratischen Raum $\phi_B = (K^n, q_B)$, wobei

$$q_B(x) = \sum_{i,j=1}^{n} b_{ij} x_i x_j \quad \left(x = (x_1, \ldots, x_n) \in K^n\right)$$

ist. Für symmetrische $B, B' \in M_n(K)$ ist bekanntlich $\phi_B \cong \phi_{B'}$ äquivalent zur Existenz eines $S \in GL_n(K)$ mit $B' = SBS^t$. Ist $B = \mathrm{diag}(a_1, \ldots, a_n)$ eine Diagonalmatrix, so schreibt man für ϕ_B kurz $\langle a_1, \ldots, a_n \rangle$. Jeder quadratische Raum ist diagonalisierbar, also zu einem Raum $\langle a_1, \ldots, a_n \rangle$ isomorph. Mit H bezeichnet man den durch $B = \left(\begin{smallmatrix} 0 & 1 \\ 1 & 0 \end{smallmatrix}\right)$ definierten quadratischen Raum, die *hyperbolische Ebene*; in Diagonalform ist (etwa) $H \cong \langle 1, -1 \rangle$. Falls über den Grundkörper K Unklarheit bestehen könnte, werden wir Notationen wie $\langle a_1, \ldots, a_n \rangle_K$ oder H_K verwenden.

Sind $\phi = (V, b)$ und $\phi' = (V', b')$ bilineare Räume, so kann man aus ihnen neue bilden, nämlich ihre *orthogonale Summe* $\phi \perp \phi' = (V \oplus V', b \perp b')$ und ihr *Tensorprodukt* $\phi \otimes \phi' = (V \otimes V', b \otimes b')$. Dabei sind $b \perp b'$ bzw. $b \otimes b'$ erklärt durch $(b \perp b')(v + v', w + w') = b(v, w) + b'(v', w')$ bzw. $(b \otimes b')(v \otimes v', w \otimes w') = b(v, w) b'(v', w')$. In Matrixnotation: Werden ϕ, ϕ' durch Matrizen B, B' beschrieben, so wird $\phi \perp \phi'$ durch $\left(\begin{smallmatrix} B & 0 \\ 0 & B' \end{smallmatrix}\right)$ und $\phi \otimes \phi'$ durch $B \otimes B'$ (Kronecker-Produkt) beschrieben. Insbesondere ist also

$$\langle a_1, \ldots, a_m \rangle \perp \langle b_1, \ldots, b_n \rangle \cong \langle a_1, \ldots, a_m, b_1, \ldots, b_n \rangle$$

und

$$\langle a_1, \dots, a_m \rangle \otimes \langle b_1, \dots, b_n \rangle \cong \underset{i,j}{\perp} \langle a_i b_j \rangle \quad .$$

Die n-fache Summe $\phi \perp \cdots \perp \phi$ kürzt man ab durch $n \cdot \phi$, das n-fache Tensorprodukt $\phi \otimes \cdots \otimes \phi$ durch $\phi^{\otimes n}$. Schließlich schreiben wir $-\phi$ für $(V, -b)$, wenn $\phi = (V, b)$ ist.

Sei $\phi = (V, b)$ ein bilinearer Raum und $U \subseteq V$ eine Teilmenge. Dann ist $U^\perp := \{v \in V: b(u, v) = 0$ für alle $u \in U\}$ ein linearer Teilraum von V. Ist $V^\perp = 0$, so heißt ϕ (oder b, oder q) *nicht-ausgeartet* (oder regulär), andernfalls *ausgeartet* (oder singulär). Für symmetrische Matrizen B ist ϕ_B genau dann ausgeartet, wenn $\det B = 0$ ist. Man bezeichnet $V^\perp$ auch als das *Radikal* $\mathrm{Rad}\,(\phi)$ und $\mathrm{codim}_V(V^\perp)$ als den *Rang* $\mathrm{rang}\,(\phi)$ von ϕ. Für jeden quadratischen Raum ϕ gibt es einen (bis auf Isomorphie eindeutigen) nicht-ausgearteten quadratischen Raum ϕ' mit $\phi \cong \phi' \perp \mathrm{Rad}\,(\phi)$, weshalb meist nur nicht-ausgeartete Räume betrachtet werden. Trivial, aber wichtig, ist folgende Tatsache: Ist (V, q) ein quadratischer Raum und $W \subseteq V$ ein Teilraum, für den $(W, q|W)$ nicht-ausgeartet ist, so ist $V = W \perp W^\perp$.

Die einfachsten Invarianten nicht-ausgearteter quadratischer Räume sind ihre *Dimension* und ihre *Determinante*. Dabei ist $\det(V, q) := (\det B)K^{*2} \in K^*/K^{*2}$, wenn B eine q beschreibende Matrix ist. Es gilt $\det(\phi \perp \phi') = \det(\phi) \cdot \det(\phi')$ und $\det(\phi \otimes \phi') = (\det \phi)^{\dim \phi'} \cdot (\det \phi')^{\dim \phi}$. Von fundamentaler Bedeutung ist der

Kürzungssatz von Witt: *Sind ϕ_1, ϕ_2 und ψ quadratische Räume und ist $\phi_1 \perp \psi \cong \phi_2 \perp \psi$, so ist $\phi_1 \cong \phi_2$.*

Den Beweis findet man in jedem Lehrbuch über quadratische Formen ([LQF], [Sch], [KK]), aber auch in einigen Algebra-Lehrbüchern ([LaA], [JAA], [JBA]).

Eine quadratische Form q auf V *stellt ein Element* $a \in K$ *dar*, wenn es ein $0 \neq v \in V$ mit $q(v) = a$ gibt. Nützlich ist folgende Beobachtung: Wird $a_1 \in K^*$ von q dargestellt, so gibt es $a_2, \dots, a_n \in K$ mit $q \cong \langle a_1, a_2, \dots, a_n \rangle$ $(n = \dim V)$. Der quadratische Raum (V, q) heißt *isotrop*, wenn q die Null darstellt, andernfalls *anisotrop*. Jeder nicht-ausgeartete quadratische Raum ϕ hat eine orthogonale *Witt-Zerlegung* $\phi \cong \phi_0 \perp n \cdot H$ mit $n \geq 0$ und ϕ_0 anisotrop (H ist die hyperbolische Ebene). Nach dem Kürzungssatz sind dabei ϕ_0 (bis auf Isomorphie) und n wohlbestimmt. Man nennt ϕ_0 die *Kernform* und n den *Witt-Index* von ϕ. Ist $\phi_0 = 0$, also $\phi \cong n \cdot H$, so heißt ϕ *hyperbolisch*. Ein quadratischer Raum $\phi = (V, q)$ ist genau dann hyperbolisch, wenn er nicht-ausgeartet ist und ein Teilraum U von V mit $U = U^\perp$ existiert.

Bis auf Widerruf seien nun in diesem Abschnitt alle quadratischen Räume nicht-ausgeartet.

Definition 1. Zwei quadratische Räume ϕ, ϕ' heißen *Witt-äquivalent*, i.Z. $\phi \sim \phi'$, wenn ihre Kernformen isomorph sind. Mit $[\phi]$ wird die Klasse aller zu ϕ Witt-äquivalenten quadratischen Räume (die *Witt-Klasse* von ϕ) bezeichnet, und $W(K)$ bezeichnet die Menge aller Witt-Klassen (nicht-ausgearteter) quadratischer Räume über K.

Lemma 1. *Seien ϕ, ϕ', ψ, ψ' quadratische Räume.*

  a) $\phi \sim \psi \iff$ *es gibt* $m, n \geq 0$ *mit* $\phi \perp m \cdot H \cong \psi \perp n \cdot H$.

  b) $\phi \otimes H \cong \phi \perp (-\phi)$ *ist ein hyperbolischer Raum.*

  c) *Witt-Äquivalenz ist verträglich mit $\perp$ und $\otimes$, d.h. aus $\phi \sim \phi'$ und $\psi \sim \psi'$ folgen*
    $\phi \perp \psi \sim \phi' \perp \psi'$ *und* $\phi \otimes \psi \sim \phi' \otimes \psi'$.

Beweis. a) folgt aus der Eindeutigkeit der Witt-Zerlegung. — b) Wegen $H \cong \langle 1, -1 \rangle$ ist $\phi \otimes H \cong \phi \perp (-\phi)$. Da ϕ diagonalisierbar ist, genügt es, den Fall $\phi = \langle a \rangle$ ($a \in K^*$) zu behandeln. Wird $\phi \otimes H$ bezüglich einer Basis (e, f) durch die Matrix $\begin{pmatrix} 0 & a \\ a & 0 \end{pmatrix}$ beschrieben, so bezüglich der Basis $(e, a^{-1}f)$ durch $\begin{pmatrix} 0 & 1 \\ 1 & 0 \end{pmatrix}$. Dies zeigt $\phi \otimes H \cong H$. — c) schließlich folgt aus a) und b). $\square$

Theorem 1. *Durch*

$$[\phi] + [\psi] := [\phi \perp \psi]$$

und

$$[\phi] \cdot [\psi] := [\phi \otimes \psi]$$

werden auf $W(K)$ (wohldefinierte) Verknüpfungen $+$ und $\cdot$ erklärt, die $W(K)$ zu einem kommutativen Ring mit Eins $[\langle 1 \rangle]$ machen. Man nennt $W(K)$ den Wittring *des Körpers K.*

Beweis. Die Wohldefiniertheit von $+$ und $\cdot$ folgt aus Lemma 1 c). Nach Lemma 1 b) ist $[\phi] + [-\phi] = 0$ in $W(K)$ für alle ϕ. Die übrigen Ringaxiome sind trivialerweise erfüllt. $\square$

Um die Notation nicht übermäßig zu befrachten, werden wir statt $[\langle a_1, \ldots, a_n \rangle]$ gelegentlich nur $\langle a_1, \ldots, a_n \rangle$ schreiben. Es kann also $\langle a_1, \ldots, a_n \rangle$ sowohl eine quadratische Form als auch ihre Wittklasse bezeichnen.

Wir wollen nun den Wittring von K mit den Anordnungen von K in Verbindung bringen.

Definition 2. Sei (K, P) ein angeordneter Körper und $\phi = (V, q)$ ein quadratischer Raum über K. Dann heißt ϕ (oder q) *positiv definit bezüglich P*, wenn $q(v) > 0$ (bezüglich P) für alle $0 \neq v \in V$ ist. Ist $-q$ positiv definit, so heißt q *negativ definit*.

Wohlbekannt ist

Satz 2 (Sylvesterscher Trägheitssatz). *Sei ϕ ein (eventuell ausgearteter) quadratischer Raum über K und P eine Anordnung von K. Dann gibt es einen bezüglich P positiv definiten Raum ϕ_+ und einen negativ definiten Raum ϕ_-, so daß $\phi \cong \phi_+ \perp \phi_- \perp \mathrm{Rad}\,(\phi)$ ist. Dabei hängen $\dim \phi_+$ und $\dim \phi_-$ nur von ϕ (also nicht von ϕ_+ und ϕ_-) ab.*

Beweis. Wir können $\mathrm{Rad}\,(\phi) = 0$ annehmen. Die Existenz von ϕ_+ und ϕ_- folgt aus der Diagonalisierbarkeit der Form. Sei $\phi \cong \phi_+ \perp \phi_- \cong \psi_+ \perp \psi_-$, mit ϕ_+, ψ_+ positiv definit, ϕ_-, ψ_- negativ definit. Seien ϕ auf V, $\phi_\pm$ auf $V_\pm$ und $\psi_\pm$ auf $W_\pm$ definiert. Wir fassen $V_\pm$ und $W_\pm$ als Teilräume von V auf. Wäre etwa $\dim V_+ < \dim W_+$, so $V_- \cap W_+ \neq 0$ wegen

$\dim V_- + \dim W_+ > \dim V$. Aber das ist ein Widerspruch, da die Form auf $V_- \cap W_+$ positiv und negativ definit ist. $\qquad\square$

Definition 3. Ist ϕ ein quadratischer Raum über K und P eine Anordnung von K, sowie $\phi \cong \phi_+ \perp \phi_- \perp \operatorname{Rad}(\phi)$ eine Zerlegung wie in Satz 2, so bezeichnet man die Zahl

$$\operatorname{sign}_P \phi := \dim(\phi_+) - \dim(\phi_-)$$

als *Sylvester-Signatur* des Raumes ϕ bezüglich P.

Lemma 2. *Sei (K, P) ein angeordneter Körper. Dann definiert $[\phi] \mapsto \operatorname{sign}_P \phi$ einen Ringhomomorphismus* sign_P *von* $W(K)$ *auf* **Z**.

Beweis. Man prüft unmittelbar nach:

$$\operatorname{sign}_P(\phi \perp \psi) = \operatorname{sign}_P \phi + \operatorname{sign}_P \psi,$$
$$\operatorname{sign}_P(\phi \otimes \psi) = (\operatorname{sign}_P \phi) \cdot (\operatorname{sign}_P \psi),$$
$$\operatorname{sign}_P H = 0 \,.$$

Daraus die Behauptung. $\qquad\square$

Entscheidend ist nun, daß auch umgekehrt jeder Ringhomomorphismus $W(K) \to \mathbf{Z}$ auf diese Weise entsteht, daß also Anordnungen von K und Homomorphismen $W(K) \to \mathbf{Z}$ „dasselbe" sind:

Theorem 3. *Die Sylvester-Signatur definiert eine Bijektion* $\operatorname{sign}\colon P \mapsto \operatorname{sign}_P$ *von der Menge der Anordnungen von K auf die Menge der Ringhomomorphismen* $W(K) \to \mathbf{Z}$.

Beweis. sign ist injektiv wegen $P = \{0\} \cup \{a \in K^*\colon \operatorname{sign}_P[\langle a \rangle] = 1\}$. Sei $\varphi\colon W(K) \to \mathbf{Z}$ ein Homomorphismus. Definiere $\chi\colon K^* \to \mathbf{Z}$ durch $\chi(a) := \varphi[\langle a \rangle]$. Wegen $\chi(1) = 1$ und $\chi(ab) = \chi(a)\chi(b)$ $(a, b \in K^*)$ ist $\chi\colon K^* \to \{\pm 1\}$ ein Gruppen-Homomorphismus. Wir müssen zeigen, daß $P := \{0\} \cup \operatorname{kern} \chi$ eine Anordnung von K ist (dann folgt $\varphi = \operatorname{sign}_P$ von selbst). Wegen $[\langle 1 \rangle] + [\langle -1 \rangle] = 0$ in $W(K)$ ist $\varphi[\langle -1 \rangle] = \chi(-1) = -1$, also $-1 \notin P$. Damit ist auch $P \cup (-P) = K$ klar, und $PP \subseteq P$ folgt aus der Homomorphie von χ. Um $P + P \subseteq P$ zu zeigen (und damit den Beweis abzuschließen), brauchen wir

Lemma 3. *Für $a, b \in K^*$ mit $a + b \neq 0$ ist*

$$\langle a, b \rangle \cong \langle a + b, (a + b)ab \rangle \,.$$

Beenden wir zunächst den Beweis von Theorem 3. Seien $a, b \in P$. Wir können $a, b, a + b \neq 0$ voraussetzen. Wendet man φ auf $[\langle a, b \rangle]$ an, so folgt nach Lemma 3: $\chi(a) + \chi(b) = \chi(a + b) \cdot (1 + \chi(a)\chi(b))$, und $\chi(a) = \chi(b) = 1$ gibt $\chi(a + b) = 1$.

Es bleibt das Lemma zu zeigen. Da $a + b$ von $\langle a, b \rangle$ dargestellt wird, ist $\langle a, b \rangle \cong \langle a + b, c \rangle$ für ein $c \in K^*$. Vergleich der Determinanten gibt $ab \equiv (a + b)c \bmod K^{*2}$, also $c \equiv (a + b)ab \bmod K^{*2}$, und folglich die Behauptung. $\qquad\square$

Die Aussage von Theorem 3 rechtfertigt

Definition 4. Eine *Signatur* eines Körpers K ist ein Ringhomomorphismus $W(K) \to \mathbf{Z}$.

Bemerkung. Ein Körper besitzt also genau dann eine Signatur, wenn er formell reell ist. Für *jeden* Körper K (mit char $K \neq 2$) gibt es immerhin einen Ringhomomorphismus $e\colon W(K) \to \mathbf{Z}/2\mathbf{Z}$, definiert durch $e[\phi] := (\dim \phi) \bmod 2\mathbf{Z}$. Für jede Signatur σ kommutiert dabei das Diagramm

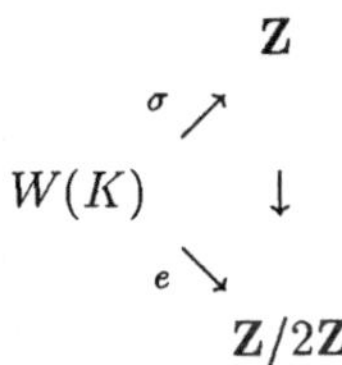

Definition 5. Man bezeichnet $e : W(K) \to \mathbf{Z}/2\mathbf{Z}$ als *Dimensions-Index* und seinen Kern als das *Fundamentalideal* $I(K)$ von $W(K)$. ($I(K)$ besteht also aus den Witt-Klassen gerade-dimensionaler quadratischer Räume.)

Beispiele.
1. Falls $K^2 = \{a^2\colon a \in K\}$ eine Anordnung von K ist — das ist der Fall etwa für $K = \mathbb{R}$, allgemeiner für jeden reell abgeschlossenen Körper (§4) —, so ist es die einzige Anordnung von K, und die Sylvester-Signatur liefert einen Isomorphismus von $W(K)$ auf $\mathbf{Z}$.
2. Ist K ein quadratisch abgeschlossener Körper (also $K^2 = K$), so ist jede nicht-ausgeartete quadratische Form durch ihre Dimension bestimmt, also e ein Isomorphismus von $W(K)$ auf $\mathbf{Z}/2\mathbf{Z}$.

§3. Fortsetzung von Anordnungen

K sei stets ein Körper mit char $K \neq 2$.

Sei L/K eine Körpererweiterung. Ist $\phi = (V, b)$ ein bilinearer Raum über K, so bezeichnet $\phi_L = (V_L, b_L)$ den aus ϕ durch Konstantenerweiterung entstehenden bilinearen Raum über L (es ist also $V_L = V \otimes_K L$ und b_L definiert durch $b_L(v \otimes a, v' \otimes a') = b(v, v')aa'$ für $a, a' \in L$, $v, v' \in V$). Ist q die zu ϕ gehörende quadratische Form (über K), so bezeichnet q_L die zu ϕ_L gehörende quadratische Form (über L). Wird ϕ durch eine Matrix B beschrieben, so auch ϕ_L (nun B aufgefaßt als Matrix über L).

Genau dann ist ϕ_L nicht-ausgeartet, wenn ϕ nicht-ausgeartet ist. Ist ϕ hyperbolisch, so auch ϕ_L, aber hier ist die Umkehrung i.a. nicht richtig (Beispiel?). Folglich drückt sich $\phi \mapsto \phi_L$ auf die Wittklassen durch; die induzierte Abbildung $i_{L/K} \colon W(K) \to W(L)$ ist ein Ringhomomorphismus. Ist M/L eine weitere Körpererweiterung, so gilt $i_{M/K} = i_{M/L} \circ i_{L/K}$.

Definition 1. Sei L/K eine Körpererweiterung.
a) Eine Anordnung Q von L heißt *Fortsetzung einer Anordnung P von K*, wenn $P \subseteq Q$ (und damit $P = K \cap Q$) ist.
b) Eine Signatur τ von L heißt *Fortsetzung einer Signatur σ von K*, wenn $\sigma = \tau \circ i_{L/K}$ ist. Wir schreiben dafür auch $\tau | \sigma$.

Man überzeuge sich davon, daß für Anordnungen P von K und Q von L gilt: Genau dann wird P von Q fortgesetzt, wenn sign_P von sign_Q fortgesetzt wird.

Satz 1. *Sei L/K eine Körpererweiterung und P eine Anordnung von K. Dann sind äquivalent:*
 (i) *Es gibt eine Fortsetzung Q von P auf L;*
 (ii) *der von P und ΣL^2 in L erzeugte Halbring[1] T enthält -1 nicht;*
(iii) *jede quadratische Form $\langle p_1, \ldots, p_n \rangle$ mit $p_1, \ldots, p_n \in P^* := P - \{0\}$ ist über L anisotrop.*

Eine weitere äquivalente Bedingung wird in §4 (Satz 2) angegeben werden.

Beweis. (i) $\Rightarrow$ (iii). Sind $b_1, \ldots, b_n \in L$ mit $p_1 b_1^2 + \cdots + p_n b_n^2 = 0$, so folgt $b_1 = \cdots = b_n = 0$ durch Betrachtung der Anordnung Q.
(iii) $\Rightarrow$ (ii). Es ist $T = \{p_1 b_1^2 + \cdots + p_m b_m^2 \colon m \geq 1, p_i \in P^*, b_i \in L\}$. Wäre $-1 \in T$, etwa $-1 = p_1 b_1^2 + \cdots + p_m b_m^2$, so wäre die Form $\langle 1, p_1, \ldots, p_m \rangle$ über L isotrop.
(ii) $\Rightarrow$ (i). Nach Voraussetzung ist T eine Präordnung von L. Jede Anordnung Q von L mit $Q \supseteq T$ (§1, Lemma 2) setzt P fort. $\qquad\square$

Satz 2. *Sei P eine Anordnung von K, sei $d \in K$ und $L = K(\sqrt{d})$. Genau dann hat P eine Fortsetzung auf L, wenn $d \in P$ ist.*

---

[1]also die kleinste Teilmenge T von L mit $P \cup \Sigma L^2 \subseteq T$ und mit $T + T \subseteq T, TT \subseteq T$.

Beweis. Ist $d \notin P$, so hat P keine Fortsetzung wegen $d \in L^{*2}$. Sei also $d \in P$ und o.E. $K \neq L$. Wir verifizieren (ii) aus Satz 1. Angenommen, in L gäbe es eine Gleichung

$$-1 = \sum_{i=1}^{m} p_i \, (a_i + b_i \sqrt{d})^2$$

mit $m \geq 1$, $p_i \in P$, $a_i, b_i \in K$. Dann folgt (durch Koeffizientenvergleich bezüglich der K-Basis $(1, \sqrt{d})$ von L) insbesondere $-1 = \sum_{i=1}^{m} p_i(a_i^2 + db_i^2)$, also $-1 \in P$, Widerspruch. $\qquad\square$

Später werden wir sehen, daß es im Fall $d \in P$ (und $\sqrt{d} \notin K$) genau zwei Fortsetzungen von P auf $L = K(\sqrt{d})$ gibt (§11, Korollar 2).

Die folgenden Sätze behandeln Körpererweiterungen, bei denen jede Anordnung fortsetzbar ist:

Satz 3. *Sei L/K eine endliche Körpererweiterung von ungeradem Grad. Dann läßt sich jede Anordnung von K auf L fortsetzen.*

Dies folgt wegen Satz 1 aus

Satz 3a (T.A. Springer). *Ist L/K eine endliche Körpererweiterung von ungeradem Grad, und ist q eine anisotrope quadratische Form über K, so ist auch q_L über L anisotrop.*

Beweis von Satz 3a. O.E. sei $L = K(\alpha)$ eine einfache Körpererweiterung. Sei $f \in K[t]$ das Minimalpolynom von α über K. Wir beweisen durch Induktion nach $n = [L:K] = \deg f$. Sei $n > 1$ ungerade, und der Satz für alle kleineren Grade schon gezeigt; sei $q = \langle a_1, \ldots, a_m \rangle$ eine anisotrope Form über K. Angenommen, q_L ist isotrop. Dann gibt es $g_1, \ldots, g_m, h \in K[t]$ mit $\deg g_i < n$ $(i = 1, \ldots, m)$, nicht alle $g_i = 0$, so daß

$$a_1 \, g_1(t)^2 + \cdots + a_m \, g_m(t)^2 = f(t) h(t) \qquad\qquad (\star)$$

in $K[t]$ gilt. Man kann dabei ggT $(g_1, \ldots, g_m) = 1$ annehmen.

Sei d das Maximum der Grade der g_i. Dann ist $n + \deg h = 2d$, da q anisotrop ist. Wegen $d < n$ ist somit $\deg h < n$ und ungerade. Insbesondere hat h einen irreduziblen Faktor $h_1 = h_1(t)$ von ungeradem Grad. Für den Oberkörper $E = K[t]/(h_1)$ von K ist also $[E:K] < n$ und ungerade, andererseits aber q_E isotrop wegen $(\star)$. Das ist ein Widerspruch zur Induktionsvoraussetzung. $\qquad\square$

Satz 4. *Ist L/K eine rein transzendente Körpererweiterung (nicht notwendig endlich erzeugt), so läßt sich jede Anordnung von K auf L fortsetzen.*

Mit dem Zornschen Lemma kann man $L = K(t)$ als einfach transzendent annehmen und dann explizite Fortsetzungen angeben (siehe §1, Beispiel 3). Ein anderer Beweis ergibt sich (wieder mit Satz 1) aus

Satz 4a. *Ist L/K rein transzendent und q eine anisotrope quadratische Form über K, so ist auch q_L anisotrop.*

Beweis. O.E. ist $L = K(t)$ einfach transzendent. Ist etwa $q = \langle a_1, \ldots, a_m \rangle$ (mit $a_i \in K^*$) und q_L isotrop, so gibt es Polynome $g_1, \ldots, g_m \in K[t]$, nicht alle 0, mit $a_1 g_1(t)^2 + \cdots + a_m g_m(t)^2 = 0$ in $K[t]$. Betrachtet man wieder den höchsten vorkommenden Grad, so folgt: q ist isotrop. $\qquad\qquad\square$

Bemerkung. Aus den Sätzen 3a und 4a folgt insbesondere, daß der Homomorphismus $i_{L/K} \colon W(K) \to W(L)$ injektiv ist, falls L/K endlich von ungeradem Grad oder rein transzendent ist.

§4. Die Primideale des Wittrings

Sei K ein Körper mit char $K \neq 2$.

Wir kennen bereits gewisse Primideale des Wittrings $W(K)$, nämlich das Fundamentalideal $I(K)$ sowie die Kerne der Signaturen von K. Wir werden sehen, daß dies im wesentlichen schon alle Primideale sind. Wittringe haben also eine sehr einfache und überschaubare Primidealstruktur, eine Tatsache, die erst überraschend spät bemerkt worden ist (J. Leicht, F. Lorenz in [LoLe] und D.K. Harrison in [Ha], beide 1970).

Theorem 1 (Primideale von $W(K)$).
a) *Ist K nicht formal reell, so ist $I(K)$ das einzige Primideal von $W(K)$.*
b) *Ist K formal reell, so sind die Kerne $\mathfrak{p}_\sigma$ der Signaturen σ von K genau die minimalen Primideale von $W(K)$. Jedes andere Primideal $\mathfrak{p}$ ist entweder gleich $I(K)$, oder es hat die Form $\mathfrak{p} = \mathfrak{p}_\sigma + p \cdot W(K)$ für eine Signatur σ und eine Primzahl $p \neq 2$. Dabei sind im letzteren Fall σ und p durch $\mathfrak{p}$ eindeutig bestimmt.*

Für jede Signatur σ ist also $\mathfrak{p}_\sigma + 2 \cdot W(K) = I(K)$. Dies wurde auch schon in §2 bemerkt.

Beweis. Sei $\mathfrak{p}$ ein Primideal von $W(K)$, sei $\kappa(\mathfrak{p}) = \operatorname{Quot} W(K)/\mathfrak{p}$ und $\pi \colon W(K) \to W(K)/\mathfrak{p}$ die Restklassenabbildung. Die Komposition $\varphi \colon \mathbf{Z} \to W(K) \xrightarrow{\pi} W(K)/\mathfrak{p}$ ist surjektiv, denn die Wittklassen $\xi = [\langle a \rangle]$ $(a \in K^*)$ erzeugen $W(K)$ als Ring, und es gilt $\xi^2 - 1 = 0$ in $W(K)$, also $\xi \equiv 1$ oder $\xi \equiv -1 \bmod \mathfrak{p}$.

Zunächst sei char $\kappa(\mathfrak{p}) = 0$. Dann ist φ auch injektiv, also ein Isomorphismus, und $\mathfrak{p}$ ist der Kern der Signatur $\varphi^{-1} \circ \pi$.

Es bleibt der Fall char $\kappa(\mathfrak{p}) = p > 0$. Hier induziert φ einen Isomorphismus $\bar\varphi \colon \mathbf{Z}/p\mathbf{Z} \xrightarrow{\sim} W(K)/\mathfrak{p}$. Sei zunächst $p = 2$. Dann ist $\mathfrak{p} = I(K)$, denn es gibt nur einen einzigen Ringhomomorphismus $W(K) \to \mathbf{Z}/2\mathbf{Z}$ (die Erzeuger $[\langle a \rangle]$, $a \in K^*$, sind Einheiten in $W(K)$). Sei also $p > 2$. Dann ist $+1 \neq -1$ (in $\mathbf{Z}/p\mathbf{Z}$), und $\chi \colon a \mapsto \bar\varphi^{-1} \circ \pi[\langle a \rangle]$ $(a \in K^*)$ definiert einen Gruppenhomomorphismus $\chi \colon K^* \to \{\pm 1\}$. ($\chi(K^*) \subseteq \{\pm 1\}$ gilt nach obiger Überlegung.) Dieser erfüllt $\chi(-1) = -1$. Wörtlich wie im Beweis von §2, Theorem 3 folgt nun, daß $P := \{0\} \cup \operatorname{kern} \chi$ eine Anordnung von K ist. Sei $\sigma := \operatorname{sign} P$. Da $\bar\varphi$ ein Isomorphismus ist, folgt aus dem kommutativen Diagramm

$$
\begin{array}{ccc}
W(K) & \xrightarrow{\ \pi\ } & W(K)/\mathfrak{p} \\
\sigma \downarrow & {}^{\varphi}\!\nearrow \quad \cong \uparrow {\bar\varphi} & \\
\mathbf{Z} & \longrightarrow & \mathbf{Z}/p\mathbf{Z}
\end{array} \quad ,
$$

daß $\mathfrak{p} = \operatorname{kern}\!\left(W(K) \xrightarrow{\sigma} \mathbf{Z} \to \mathbf{Z}/p\mathbf{Z}\right)$, also $\mathfrak{p} = \mathfrak{p}_\sigma + p \cdot W(K)$ ist. Aus dem Beweis ist ferner klar, daß σ und p durch $\mathfrak{p}$ eindeutig bestimmt sind, womit Theorem 1 bewiesen ist. $\square$

Da in jedem (kommutativen) Ring das Nilradikal (also die Menge der nilpotenten Elemente) der Durchschnitt aller Primideale ist ([JBA], [LaA], [Ku], siehe auch III, §1, Satz 3), folgt sofort

Korollar 1. *Sei ϕ ein nicht-ausgearteter quadratischer Raum über K. Dann sind äquivalent:*
(i) *$\phi^{\otimes n}$ ist hyperbolisch für ein $n \in \mathbb{N}$;*
(ii) *$\dim \phi$ ist gerade, und für jede Anordnung P von K ist $\operatorname{sign}_P \phi = 0$.* $\square$

Ist K formal reell, besitzt also eine Anordnung, so kann man in (ii) die Paritätsbedingung an $\dim \phi$ natürlich weglassen.
Anwendung von Korollar 1 auf $\phi = \langle 1, 1 \rangle = 2 \cdot \langle 1 \rangle$ gibt

Korollar 2. *Ist K nicht formal reell, so gibt es ein $n \in \mathbb{N}$ mit $2^n \cdot W(K) = 0$.* $\square$

Mit der Kenntnis der Primideale von $W(K)$ können wir ein weiteres Kriterium für die Fortsetzbarkeit von Anordnungen angeben:

Satz 2. *Sei L/K eine Körpererweiterung. Eine Signatur von K besitzt genau dann eine Fortsetzung auf L, wenn sie auf dem Kern von $i_{L/K} \colon W(K) \to W(L)$ verschwindet.*

Wir benötigen eine einfache Tatsache aus der kommutativen Algebra:

Hilfssatz. *Ist $\varphi \colon A \to B$ ein injektiver Ringhomomorphismus und $\mathfrak{p}$ ein minimales Primideal von A, so gibt es ein Primideal $\mathfrak{q}$ von B mit $\mathfrak{p} = \varphi^{-1}(\mathfrak{q})$.*

Beweis. Da $S := \varphi(A - \mathfrak{p})$ die Null nicht enthält, ist $S^{-1}B \neq 0$, und für jedes Primideal $\mathfrak{q}'$ von $S^{-1}B$ ist $\mathfrak{p} = \varphi^{-1}\big(j^{-1}(\mathfrak{q}')\big)$, wobei $j \colon B \to S^{-1}B$ der kanonische Homomorphismus ist.

Beweis von Satz 2. Wir setzen $I := \operatorname{kern} i_{L/K}$. Sei σ eine Signatur von K. Hat σ eine Fortsetzung τ, so ist $\sigma = \tau \circ i_{L/K}$, also $\sigma(I) = 0$. Umgekehrt sei $\sigma(I) = 0$, d.h. $I \subseteq \mathfrak{p}_\sigma := \operatorname{kern} \sigma$. Nach Theorem 1 ist $\mathfrak{p}_\sigma/I$ ein minimales Primideal von $W(K)/I$. Nach dem Hilfssatz (angewandt auf $W(K)/I \hookrightarrow W(L)$) gibt es ein Primideal $\mathfrak{q}$ von $W(L)$ mit $\mathfrak{p}_\sigma = i_{L/K}^{-1}(\mathfrak{q})$. Wegen $\mathbf{Z} \cong W(K)/\mathfrak{p}_\sigma \hookrightarrow W(L)/\mathfrak{q}$ und wiederum Theorem 1 folgt, daß $W(K)/\mathfrak{p}_\sigma \to W(L)/\mathfrak{q}$ ein Isomorphismus ist, d.h. $\mathfrak{q}$ gibt eine Fortsetzung τ von σ. $\square$

In §3 haben wir die Injektivität von $i_{L/K}$ für Erweiterungen L/K gezeigt, die ungeraden Grad haben oder rein transzendent sind. Hier wollen wir nun auch für quadratische Erweiterungen den Kern von $i_{L/K}$ bestimmen (und damit wegen Satz 2 einen neuen Beweis von Satz 2 in §3 geben):

Satz 3. *Sei $a \in K^* - K^{*2}$ und $L = K(\sqrt{a})$. Dann ist der Kern von $i_{L/K}$ das von $\langle 1, -a \rangle$ in $W(K)$ erzeugte Ideal.*

Genauer gilt

Satz 3a. *Sei q eine anisotrope quadratische Form über K. Dann gibt es quadratische Formen q', q'' über K mit $q \cong q' \perp \langle 1, -a \rangle \otimes q''$, so daß q'_L anisotrop ist.*

Beweis. Induktion nach $\dim q$. Der Fall $\dim q = 1$ ist klar. Sei also $\dim q \geq 2$ und o.E. q_L isotrop. Ist (V, b) der zu q gehörende bilineare Raum, so gibt es $v, w \in V$, nicht beide null, mit

$$0 = q_L(v + \sqrt{a}\, w) = q(v) + a \cdot q(w) + \sqrt{a} \cdot b(v, w).$$

Folglich ist $q(v) + a\, q(w) = 0 = b(v, w)$. Da q anisotrop ist, sind $q(v), q(w) \neq 0$. Sei $W := Kv + Kw \subseteq V$. Dann ist $\dim W = 2$ (wären v, w linear abhängig, so wäre $b(v, w) \neq 0$), und $q|W \cong \langle -ac, c \rangle = \langle 1, -a \rangle \otimes \langle c \rangle$ für $c := q(w)$. Insbesondere ist $q|W$ nicht-ausgeartet. Wegen $V = W \perp W^{\perp}$ kann man daher die Induktionsvoraussetzung auf $q|W^{\perp}$ anwenden und erhält damit die Behauptung für q. $\qquad\square$

§5. Reell abgeschlossene Körper und ihre körpertheoretische Charakterisierung

Nach dem Ausflug in die Theorie der quadratischen Formen kehren wir nun zur reellen Algebra im engeren Sinne zurück. Dieser Abschnitt ist grundlegend für alles Weitere.

Definition 1. Ein Körper K heißt *reell abgeschlossen*, wenn K formal reell ist, aber keine echte formal reelle algebraische Körpererweiterung besitzt.

Jeder kennt mit dem Körper $\mathbb{R}$ der reellen Zahlen zumindest einen reell abgeschlossenen Körper.

Satz 1. *Für jeden Körper K sind äquivalent:*
 (i) *K ist reell abgeschlossen;*
 (ii) *es gibt eine Anordnung P von K, die auf keine echte algebraische Erweiterung fortgesetzt werden kann;*
(iii) *$K^2 = \{a^2 : a \in K\}$ ist eine Anordnung von K, und jedes Polynom ungeraden Grades über K (in einer Variablen) hat eine Nullstelle in K.*
Sind diese Bedingungen erfüllt, so ist überdies K^2 die einzige Anordnung von K.

Beweis. Die Zusatzbemerkung ist klar wegen (iii) (für jede Anordnung P ist $K^2 \subseteq P$).
(i) $\Rightarrow$ (ii) ist evident, da ein Körper (genau dann) eine Anordnung besitzt, wenn er formal reell ist.
(ii) $\Rightarrow$ (iii). Wäre $K^2 \neq P$, so gäbe es $d \in P$ mit $\sqrt{d} \notin K$, und P hätte eine Fortsetzung auf $K(\sqrt{d})$ (§3, Satz 2), Widerspruch. Wegen §3, Satz 3 hat ferner K keine echten Erweiterungen von ungeradem Grad.
(iii) $\Rightarrow$ (i). Sei $L \supset K$ eine endliche echte Körpererweiterung von K. Nach Voraussetzung (iii) ist $[L:K]$ eine 2-Potenz. Wie man in der elementaren Galoistheorie lernt, folgt daraus die Existenz eines Zwischenkörpers $K \subseteq F \subseteq L$ mit $[F:K] = 2$. (Für die galoissche Hülle L_1 von L über K ist $\mathrm{Gal}\,(L_1/K)$ eine endliche 2-Gruppe, enthält also eine Untergruppe vom Index 2, welche die Fixgruppe von L enthält.) Es gibt also $a \in K$ mit $F = K(\sqrt{a})$. Da K^2 eine Anordnung von K und $a \notin K^2$ ist, gibt es $b \in K^*$ mit $a = -b^2$. Folglich ist $-1 = (\sqrt{a}/b)^2$ ein Quadrat in F, also F (und damit auch L) nicht formal reell. $\square$

Bemerkung. Bedingung (iii) aus Satz 1 ist offensichtlich äquivalent zu
(iii$'$) K ist formal reell, für jedes $a \in K$ ist a oder $-a$ ein Quadrat in K, und jedes Polynom ungeraden Grades über K hat eine Nullstelle in K.

Es ist in der Literatur vielfach üblich, reell abgeschlossene Körper mit den Buchstaben $R, S, \ldots$ zu bezeichnen, eine Konvention, der wir häufig folgen werden.

Theorem 2 (Fundamentalsatz der Algebra). *Ist R ein reell abgeschlossener Körper, so ist $R(\sqrt{-1})$ algebraisch abgeschlossen.*

Beweis (Gauß). Wir benutzen Eigenschaft (iii) aus Satz 1. Jede endliche Erweiterung von R (und daher auch jede solche von $C := R(i)$, $i := \sqrt{-1}$) hat 2-Potenzgrad. Angenommen, $C = R(i)$ sei nicht algebraisch abgeschlossen. Wie im Beweis von Satz 1 folgt, daß C eine

Erweiterung F mit $[F : C] = 2$ hat. Es gibt also $a, b \in R$, so daß $\alpha := a + bi$ kein Quadrat in C ist. Es folgt $b \neq 0$. Da R^2 eine Anordnung von R ist, gibt es ein $c \in R$ mit $a^2 + b^2 = c^2$ und $c > 0$, sowie $x, y \in R$ mit $x > 0$, $\operatorname{sign} y = \operatorname{sign} b$ und $x^2 = (c + a)/2$, $y^2 = (c - a)/2$. ($c \pm a$ sind positiv — alle Vorzeichen verstehen sich natürlich in bezug auf die einzige Anordnung von R!) Nun ist $(x + iy)^2 = (x^2 - y^2) + 2xyi$, sowie $x^2 - y^2 = a$ und $(2xy)^2 = b^2$. Wegen $\operatorname{sign}(xy) = \operatorname{sign} b$ ist $2xy = b$, und es folgt $(x + iy)^2 = \alpha$. Damit ist ein Widerspruch zu $\sqrt{\alpha} \notin C$ herbeigeführt. $\qquad\square$

Im nächsten Paragraphen werden wir sehen, daß dieser Satz auch eine sehr starke Umkehrung besitzt.

Korollar. *Sei R ein reell abgeschlossener Körper und $K \subseteq R$ ein Teilkörper. Genau dann ist K reell abgeschlossen, wenn K in R (relativ) algebraisch abgeschlossen ist.*

Beweis. Sei K in R algebraisch abgeschlossen, sei $i = \sqrt{-1}$. Dann ist auch $K(i)$ in $R(i)$ algebraisch abgeschlossen. Denn ist $\alpha = a + bi \in R(i)$ algebraisch über $K(i)$ ($a, b \in R$), so auch über K, und dasselbe gilt für $\overline{\alpha} = a - bi$, also auch für $a = (\alpha + \overline{\alpha})/2$ und $b = i(\overline{\alpha} - \alpha)/2$. Folglich sind $a, b \in K$, also $\alpha \in K(i)$. Nach Theorem 2 ist also $K(i)$ algebraisch abgeschlossen, woraus die reelle Abgeschlossenheit von K sofort folgt. — Die umgekehrte Beweisrichtung ist trivial nach Definition. $\qquad\square$

Eine weitere Eigenart reell abgeschlossener Körper ist ihre relative Starrheit:

Satz 3. *Sei R ein reell abgeschlossener Körper.*
 a) *Jeder (Ring-) Endomorphismus φ von R ist ordnungstreu, es gilt also $a \leq b \Rightarrow \varphi(a) \leq \varphi(b)$ für alle $a, b \in R$.*
 b) *Ist $K \subseteq R$ ein Teilkörper und R/K algebraisch, so ist die Identität der einzige K-Automorphismus von R.*

Beweis. a) folgt sofort aus $R^2 = \{a \in R : a \geq 0\}$. — b) Sei $\varphi \in \operatorname{Aut}_K(R)$ und $a \in R$. Da R/K algebraisch ist, ist $\{\varphi^n(a) : n \in \mathbb{N}\}$ eine endliche Menge. Wäre $\varphi(a) \neq a$, etwa $\varphi(a) > a$, so folgte aus a) induktiv $a < \varphi(a) < \varphi^2(a) < \cdots$, Widerspruch. $\qquad\square$

Ist R reell abgeschlossen, so wird künftig die eindeutig bestimmte Anordnung von R ohne Kommentar mit $\leq$ bezeichnet (wir haben das oben schon einige Male getan).

§6. Galoistheoretische Kennzeichnung der reell abgeschlossenen Körper

K ist ein Körper beliebiger Charakteristik.

Inhalt dieses Abschnittes ist der Beweis des folgenden schönen Resultats von Artin und Schreier [AS]:

Theorem (E. Artin, O. Schreier 1927). *Sei K ein Körper beliebiger Charakteristik mit algebraischem Abschluß $\bar{K}$. Ist $K \neq \bar{K}$ und $[\bar{K}:K] < \infty$, so ist K reell abgeschlossen und $\bar{K} = K(\sqrt{-1})$.*

Der folgende elementare Beweis geht auf J. Leicht [Le] zurück. Wir gliedern ihn in mehrere Schritte. Es sei stets $n = [\bar{K}:K]$.

(1) *Der Körper K ist perfekt.*

Angenommen falsch. Dann ist char $K = p > 0$, und es gibt $a \in K$ mit $\alpha := a^{1/p} \notin K$. Nun ist aber auch $\alpha^{1/p} \notin K(\alpha)$, denn wäre $\alpha = \beta^p$ mit $\beta \in K(\alpha)$, so folgte $\left(N_{K(\alpha)/K}(\beta)\right)^p = N_{K(\alpha)/K}(\alpha) = (-1)^{p-1}a = a$ (beachte $(-1)^{p-1} = 1$). Iteriert man diesen Schritt, so erhält man Körpererweiterungen aller Grade $p, p^2, p^3, \ldots$ von K, im Widerspruch zu $[\bar{K}:K] < \infty$.

Folglich ist $\bar{K}/K$ eine endliche Galois-Erweiterung. Sei L ein maximaler von $\bar{K}$ verschiedener Zwischenkörper von $\bar{K}/K$, und sei $q := [\bar{K}:L]$. (q ist prim!)

(2) char $K \neq q$.

Angenommen, char $K = p = q$. Die Artin-Schreier-Theorie für Galois-Erweiterungen vom Grad p in Charakteristik p besagt, daß $\bar{K}$ L-isomorph ist zu $L[t]/(t^p - t - a)$, für ein $a \in L$ (siehe z.B. [JBA] vol. II, §8.11, oder [LaA] VIII, §6). Wir benötigen nur die Folgerung, daß für die durch $\psi(b) := b^p - b$ definierte Abbildung $\psi \colon \bar{K} \to \bar{K}$ gilt: $\psi(L) \neq L$. Man beachte, daß ψ additiv ist, d.h. daß $\psi(b + b') = \psi(b) + \psi(b')$ gilt. Sei tr $= \operatorname{tr}_{\bar{K}/L} \colon \bar{K} \to L$ die Spurform (vgl. §8). Dann ist tr $\circ\, \psi = (\psi|L) \circ \operatorname{tr}$: Ist nämlich $b \in \bar{K}$ und sind $b_1, \ldots, b_p$ die L-Konjugierten von b in $\bar{K}$, so sind $\psi(b_1), \ldots, \psi(b_p)$ die L-Konjugierten von $\psi(b)$, und es folgt $\operatorname{tr}\left(\psi(b)\right) = \sum_i \psi(b_i) = \psi\left(\sum_i b_i\right) = \psi(\operatorname{tr} b)$. Es kommutiert also das Diagramm

$$
\begin{array}{ccc}
\bar{K} & \xrightarrow{\ \text{tr}\ } & L \\[4pt]
\psi \downarrow & & \downarrow \psi|L \\[4pt]
\bar{K} & \xrightarrow[\text{tr}]{} & L
\end{array}
\qquad .
$$

Da ψ und tr surjektiv sind (letzteres wegen der Separabilität von $\bar{K}/L$), ist auch $\psi|L \colon L \to L$ surjektiv, Widerspruch.

(3) *Es ist $q = 2$ (und* char $K \neq 2$*).*

L enthält die q-ten Einheitswurzeln, da $[\bar{K}:L] = q$ ist und das q-te Kreisteilungspolynom den Grad $q - 1$ hat. Wegen char $K \neq q$ gibt es also ein $a \in L$ mit $\bar{K} = L(a^{1/q})$ (siehe

etwa [JBA] vol. I, §4.7 oder [LaA] VIII, §6). Für $\beta := a^{1/q}$ ergibt sich wie unter (1):
$\left(N_{\bar{K}/L}(\beta)\right)^q = (-1)^{q-1}a$. Da a in L keine q-te Potenz ist, muß q gerade, also $q = 2$ sein.

(4) $\bar{K} = L(\sqrt{-1})$.

Sei $i = \sqrt{-1} \in \bar{K}$, und seien $a \in L$ und $\beta \in \bar{K}$ wie in (3). Wäre $i \in L$, so wäre
$\left(N_{\bar{K}/L}(i\beta)\right)^2 = -\left(N_{\bar{K}/L}(\beta)\right)^2 = a$ im Widerspruch zu $\sqrt{a} \notin L$. Somit ist $i \notin L$ und
$\bar{K} = L(i)$.

(5) $L = K$, also $\bar{K} = K(i)$.

Wäre $K \neq L$, so auch $K(i) \neq \bar{K}$. Man könnte nun die Schritte (1)—(4) für $K(i)$ statt K
durchführen und erhielte bei (4) einen Widerspruch.

(6) K *ist formal reell (und somit reell abgeschlossen)*.

Wegen $i \notin K$ genügt es, zu zeigen: Die Summe zweier Quadrate in K ist ein Quadrat (§5,
Satz 1). Seien also $a, b \in K^*$. Da $\bar{K}$ algebraisch abgeschlossen ist, gibt es $c, d \in K$ mit
$a + bi = (c + di)^2$. Es folgt $a - bi = (c - di)^2$ und $a^2 + b^2 = (c^2 + d^2)^2$, wie gewünscht.

Damit ist das Theorem bewiesen.   □

Korollar 1 (zum Beweis). *Ist K ein Körper mit* char $K \neq 0$ *und gilt $[K_s : K] < \infty$ für
den separablen algebraischen Abschluß K_s von K, so ist $K = K_s$.*

(Die Schritte (2) – (6) können genauso mit K_s statt $\bar{K}$ durchgeführt werden.)

Wir geben noch eine Konsequenz des Satzes von Artin und Schreier für die absoluten
Galoisgruppen von Körpern an. Diese sind proendliche Gruppen (d.h. projektive Limites
endlicher Gruppen). Über die grundlegenden Fakten der unendlichen Galoistheorie kann
man sich z.B. in [JAA] (vol. III, §IV.2), [JBA] (vol. II, §8.6) oder [BA] (ch. V, §10)
informieren. Für das Verständnis des Weiteren ist dies jedoch nicht erforderlich.

Korollar 2. *Sei K ein Körper mit separablem algebraischem Abschluß K_s und absoluter
Galoisgruppe $\Gamma = \mathrm{Gal}\,(K_s/K)$. Dann gilt: Alle Elemente von endlicher Ordnung > 1 in
Γ sind Involutionen (d.h. haben Ordnung 2), und die Zuordnung $\tau \mapsto \mathrm{Fix}\,(\tau)$ (Fixkörper
von τ in $K_s = \bar{K}$) gibt eine Bijektion von der Menge der Involutionen in Γ auf die Menge
der reell abgeschlossenen Oberkörper von K in $\bar{K}$. Insbesondere enthält Γ genau dann
Elemente endlicher Ordnung > 1, wenn K formal reell ist.*   □

§7. Zählen reeller Nullstellen von Polynomen (ohne Vielfachheiten)

In diesem Paragraphen ist R stets ein reell abgeschlossener Körper.

Eines der ältesten Probleme in der reellen Analysis ist die Frage nach Anzahl und Lage der reellen Nullstellen eines Polynoms $f(t)$ mit reellen Koeffizienten. Die erste allgemeine Antwort hierauf gab J.C.F. Sturm (1803 – 1855) in Form eines Algorithmus, der sogenannten Sturmschen Kette. Dieser liefert für jedes Intervall die Anzahl der darin gelegenen Nullstellen von f, gezählt ohne Vielfachheiten. Eine andere Lösung des Problems, die auf der Betrachtung geeigneter quadratischer Formen beruht, wurde von Ch. Hermite (1822 – 1901) gefunden. Beide Verfahren sollen in diesem Abschnitt dargestellt werden.

Es sei angemerkt, daß diese Resultate noch zur Zeit der Jahrhundertwende zum festen Bestand eines jeden Mathematikstudiums gehörten (man vergleiche etwa H. Webers Lehrbuch der Algebra [We]). Heute dagegen finden sie nur selten Eingang in Vorlesungen oder (Pro-) Seminare.

Die von Sturm im Jahre 1829 gefundene Lösung (der vollständige Beweis wurde von Sturm erst 1835 veröffentlicht) leitete eine historisch sehr interessante, teilweise stürmische Periode der reellen Algebra ein. Der Satz von Hermite (Theorem 5a in diesem Abschnitt) wurde von C.G.J. Jacobi (1804 – 1851) und dessen Schüler und Freund C.W. Borchardt (1817 – 1880) vorbereitet (Theorem 5); bewiesen wurde er im Jahre 1853 von Hermite und – weitgehend unabhängig von diesem – auch von J.J. Sylvester (1814 – 1897). Außerdem stellten Sylvester, A. Cayley (1821 – 1895) und Sturm interessante Querverbindungen zwischen den Sätzen von Sturm und Hermite her. Der Leser findet Näheres zu dieser Historie, neben genauen Verweisen auf die Originalliteratur, in der großen Arbeit [KN] von Krein und Naimark, ferner etwa in [Fu] (um auch eine Arbeit jüngsten Datums zu zitieren, die das in der Gegenwart neu erwachte Interesse an Problemen über Nullstellen reeller Polynome dokumentiert).

Wir beginnen mit einigen klassischen Sätzen, die aus der reellen Analysis wohlbekannt sind, die bei Beschränkung auf rationale Funktionen ihre Gültigkeit aber auch über beliebigem reell abgeschlossenem Grundkörper behalten.

Satz 1. *Sei $f(t) = t^n + a_1 t^{n-1} + \cdots + a_n \in R[t]$ ein normiertes Polynom. Dann liegen alle reellen Nullstellen[1] von f im Intervall $[-M, M]$, wobei $M := \max\{1, |a_1| + \cdots + |a_n|\}$ sei.*

Beweis. Ist $a \in R^*$ mit $f(a) = 0$, so ist $a = -(a_1 + a_2 a^{-1} + \cdots + a_n a^{1-n})$, also $|a| \leq 1$ oder $|a| \leq |a_1| + \cdots + |a_n|$ nach der Dreiecksungleichung. $\qquad\qquad\square$

Satz 2 (Zwischenwertsatz). *Seien $f \in R(t)$ und $a, b \in R$ mit $a < b$, so daß f in $[a, b]$ keinen Pol hat. Ist $f(a)f(b) < 0$, so hat f in $]a, b[$ ungerade viele Nullstellen, wenn man die Vielfachheiten berücksichtigt.*

---

[1]d.h. natürlich: alle Nullstellen von f in R.

Beweis. Ist $f = g/h$ mit Polynomen g, h, wobei h in $[a, b]$ nicht null wird, so können wir f durch $fh^2 = gh$ ersetzen, also $0 \neq f \in R[t]$ annehmen. Seien $a_1 \leq \cdots \leq a_r$ die mit Vielfachheiten gezählten reellen Wurzeln von f ($r \geq 0$). Aufgrund des Fundamentalsatzes der Algebra (§5, Theorem 2) gibt es ein $c \in R^*$ und irreduzible normierte quadratische Polynome $p_1, \ldots, p_s$ ($s \geq 0$) mit $f(t) = c \cdot (t - a_1) \cdots (t - a_r) \, p_1(t) \cdots p_s(t)$. Da die p_k nur positive Werte annehmen, folgt

$$-1 = \operatorname{sign} \frac{f(a)}{f(b)} = \prod_{j=1}^{r} \operatorname{sign} \frac{a - a_j}{b - a_j} \; .$$

Die Anzahl der j mit $a < a_j < b$ ist also ungerade. $\qquad\qquad\qquad\qquad\qquad\quad\square$

Lemma. *Sei $0 \neq f \in R(t)$ eine rationale Funktion und $a \in R$ eine Nullstelle von f. Dann wechselt die logarithmische Ableitung f'/f von f in $t = a$ das Vorzeichen von minus nach plus (in $t = a$ hat sie einen Pol), d.h. es gibt $\varepsilon > 0$, so daß f'/f negativ auf $]a - \varepsilon, a[$ und positiv auf $]a, a + \varepsilon[$ ist.*

Beweis. Es gibt $g, h \in R[t]$ mit $g(a)h(a) \neq 0$ und $f(t) = (t - a)^d \, g(t)/h(t)$ für ein $d \in \mathbb{N}$. Dann ist

$$\frac{f'(t)}{f(t)} = \frac{d}{t - a} + \frac{g'(t)}{g(t)} - \frac{h'(t)}{h(t)} \, ,$$

woraus die Behauptung folgt. $\qquad\qquad\qquad\qquad\qquad\qquad\qquad\qquad\qquad\quad\square$

Satz 3. *Sei $0 \neq f \in R(t)$ eine rationale Funktion und seien $a, b \in R$ mit $a < b$ und $f(a) = f(b) = 0$. Hat f in $]a, b[$ weder Pole noch Nullstellen, so ist die mit Vielfachheiten genommene Anzahl der Nullstellen von f' in $]a, b[$ ungerade.*

Korollar (Satz von Rolle). *Ist $f \in R(t)$, ist $f(a) = f(b) \in R$ für $a, b \in R, a < b$, und hat f in $[a, b]$ keine Pole, so hat f' in $]a, b[$ eine Nullstelle.*

Beweis von Satz 3. Sei $\varepsilon > 0$ derart, daß f' in $]a, a + \varepsilon]$ und in $[b - \varepsilon, b[$ keine Nullstellen hat und $a + \varepsilon < b - \varepsilon$ ist. Nach dem Lemma ist

$$\frac{f'(a + \varepsilon)}{f(a + \varepsilon)} \cdot \frac{f'(b - \varepsilon)}{f(b - \varepsilon)} < 0 \, ,$$

und nach Satz 2 ist die Zahl der Nullstellen von f'/f in $]a + \varepsilon, b - \varepsilon[$ ungerade. Diese ist gleich der Zahl der Nullstellen von f' in $]a, b[$. $\qquad\qquad\qquad\qquad\qquad\square$

Im folgenden sei $f \in R[t]$ ein festes nicht-konstantes Polynom, und es seien $a, b \in R$ mit $a < b$ und $f(a)f(b) \neq 0$. Bis auf Widerruf erfolgt ab jetzt die Zählung von Nullstellen stets *ohne* Berücksichtigung der Vielfachheiten!

Wir formulieren die

Sturmsche Aufgabe: Bestimme die Anzahl der verschiedenen reellen Nullstellen des Polynoms f im Intervall $[a, b]$!

Definition 1. Die *Sturmsche Kette* zu f ist die rekursiv wie folgt definierte Folge $(f_0, f_1, \ldots, f_r)$ von Polynomen: Man setzt $f_0 = f, f_1 = f'$ und

$$f_0 = q_1 f_1 - f_2,$$
$$f_1 = q_2 f_2 - f_3,$$
$$\vdots$$
$$f_{r-2} = q_{r-1} f_{r-1} - f_r,$$
$$f_{r-1} = q_r f_r.$$

Dabei sei $r \geq 1$, seien $f_0, \ldots, f_r, q_1, \ldots, q_r \in R[t]$, und es gelte $f_i \neq 0$ und $\deg f_i < \deg f_{i-1}$ für $i = 2, \ldots, r$. Hierdurch sind r sowie die f_i (und q_i) eindeutig bestimmt.

Verwandelt man auf den rechten Seiten die Minus- in Pluszeichen, so ergibt sich die übliche Version des euklidischen Algorithmus für das Paar f, f'. Dieser Vorzeichen-Unterschied ist für die Lösung der Sturmschen Kette entscheidend, spielt aber bei der Berechnung des ggT keine Rolle. Insbesondere ist $f_r = \mathrm{ggT}(f, f')$.

Bezeichnungen: Für $(c_0, \ldots, c_r) \in R^{r+1}$ sei $\mathrm{Var}(c_0, \ldots, c_r)$ die Anzahl der Vorzeichen-wechsel nach Streichung aller Nullen in der Folge. Man setzt $\mathrm{Var}(0, \ldots, 0) := -1$. Für die Folge $(1, 0, -2, 1, 0, 4, -1, 1, 0)$ ergibt sich beispielsweise $\mathrm{Var} = 4$. Für $x \in R$ setzen wir $V(x) := \mathrm{Var}\big(f_0(x), f_1(x), \ldots, f_r(x)\big)$, wobei $(f_0, \ldots, f_r)$ die Sturmsche Kette zu f sei.

Theorem 4 (Sturm 1829). *Sei $f \in R[t]$ ein nicht-konstantes Polynom, und seien $a, b \in R$ mit $a < b$ und $f(a)\,f(b) \neq 0$. Dann ist die Anzahl der verschiedenen Nullstellen von f im Intervall $]a, b[$ gleich $V(a) - V(b)$.*

Beweis in zwei Schritten.
(1) Sei $(g_0, \ldots, g_r)$ eine Folge in $R[t] - \{0\}$, welche die folgenden Eigenschaften (a) – (d) hat:
   (a) $g_0(a)g_0(b) \neq 0$;
   (b) $g_r(a)g_r(b) \neq 0$, und g_r ist semidefinit auf $[a, b]$ (d.h. entweder gilt $g_r(x) \geq 0$ oder $g_r(x) \leq 0$ für alle $x \in [a, b]$);
   (c) ist $c \in [a, b]$ und $g_0(c) = 0$, so wechselt $g_0(x)g_1(x)$ in $x = c$ das Vorzeichen von minus nach plus;
   (d) ist $c \in [a, b]$ und $g_i(c) = 0$, $0 < i < r$, so ist $g_{i-1}(c)g_{i+1}(c) < 0$.
Für $x \in R$ sei $W(x) := \mathrm{Var}\big(g_0(x), \ldots, g_r(x)\big)$. Wir behaupten, daß dann g_0 in $[a, b]$ genau $W(a) - W(b)$ verschiedene Nullstellen hat.

Hierzu bemerkt man zunächst, daß für jedes $c \in R$ mit $g_0(c) \cdots g_r(c) \neq 0$ die Funktion $W(x)$ in einer Umgebung von $x = c$ konstant ist. Sei $g := g_0 \cdots g_r$, und $c \in [a, b]$ eine Nullstelle von g. Wir unterscheiden drei Fälle:

Ist $g_0(c) = 0$, so ist $a < c < b$, und die Funktion $x \mapsto \mathrm{Var}\big(g_0(x), g_1(x)\big)$ hat auf $]c - \varepsilon, c[$ den Wert 1 und auf $[c, c + \varepsilon[$ den Wert 0, für ein $\varepsilon > 0$. Dies folgt aus (c).

Ist $g_i(c) = 0$, $0 < i < r$, so gibt es wegen (d) ein $\varepsilon > 0$, so daß $g_{i-1}(x)\,g_{i+1}(x)$ negativ ist auf $]c - \varepsilon, c + \varepsilon[$. Folglich ist $x \mapsto \mathrm{Var}\big(g_{i-1}(x), g_i(x), g_{i+1}(x)\big)$ konstant gleich 1 auf $]c - \varepsilon, c + \varepsilon[$ (für jedes $\alpha \in R$ ist $\mathrm{Var}(-1, \alpha, 1) = \mathrm{Var}(1, \alpha, -1) = 1$!).

Ist $g_r(c) = 0$, und $g_0(c) \neq 0$ oder $r > 1$, so ist $g_{r-1}(c) \neq 0$ wegen (d), und $x \mapsto \mathrm{Var}\big(g_{r-1}(x), g_r(x)\big)$ ist konstant auf $\{x : 0 < |x - c| < \varepsilon\}$ für ein $\varepsilon > 0$, da g_r semidefinit auf $[a, b]$ ist.

Aus der Betrachtung dieser drei Fälle folgt für alle $c \in [a, b]$: Ist $g_0(c) \, g_r(c) \neq 0$, so ist $W(x)$ in einer Umgebung von $x = c$ konstant; ist $g_0(c) \neq 0$, so ist $W(x)$ in einer punktierten Umgebung von $x = c$ konstant; ist $g_0(c) = 0$, so gibt es $\varepsilon > 0$ und $N \in \mathbf{Z}$ mit $W(x) = N$ für $c - \varepsilon < x < c$ und $W(x) = N - 1$ für $c < x < c + \varepsilon$. — Da g_0 und g_r in den Randpunkten a, b nicht verschwinden, folgt hieraus die Behauptung (1).

(2) Nun sei f wie im Theorem vorausgesetzt und $(f_0, \ldots, f_r)$ die Sturmsche Kette zu f. Wir setzen $g_i := f_i / f_r \in R[t] \, (i = 0, \ldots, r)$ und $W(x) := \mathrm{Var}\big(g_0(x), \ldots, g_r(x)\big) \, (x \in R)$. Dann gilt: Die Folge $(g_0, \ldots, g_r)$ erfüllt (a)—(d) aus (1). In der Tat, da $g_{i-1} = h_i g_i - g_{i+1} \, (i = 1, \ldots, r-1)$ und $g_{r-1} = h_r g_r$ für geeignete $h_i \in R[t]$ gelten, und da $g_r = 1$ ist, haben g_{i-1} und g_i keine gemeinsame Nullstelle $(i = 1, \ldots, r)$, und (d) folgt aus der Rekursion. (a) und (b) sind klar, und (c) folgt aus dem Lemma, da $g_0 g_1 = f f' / f_r^2$ ist.

Weiter haben g_0 und $f_0 = f$ dieselben Nullstellen (ist $f_r(c) = 0$, so auch $f(c) = 0$, und die Nullstelle c hat in f eine größere Vielfachheit als in f_r !). Aus (1) folgt also, daß f genau $W(a) - W(b)$ verschiedene Nullstellen in $[a, b]$ hat. Bemerkt man noch, daß $V(a) = W(a)$ und $V(b) = W(b)$ wegen $f_r(a) \, f_r(b) \neq 0$ gilt, so ist der Satz bewiesen. $\square$

Wir geben noch eine von Sturm selbst herrührende allgemeinere Fassung des Theorems an. Dazu dient

Definition 2. Sei $f \in R[t]$ und seien $a, b \in R$ mit $a < b$ und $f(a) \, f(b) \neq 0$. Eine *verallgemeinerte Sturmsche Kette* zu f auf $[a, b]$ ist eine Folge $(f_0, \ldots, f_r)$ in $R[t] - \{0\}$ mit $r \geq 1$ und folgenden Eigenschaften:
(1) $f_0 = f$;
(2) $f_r(a) \, f_r(b) \neq 0$, und f_r ist semidefinit auf $[a, b]$;
(3) für $0 < i < r$ und $c \in [a, b]$ mit $f_i(c) = 0$ ist $f_{i-1}(c) \, f_{i+1}(c) < 0$.

(Vorsicht: *Die* Sturmsche Kette von f ist i.a. keine verallgemeinerte Sturmsche Kette zu f im Sinne von Definition 2 !)

Seien $f \in R[t]$ und a, b wie in Definition 2, und sei $(f_0, \ldots, f_r)$ eine verallgemeinerte Sturmsche Kette zu f auf $[a, b]$. Wir setzen wieder $V(x) := \mathrm{Var}\big(f_0(x), \ldots, f_r(x)\big) \, (x \in R)$.

Theorem 4a (Sturm).
$V(a) - V(b) =$
     $\#\{c \in \,]a, b[\, : f(c) = 0,$ *und $f f_1$ wechselt in c das Vorzeichen von $-$ nach $+$*$\}$
minus
     $\#\{c \in \,]a, b[\, : f(c) = 0,$ *und $f f_1$ wechselt in c das Vorzeichen von $+$ nach $-$*$\}$.

Das ist aufgrund des Beweises von Theorem 4 klar! (Man hat jetzt lediglich die Vorzeichenwechsel von $f f_1$ verschieden zu zählen.) $\square$

Bemerkung. Wie man aus dem Beweis erkennt, sind Vereinfachungen des originalen Sturmschen Algorithmus möglich. Zum Beispiel:

a) Die originale Sturmsche Kette $f_0 = f$, $f_1 = f'$, ... darf bei f_s abgebrochen werden, sofern $f_s(a)\,f_s(b) \neq 0$ und f_s auf $[a,b]$ semidefinit ist.

b) Beim modifizierten euklidischen Algorithmus (Definition 1) darf man bei einem Rest f_{i+1} solche Faktoren weglassen, die auf $[a,b]$ semidefinit sind und in a, b nicht verschwinden.

Wir kommen nun zur Methode von Hermite. Sei zunächst K ein beliebiger Körper und $f(t) = t^n + a_1 t^{n-1} + \cdots + a_n \in K[t]$ ein normiertes Polynom ($n \geq 1$). Es seien $\alpha_1, \ldots, \alpha_n$ die Nullstellen von f im algebraischen Abschluß von K. Für $r = 0, 1, 2, \ldots$ sei $s_r = s_r(f) := \alpha_1^r + \cdots + \alpha_n^r$. Da $s_r(f)$ symmetrisch in den α_i ist, ist $s_r(f) \in K$. In der Tat gibt es nur von n abhängende ganzzahlige Polynome p_r in den Koeffizienten von f, so daß $s_r(f) = p_r(a_1, \ldots, a_n)$ ist, wie man in der Algebra-Vorlesung lernt (vgl. [LaA, V, §9] oder [JBA vol. I, §2.13]). So ist etwa $s_0(f) = n$, $s_1(f) = -a_1$, $s_2(f) = a_1^2 - 2a_2$, $s_3(f) = -a_1^3 + 3a_1 a_2 - 3a_3$ usw.

Definition 3. Die durch die symmetrische $n \times n$-Matrix

$$\big(s_{j+k-2}(f)\big)_{1 \leq j, k \leq n}$$

definierte n-dimensionale quadratische Form über K nennen wir die *Sylvesterform* von f und bezeichnen sie mit $S(f)$. Es ist also $S(f)(x_1, \ldots, x_n) = \sum_{j,k=1}^{n} s_{j+k-2}(f)\, x_j x_k$.

Theorem 5 (Jacobi, Borchardt, Hermite). *Sei R ein reell abgeschlossener Körper und $f \in R[t]$ ein normiertes nicht-konstantes Polynom. Dann ist der Rang von $S(f)$ gleich der Anzahl der verschiedenen Wurzeln von f im algebraischen Abschluß $C = R(\sqrt{-1})$ von R, und die Signatur von $S(f)$ ist gleich der Anzahl der verschiedenen reellen Wurzeln von f.*

Man beachte, daß also $S(f)$ stets nicht-negative Signatur hat!

Beweis. Es seien $\beta_1, \ldots, \beta_r$ die paarweise verschiedenen reellen Wurzeln von f und $\gamma_1, \overline{\gamma_1}, \ldots, \gamma_s, \overline{\gamma_s}$ die paarweise verschiedenen nicht reellen Wurzeln von f ($r, s \geq 0$; $\alpha \mapsto \overline{\alpha}$ bezeichnet den nicht-trivialen R-Automorphismus von C). Die Vielfachheit von β_j sei m_j, die von γ_j sei n_j. Sei $i = \sqrt{-1} \in C$, und seien $\operatorname{Re}\alpha, \operatorname{Im}\alpha$ für $\alpha \in C$ wie üblich definiert. Es ist

$$S(f)(x_1, \ldots, x_n) = \sum_{1 \leq j,k,l \leq n} \alpha_j^{k+l-2} x_k x_l = \sum_{j=1}^{n} \Big(\sum_{k=1}^{n} \alpha_j^{k-1} x_k \Big)^2 =$$

$$= \sum_{j=1}^{r} m_j \Big(\sum_k \beta_j^{k-1} x_k \Big)^2 + \sum_{j=1}^{s} n_j \Big[\Big(\sum_k \gamma_j^{k-1} x_k \Big)^2 + \Big(\sum_k \overline{\gamma_j}^{k-1} x_k \Big)^2 \Big] =$$

$$= \sum_{j=1}^{r} m_j \Big(\sum_k \beta_j^{k-1} x_k \Big)^2 + 2 \sum_{j=1}^{s} n_j \Big[\Big(\sum_k \operatorname{Re}(\gamma_j^{k-1}) x_k \Big)^2 - \Big(\sum_k \operatorname{Im}(\gamma_j^{k-1}) x_k \Big)^2 \Big].$$

Damit ist $S(f)$ diagonalisiert: Setzt man

$$u_j(x) := \sum_k \beta_j^{k-1} x_k \quad (j = 1, \ldots, r)\,,$$

$$v_j(x) := \sum_k \mathrm{Re}(\gamma_j^{k-1}) x_k, \quad w_j(x) := \sum_k \mathrm{Im}(\gamma_j^{k-1}) x_k \quad (j = 1, \ldots, s)\,,$$

so ist also

$$S(f) = \sum_{j=1}^r m_j\, u_j^2 + 2 \sum_{j=1}^s n_j (v_j^2 - w_j^2)\,,$$

und die Linearformen $u_1, \ldots, u_r, v_1, w_1, \ldots, v_s, w_s$ sind linear unabhängig. (Die Übergangsmatrix geht durch zwei elementare Umformungen aus der Vandermonde-Matrix zu $\beta_1, \ldots, \beta_r, \gamma_1, \overline{\gamma_1}, \ldots \gamma_s, \overline{\gamma_s}$ hervor.) Daher ist

$$S(f) \cong r \cdot \langle 1 \rangle \perp s \cdot H \perp (n - r - 2s) \cdot \langle 0 \rangle\,,$$

und man liest direkt ab: rang $S(f) = r + 2s$, sign $S(f) = r$. $\square$

Die folgende Modifizierung ermöglicht es, auch die reellen Nullstellen in Intervallen zu zählen:

Definition 4. Sei K ein Körper, $f \in K[t]$ ein normiertes Polynom vom Grad $n \geq 1$, und $\lambda \in K$. Die *Sylvesterform von f zum Parameter λ* ist die quadratische Form

$$(x_1, \ldots, x_n) \mapsto \sum_{1 \leq j,k \leq n} \big(\lambda\, s_{j+k-2}(f) - s_{j+k-1}(f)\big) x_j x_k$$

über K und wird mit $S_\lambda(f)$ bezeichnet.

Theorem 5a (Hermite, Sylvester, 1853). *Sei R reell abgeschlossen und $f \in R[t]$ normiert vom Grad $n \geq 1$. Für $\lambda \in R$ ist dann*

$$\mathrm{rang}\, S_\lambda(f) = \#\{a \in R(\sqrt{-1}) \colon f(a) = 0 \text{ und } a \neq \lambda\}\,,$$
$$\mathrm{sign}\, S_\lambda(f) = \#\{a \in R \colon f(a) = 0,\, a < \lambda\} - \#\{a \in R \colon f(a) = 0,\, a > \lambda\}\,.$$

Beweis. Wir übernehmen die Bezeichnungen des letzten Beweises.

$$S_\lambda(f)(x_1, \ldots, x_n) = \sum_{1 \leq j,k,l \leq n} (\lambda - \alpha_j)\alpha_j^{k+l-2} x_k x_l = \sum_{j=1}^n (\lambda - \alpha_j)\Big(\sum_k \alpha_j^{k-1} x_k\Big)^2 =$$

$$= \sum_{j=1}^r m_j(\lambda - \beta_j) u_j^2 + \sum_{j=1}^s n_j\big[(\lambda - \gamma_j)(v_j + iw_j)^2 + (\lambda - \overline{\gamma_j})(v_j - iw_j)^2\big]\,.$$

Weitere Umformung von $[\cdots]$ gibt

$$[\cdots] = (\lambda - \gamma_j + \lambda - \overline{\gamma_j})(v_j^2 - w_j^2) + 2i(\lambda - \gamma_j - \lambda + \overline{\gamma_j})v_j w_j =$$

$$= \ 2\,(\lambda - \operatorname{Re}\gamma_j)(v_j^2 - w_j^2) + 4\operatorname{Im}(\gamma_j)v_j w_j =: 2\varphi_j(v_j, w_j)\,.$$

Daher ist

$$S_\lambda(f) = \sum_{j=1}^{r} m_j(\lambda - \beta_j)u_j^2 + \sum_{j=1}^{s} 2n_j\,\varphi_j(v_j, w_j)\,.$$

Die Formen φ_j sind hyperbolisch $(j = 1, \ldots, s)$, denn ist $\gamma_j = a_j + ib_j$ mit $a_j, b_j \in R$, so wird φ_j beschrieben durch die Matrix

$$\begin{pmatrix} \lambda - a_j & b_j \\ b_j & -(\lambda - a_j) \end{pmatrix}$$

und diese hat wegen $b_j \neq 0$ negative Determinante. Somit ist

$$S_\lambda(f) \cong \langle \lambda - \beta_1, \ldots, \lambda - \beta_r \rangle \perp s \cdot H \perp (n - r - 2s) \cdot \langle 0 \rangle\,. \qquad\qquad \Box$$

§8. Begriffliche Deutung der Sylvesterform

Sei K ein Körper mit char $K \neq 2$.

Im folgenden Abschnitt soll die Sylvesterform eines Polynoms eine konzeptionellere Deutung erfahren, nämlich als die Spurform einer geeigneten Algebra. Wir beginnen mit Allgemeinheiten über solche Spurformen.

Eine *K-Algebra* A bedeutet in diesem Paragraphen stets eine kommutative (und assoziative) K-Algebra mit Eins von endlicher Dimension über K. Für $a \in A$ sei $\lambda(a)$ der K-lineare Endomorphismus $b \mapsto ab$ von A, und $\mathrm{tr}_{A/K}(a)$ die Spur von $\lambda(a)$ (über K). Die K-Linearform $\mathrm{tr}_{A/K}\colon A \to K$ heißt die *Spur* von A über K (nach englisch „trace").

Folgende Regeln kann man unmittelbar verifizieren:

Lemma 1.

a) *Ist K'/K eine Körpererweiterung und $A' = A \otimes_K K'$, so ist*

$$\mathrm{tr}_{A/K}(a) = \mathrm{tr}_{A'/K'}(a \otimes 1) \quad \textit{für alle } a \in A.$$

b) *Sind $A_1, \ldots, A_r$ K-Algebren und ist $A = A_1 \times \cdots \times A_r$, so ist*

$$\mathrm{tr}_{A/K}(a_1, \ldots, a_r) = \sum_{i=1}^{r} \mathrm{tr}_{A_i/K}(a_i) \quad \textit{für alle} \quad (a_1, \ldots, a_r) \in A.$$

c) $\mathrm{tr}_{A/K}(\mathrm{Nil}\, A) = 0$ *(wobei wie üblich $\mathrm{Nil}\, A = \{a \in A\colon a^n = 0 \text{ für ein } n \in \mathbb{N}\}$).* $\qquad\square$

Nun sei speziell $A = K[t]/(f)$, wobei $f \in K[t]$ ein normiertes Polynom vom Grad $n \geq 1$ sei. Das Bild von t in A bezeichnen wir mit τ. Seien $\alpha_1, \ldots, \alpha_n$ die Nullstellen von f im algebraischen Abschluß $\bar{K}$ von K.

Satz 1. *Für $g \in K[t]$ ist* $\mathrm{tr}_{A/K}\big(g(\tau)\big) = \sum_{j=1}^{n} g(\alpha_j)$.

Beweis. Wegen a) aus Lemma 1 kann man $K = \bar{K}$ annehmen. Seien $\beta_1, \ldots, \beta_r$ die *verschiedenen* Wurzeln von f und $e_1, \ldots, e_r$ ihre Vielfachheiten, also $f(t) = (t - \beta_1)^{e_1} \cdots (t - \beta_r)^{e_r}$. Sei $A_i = K[t]/(t - \beta_i)^{e_i}$ $(i = 1, \ldots, r)$. Nach dem Chinesischen Restsatz ist $A \to A_1 \times \cdots \times A_r$ ein Isomorphismus, und wegen Lemma 1b) kann man $r = 1$ annehmen, also $f(t) = (t - \beta)^e$. Es gibt $h \in K[t]$ mit $g(t) = g(\beta) + (t - \beta)h(t)$. Wegen $(\tau - \beta)h(\tau) \in \mathrm{Nil}\, A$ und Lemma 1c) ist $\mathrm{tr}_{A/K}\big(g(\tau)\big) = \mathrm{tr}_{A/K}\big(g(\beta)\big) = e \cdot g(\beta)$. $\qquad\square$

Bezeichnungen.
a) Ist A eine K-Algebra und $a \in A$, so bezeichne $[A, a]_K$ den durch die quadratische Form $x \mapsto \mathrm{tr}_{A/K}(ax^2)$ auf A definierten quadratischen Raum über K.
b) Für Polynome $f, g \in K[t]$, $f \neq 0$, sei

$$\mathrm{Syl}_K(f; g) := \big[K[t]/(f), g(\tau)\big]_K$$

und

$$\mathrm{Syl}_K(f) := \mathrm{Syl}_K(f; 1).$$

Den Index K werden wir häufig weglassen.

Aus Lemma 1 erhält man sofort folgende Regeln für das Rechnen mit diesen Formen:

Lemma 2. *Seien $A, A', A_1, \ldots, A_r$ K-Algebren.*
  a) *Ist $\varphi \colon A \to A'$ ein K-Algebren-Isomorphismus, so ist*

$$[A, a] \cong [A', \varphi(a)] \quad \text{für alle } a \in A.$$

  b) *Ist K'/K eine Körpererweiterung, so ist für alle $a \in A$*

$$[A, a]_K \otimes_K K' \cong [A \otimes_K K', a \otimes 1]_{K'} \quad \text{(über } K'\text{)}.$$

  c) $\left[A_1 \times \cdots \times A_r, (a_1, \ldots, a_r)\right] \cong [A_1, a_1] \perp \cdots \perp [A_r, a_r] \quad (a_i \in A_i).$
  d) $\mathrm{Nil}\, A \subseteq \mathrm{Rad}\,[A, a]$ *für alle $a \in A$.* $\square$

Lemma 3. *Seien $f, g \in K[t]$.*
  a) *Ist K'/K eine Körpererweiterung, so ist*

$$\mathrm{Syl}_K(f; g) \otimes_K K' \cong \mathrm{Syl}_{K'}(f; g) \quad \text{(über } K'\text{)}.$$

  b) *Sind $f_1, \ldots, f_r \in K[t]$ paarweise teilerfremd, so ist*

$$\mathrm{Syl}\,(f_1 \cdots f_r; g) \cong \mathrm{Syl}\,(f_1; g) \perp \cdots \perp \mathrm{Syl}\,(f_r; g).$$

  c) $\mathrm{Syl}\,(f^e; g) \cong \langle e \rangle \otimes \mathrm{Syl}(f; g) \perp \langle 0, \ldots, 0 \rangle \quad (e \in \mathbb{N}).$
  d) *Für $a \in K^*$ ist $\mathrm{Syl}\,(af; g) = \mathrm{Syl}(f; g)$ und $\mathrm{Syl}\,(f; ag) \cong \langle a \rangle \otimes \mathrm{Syl}(f; g)$.*
  e) *Für $a \in K$ ist $\mathrm{Syl}\,(t - a; g(t)) = \langle g(a) \rangle$.*

Beweis. a), b) folgen aus Lemma 2, und d), e) sind klar. Wir zeigen c): Sei $A = K[t]/(f^e)$, $A' = K[t]/(f)$, und $\pi \colon A \to A'$ die Restklassenabbildung. Wegen Satz 1 ist $\mathrm{tr}_{A/K}(a) = e \cdot \mathrm{tr}_{A'/K}(\pi a)$ für alle $a \in A$, woraus die Behauptung folgt. $\square$

Korollar. *Für $f, g \in K[t]$, $f \neq 0$, sind äquivalent:*
  (i) $\mathrm{Syl}_K(f; g)$ *ist nicht-ausgeartet;*
  (ii) *f ist separabel, und f und g sind teilerfremd.*

Beweis. Da (i) und (ii) gegen Körpererweiterung invariant sind, können wir $K = \bar{K}$ als algebraisch abgeschlossen annehmen. Seien $\alpha_1, \ldots, \alpha_r$ die verschiedenen Nullstellen von f, mit den Vielfachheiten $e_1, \ldots, e_r \in \mathbb{N}$. Nach Lemma 3 folgt

$$\mathrm{Syl}\,(f; g) \cong \underset{j=1}{\overset{r}{\perp}}\ \mathrm{Syl}\left((t - \alpha_j)^{e_j}; g(t)\right)$$

$$\cong \underset{j=1}{\overset{r}{\perp}}\ \left[\langle e_j \rangle \otimes \mathrm{Syl}\left(t - \alpha_j; g(t)\right) \perp (e_j - 1) \cdot \langle 0 \rangle\right]$$

$$\cong \underset{j=1}{\overset{r}{\perp}}\ \left[\langle e_j g(\alpha_j) \rangle \perp (e_j - 1) \cdot \langle 0 \rangle\right],$$

woraus man die Behauptung abliest. $\qquad$ □

Satz 2. *Ist $f \in K[t]$ ein normiertes Polynom vom Grad $n \geq 1$ und $S(f)$ seine Sylvesterform, so ist $S(f) \cong \mathrm{Syl}(f)$. Für die Sylvesterform $S_\lambda(f)$ von f zum Parameter λ gilt $S_\lambda(f) \cong \mathrm{Syl}(f; \lambda - t)$.*

Beweis. Seien $\alpha_1, \ldots, \alpha_n$ die Nullstellen von f in $\bar{K}$ und sei $g \in K[t]$ beliebig. Bezüglich der Basis $1, \tau, \ldots, \tau^{n-1}$ von $A := K[t]/(f)$ wird $\mathrm{Syl}(f; g)$ dargestellt durch die Matrix $(b_{jk})_{1 \leq j,k \leq n}$, mit $b_{jk} = \mathrm{tr}_{A/K}\big(\tau^{j+k-2} g(\tau)\big)$. Nach Satz 1 ist $b_{jk} = \sum_{i=1}^{n} \alpha_i^{j+k-2} g(\alpha_i)$. Hieraus folgen die Behauptungen mit $g = 1$ bzw. $g = \lambda - t$. $\qquad$ □

Wir zeigen abschließend, daß sich die im vorigen Abschnitt bereits bewiesenen Sätze von Sylvester und Hermite (§7, Sätze 5 und 5a) unter Verwendung des Spurformenkalküls recht einfach ergeben.

Sei also $K = R$ reell abgeschlossen, sei $f \in R[t]$ normiert vom Grad $n \geq 1$ mit den verschiedenen reellen Wurzeln $\beta_1, \ldots, \beta_r$ und den verschiedenen nicht-reellen Wurzeln $\gamma_1, \overline{\gamma_1}, \cdots, \gamma_s, \overline{\gamma_s}$. Seien wieder m_j bzw. n_j die Vielfachheiten der β_j bzw. γ_j. Wir setzen $q_j(t) := (t - \gamma_j)(t - \overline{\gamma_j})$ $(j = 1, \ldots, s)$. Dann ist

$$f(t) = \prod_{j=1}^{r} (t - \beta_j)^{m_j} \prod_{j=1}^{s} q_j(t)^{n_j},$$

und folglich nach Lemma 3 für alle $g \in R[t]$

$$\mathrm{Syl}(f; g) \underset{\text{b)}}{\cong} \overset{r}{\underset{j=1}{\perp}} \mathrm{Syl}\big((t - \beta_j)^{m_j}; g\big) \perp \overset{s}{\underset{j=1}{\perp}} \mathrm{Syl}(q_j^{n_j}; g)$$

$$\underset{\text{c)}}{\cong} \overset{r}{\underset{j=1}{\perp}} \mathrm{Syl}(t - \beta_j; g) \perp \overset{s}{\underset{j=1}{\perp}} \mathrm{Syl}(q_j; g) \perp \langle 0, \ldots, 0 \rangle$$

$$\underset{\text{e)}}{\cong} \langle g(\beta_1), \ldots, g(\beta_r) \rangle \perp \overset{s}{\underset{j=1}{\perp}} \mathrm{Syl}(q_j; g) \perp \langle 0, \ldots, 0 \rangle.$$

Dabei sind alle Formen $\mathrm{Syl}(q_j; g)$ hyperbolisch (oder null, falls $q_j | g$), denn $R[t]/(q_j)$ ist als R-Algebra zu $C = R(\sqrt{-1})$ isomorph, und für alle $\alpha \in C^*$ ist $[C; \alpha]_R \cong \langle 1, -1 \rangle = H$. (Wählt man $\beta \in C$ mit $2\alpha\beta^2 = i$, so erhält man für $[C; \alpha]_R$ bezüglich der Basis $\beta, -i\beta$ die Matrix $\left(\begin{smallmatrix} 0 & 1 \\ 1 & 0 \end{smallmatrix}\right)$.)

Somit ist $\mathrm{Syl}(f; g) \cong \langle g(\beta_1), \ldots, g(\beta_r) \rangle \perp t \cdot H \perp (n - r - 2t) \cdot \langle 0 \rangle$ für ein $0 \leq t \leq s$. Insbesondere ergeben sich $S(f) \cong \mathrm{Syl}(f) = \mathrm{Syl}(f; 1) \cong r \cdot \langle 1 \rangle \perp s \cdot H \perp (n - r - 2s) \cdot \langle 0 \rangle$ und $\mathrm{Syl}(f; \lambda - t) \cong \langle \lambda - \beta_1, \ldots, \lambda - \beta_r \rangle \perp s \cdot H \perp (n - r - 2s) \cdot \langle 0 \rangle$. Daraus liest man die Aussagen der Sätze von Sylvester und Hermite direkt ab.

Neben den schon erwähnten Arbeiten [KN] und [Fu] vergleiche man zu diesem und zu verwandten Themen auch den Artikel [BeSp], welcher interessante historische Bemerkungen über Sylvester enthält.

§9. Cauchy-Index einer rationalen Funktion, Bézoutiante und Hankelformen

Im weiteren Verlauf dieses Buches wird dieser Abschnitt, ebenso wie der folgende, nicht mehr benötigt und kann daher bei der ersten Lektüre überschlagen werden. Andererseits gehört sein Inhalt zum klassischen Bestand der reellen Algebra und ist für das Verständnis der historischen Entwicklung der Mathematik im 19. Jahrhundert unentbehrlich. Daneben hat er auch in vielen Anwendungen Bedeutung erlangt, etwa bei der Stabilität von Bewegungen oder in der Kontrolltheorie.

Wir folgen der Arbeit [KN] von Krein und Naimark, können jedoch aus Platzgründen nur einen kleinen Ausschnitt davon darstellen. Der interessierte Leser sei daher auf diese Arbeit selbst verwiesen.

Sei stets R ein reell abgeschlossener Körper.

Definition 1. Sei $\varphi(t) = g(t)/f(t) \in R(t)$ eine rationale Funktion, wobei g und f teilerfremde Polynome über R seien.

a) Sei $\alpha \in R$ eine Polstelle von φ (also eine Nullstelle von f). Der *Cauchy–Index* $\mathrm{ind}_\alpha(\varphi)$ von φ in α wird wie folgt definiert: Man setzt $\mathrm{ind}_\alpha(\varphi) := +1$, falls der Wert von $\varphi(t)$ bei $t = \alpha$ von $-\infty$ nach $+\infty$ springt, $\mathrm{ind}_\alpha(\varphi) := -1$, falls er von $+\infty$ nach $-\infty$ springt, und $\mathrm{ind}_\alpha(\varphi) := 0$ sonst.

b) Der Cauchy–Index von φ im offenen Intervall $]a, b[\subseteq R$ ($\pm\infty$ als Intervallgrenzen sind zugelassen) ist definiert als die Summe der Cauchy-Indizes zu den in $]a, b[$ gelegenen Polen von φ. Wir schreiben dafür $I_a^b(\varphi)$. Im Falle $a = -\infty$, $b = +\infty$ spricht man vom *globalen Cauchy–Index* von φ.

Der Cauchy-Index von $\varphi(t) = f(t)/g(t)$ im Pol $t = \alpha$ ist also $+1$, -1 oder 0, je nachdem ob das Polynom $f(t)\, g(t)$ in $t = \alpha$ das Vorzeichen von minus nach plus, von plus nach minus oder überhaupt nicht wechselt.

Beispiele.

1. Sei $f \in R[t]$ ein nicht konstantes Polynom, und sei $\varphi = f'/f$ seine logarithmische Ableitung. Sind $\alpha_1, \ldots, \alpha_r$ die verschiedenen reellen Nullstellen von f und $m_1, \ldots, m_r$ ihre Vielfachheiten, so ist

$$\varphi(t) = \psi(t) + \sum_{i=1}^{r} \frac{m_i}{t - \alpha_i}\,,$$

wobei ψ eine rationale Funktion ohne reelle Pole ist. Somit hat $\varphi = f'/f$ genau r reelle Pole $\alpha_1, \ldots, \alpha_r$, und in jedem von diesen den Cauchy–Index $+1$

2. Etwas allgemeiner: Seien $f, h \in R[t]$ und sei $f \neq 0$. Für $\varphi = hf'/f$ ist dann

$$I_{-\infty}^{+\infty}(\varphi) = \#\big\{\alpha \in R : f(\alpha) = 0 \text{ und } h(\alpha) > 0\big\} - \#\big\{\alpha \in R : f(\alpha) = 0 \text{ und } h(\alpha) < 0\big\}\,,$$

wie man sich leicht überzeugt.

Wie kann man die ganze Zahl $I_a^b(\varphi)$ aus den Koeffizienten von φ bestimmen? Eine Lösung wurde schon in §7 gegeben: Man führe den Sturmschen Algorithmus mit den Polynomen f, g (statt wie damals f, f') durch und wende das dortige Theorem 4a auf die entstandene verallgemeinerte Sturmsche Kette an. Diese Prozedur wurde schon im letzten Jahrhundert zu praktischen Verfahren für die Bestimmung von $I_a^b(\varphi)$ ausgebaut. Für einen wichtigen Spezialfall, das sogenannte Routh-Hurwitz-Problem, verweisen wir auf [Ga, §16].

Wir wollen jetzt einen Zusammenhang zwischen dem globalen Cauchy-Index und gewissen quadratischen Formen herstellen. Dazu müssen wir etwas ausholen. Für $\varphi = g/f$ können wir stets $\deg g \le \deg f$ voraussetzen, da sich die Cauchy-Indizes bei Addition eines Polynoms nicht ändern.

Seien also

$$f(t) = a_0 t^n + a_1 t^{n-1} + \cdots + a_n \quad \text{und} \quad g(t) = b_0 t^n + b_1 t^{n-1} + \cdots + b_n$$

zwei Polynome mit Koeffizienten in einem Körper K (char $K \ne 2$) und sei $a_0 \ne 0$. Wir ordnen dem Paar (f, g) wie folgt zwei quadratische Formen über K zu.

Sind x und y neue Variable, so ist das Polynom $f(x)g(y) - f(y)g(x)$ durch $x - y$ teilbar. Genauer gilt

$$\frac{f(x)g(y) - f(y)g(x)}{x - y} = \sum_{i,j=0}^{n-1} c_{ij} x^i y^j \,,$$

wobei

$$c_{ij} = \sum_{k=0}^{i} d_{k,i+j+1-k} \quad \text{mit} \quad d_{ij} := a_{n-j} b_{n-i} - a_{n-i} b_{n-j}$$

ist[1]. Unabhängig von diesen Formeln ist klar, daß $c_{ij} = c_{ji}$ für alle $i, j = 0, \ldots, n-1$ gilt.

Definition 2. Die symmetrische $n \times n$-Matrix $(c_{ji})_{0 \le i,j \le n-1}$ heißt die *Bézoutmatrix* zu f und g und wird mit $B(f, g)$ bezeichnet. Die zugehörige quadratische Form über K heißt die *Bézoutiante* zu f und g. Wir bezeichnen sie ebenfalls mit $B(f, g)$, schreiben also

$$B(f, g)(x_0, \ldots, x_{n-1}) = \sum_{i,j=0}^{n-1} c_{ij} x_i x_j \,.$$

Andererseits können wir wegen $\deg g \le \deg f$ die rationale Funktion $\varphi(t) = g(t)/f(t)$ als eine formale Potenzreihe in t^{-1} schreiben:

$$\varphi(t) = s_{-1} + s_0 t^{-1} + s_1 t^{-2} + \cdots \,.$$

Definition 3. Die symmetrische $n \times n$-Matrix $(s_{i+j})_{0 \le i,j \le n-1}$ heißt die *Hankelmatrix* zu f und g und wird mit $H(f, g)$ bezeichnet[2]. Wieder fassen wir $H(f, g)$ auch als quadratische Form auf,

$$H(f, g)(x_0, \ldots, x_{n-1}) = \sum_{i,j=0}^{n-1} s_{i+j} x_i x_j \,,$$

---

[1] Wir werden diese expliziten Formeln nicht weiter benutzen.

[2] Allgemein nennt man jede quadratische Matrix (a_{ij}), bei der der Eintrag a_{ij} nur von $i + j$ abhängt, eine Hankelmatrix.

und sprechen dann von der *Hankelform* zu f und g. Für $1 \leq p \leq n$ wird die gestutzte Matrix $(s_{i+j})_{0 \leq i,j \leq p-1}$ mit $H_p(f,g)$ bezeichnet.

Bemerkung. Offensichtlich hängt $H(f,g)$ nur von n und von der rationalen Funktion $\varphi = g/f$ ab. Allgemeiner kann man zu jeder formalen Potenzreihe $\varphi(t) \in K[[t^{-1}]]$ in t^{-1} und jedem $n \geq 0$ eine Hankelmatrix $H_n(\varphi)$ wie in Definition 3 bilden. Ein bekannter (elementarer) Satz von Frobenius besagt, daß $\varphi(t)$ genau dann rational (d.h. $\varphi(t) \in K(t)$) ist, wenn es ein $n \geq 0$ mit $\det H_m(\varphi) = 0$ für alle $m \geq n$ gibt. Ist dies der Fall, so ist überdies das kleinste solche n der Grad des Nenners von φ in einer gekürzten Bruchdarstellung, und jede Matrix $H_m(\varphi)$ mit $m > n$ hat den Rang n. Siehe hierzu etwa [Ga, §16.10].

Beispiel 3. Sei $f \in K[t]$ ein nicht konstantes Polynom. Wir wollen die Hankelform $H(f,f')$ berechnen. Ist $f(t) = a(t - \alpha_1) \cdots (t - \alpha_n)$ die Zerlegung von f über dem algebraischen Abschluß von K, so ist (geometrische Reihe!)

$$\frac{f'(t)}{f(t)} = \sum_{i=1}^{n} \frac{1}{t - \alpha_i} = \sum_{j=0}^{\infty} s_j \, t^{-j-1} \qquad \text{mit} \quad s_j = \sum_{k=1}^{n} \alpha_k^j \,.$$

Somit ist $H(f,f')$ gerade die in §7 betrachtete Sylvesterform $S(f)$ zu f.

Anmerkung zur Terminologie. Wir werden gleich sehen, daß $H(f,g)$ zu $B(f,g)$ isometrisch ist. In manchen modernen Arbeiten und Büchern (etwa [BCR]) wird deshalb die Form $S(f) = H(f,f')$ als „Bézoutiante von f" bezeichnet. Wir halten diesen Sprachgebrauch für unglücklich, weil er nicht mit der im 19. Jahrhundert entwickelten Terminologie harmoniert. Damals wurde konkreter gerechnet, als es heute oft üblich ist, und zwischen einer quadratischen Form und ihrer Isometrieklasse scharf unterschieden. Um solchen Kollisionen aus dem Weg zu gehen, haben wir $S(f)$ die Sylvesterform von f genannt, was wegen Sylvesters Pionierleistung auf diesem Gebiet sicher gerechtfertigt ist.

Satz 1. *Die Bézoutiante $B(f,g)$ ist zur Hankelform $H(f,g)$ isometrisch.*

Beweis. Sei wieder $\varphi(t) = g(t)/f(t)$. Dann gilt

$$\sum_{i,j=0}^{n-1} c_{ij} x^i y^i = f(x)f(y) \frac{\varphi(y) - \varphi(x)}{x - y} = f(x)f(y) \sum_{i=0}^{\infty} s_{i-1} \frac{y^{-i} - x^{-i}}{x - y}$$

$$= f(x)f(y) \sum_{i=1}^{\infty} \sum_{j=0}^{i-1} s_{i-1} \, x^{j-i} y^{-j-1}$$

$$= f(x)f(y) \sum_{k,l=0}^{\infty} s_{k+l} \, x^{-(k+1)} y^{-(l+1)}$$

$$= \sum_{k,l=0}^{\infty} s_{k+l} \left(a_0 x^{n-k-1} + \cdots + a_n x^{-k-1} \right) \left(a_0 y^{n-l-1} + \cdots + a_n y^{-l-1} \right).$$

Da auf der linken Seite keine negativen Potenzen von x oder y vorkommen, können wir auch auf der rechten Seite alle solchen Terme weglassen und erhalten

$$\sum_{i,j=0}^{n-1} c_{ij}x^i y^j = \sum_{k,l=0}^{n-1} s_{k+l}\left(a_0 x^{n-k-1} + \cdots + a_{n-k-1}\right)\left(a_0 y^{n-l-1} + \cdots + a_{n-l-1}\right).$$

Nimmt man die Variablentransformation

$$\begin{aligned}
u_0 &:= a_0 x_{n-1} + a_1 x_{n-2} + \cdots + a_{n-1}x_0 \\
u_1 &:= \qquad\qquad a_0 x_{n-2} + \cdots + a_{n-2}x_0 \\
&\ \ \vdots \qquad\qquad\qquad\qquad \vdots \\
u_{n-1} &:= \qquad\qquad\qquad\qquad\qquad\qquad a_0 x_0
\end{aligned}$$

vor, so ergibt sich daraus

$$B(f,g)(x_0,\ldots,x_{n-1}) = H(f,g)(u_0,\ldots,u_{n-1}). \tag{1}$$

Wegen $a_0 \neq 0$ gibt dies die Behauptung. $\qquad\square$

Korollar. *Für die Minoren*

$$B_p := \det\,(c_{ij})_{n-p \leq i,j \leq n-1} \qquad (1 \leq p \leq n)$$

der Bézoutmatrix $B(f,g)$ (die „Hauptminoren von rechts unten aus") gilt

$$B_p = a_0^{2p}\,\det H_p(f,g). \tag{2}$$

Beweis. In der Identität (1) setze man $x_0 = \cdots = x_{n-p-1} = 0$, also $u_p = \cdots = u_{n-1} = 0$, lese die neue Identität als eine Gleichung von symmetrischen Matrizen und gehe zu den Determinanten über. $\qquad\square$

Satz 2 (Hurwitz).

$$B_p = \begin{vmatrix} a_0 & b_0 & 0 & 0 & \cdots & 0 & 0 \\ a_1 & b_1 & a_0 & b_0 & \cdots & 0 & 0 \\ \vdots & \vdots & \vdots & \vdots & & \vdots & \vdots \\ a_{2p-1} & b_{2p-1} & a_{2p-2} & b_{2p-2} & \cdots & a_p & b_p \end{vmatrix}, \tag{3}$$

wobei $a_i = b_i = 0$ für $i > n$ zu lesen ist.

Beweis. Aus der Identität $g(t) = f(t)\varphi(t)$ erhält man die Rekursionsformeln

$$b_i = a_0 s_{i-1} + a_1 s_{i-2} + \cdots + a_i s_{-1} \tag{4}$$

für alle $i \geq 0$. Mit ihrer Hilfe kann man die Identität (2) wie folgt umformen:

$$a_0 B_p \underset{(2)}{=} (-1)^{\frac{p(p-1)}{2}} a_0^{2p+1} \begin{vmatrix} 1 & 0 & \cdots & 0 & 0 & \cdots & 0 \\ 0 & 1 & \cdots & 0 & 0 & \cdots & 0 \\ \vdots & \vdots & \ddots & \vdots & \vdots & & \vdots \\ 0 & 0 & \cdots & 1 & 0 & \cdots & 0 \\ 0 & s_{-1} & \cdots & s_{p-2} & s_{p-1} & \cdots & s_{2p-2} \\ 0 & 0 & \cdots & s_{p-3} & s_{p-2} & \cdots & s_{2p-3} \\ \vdots & \vdots & & \vdots & \vdots & & \vdots \\ 0 & 0 & \cdots & s_{-1} & s_0 & \cdots & s_{p-1} \end{vmatrix}$$

$$= (-1)^p \cdot \begin{vmatrix} 1 & 0 & 0 & 0 & & \cdots & & 0 \\ 0 & s_{-1} & s_0 & s_1 & & \cdots & & s_{2p-2} \\ 0 & 1 & 0 & 0 & & \cdots & & 0 \\ 0 & 0 & s_{-1} & s_0 & & \cdots & & s_{2p-3} \\ \vdots & \vdots & \vdots & \vdots & & & & \vdots \\ 0 & 0 & 0 & 0 & \cdots & 1 & 0 & \cdots & 0 \\ 0 & 0 & 0 & 0 & \cdots & 0 & s_{-1} & \cdots & s_{p-1} \\ 0 & 0 & 0 & 0 & \cdots & 0 & 1 & \cdots & 0 \end{vmatrix} \cdot \begin{vmatrix} a_0 & a_1 & a_2 & \cdots & a_{2p} \\ 0 & a_0 & a_1 & \cdots & a_{2p-1} \\ 0 & 0 & a_0 & \cdots & a_{2p-2} \\ \vdots & \vdots & \vdots & \ddots & \vdots \\ 0 & 0 & 0 & \cdots & a_0 \end{vmatrix}$$

Ausmultiplizieren der Matrizen gibt

$$a_0 B_p \underset{(4)}{=} (-1)^p \begin{vmatrix} a_0 & a_1 & a_2 & \cdots & a_{2p} \\ 0 & b_0 & b_1 & \cdots & b_{2p-1} \\ 0 & a_0 & a_1 & \cdots & a_{2p-1} \\ 0 & 0 & b_0 & \cdots & b_{2p-2} \\ \vdots & \vdots & \vdots & & \vdots \\ 0 & 0 & 0 & \cdots & b_p \\ 0 & 0 & 0 & \cdots & a_p \end{vmatrix} = (-1)^p a_0 \begin{vmatrix} b_0 & b_1 & \cdots & b_{2p-1} \\ a_0 & a_1 & \cdots & a_{2p-1} \\ 0 & b_0 & \cdots & b_{2p-2} \\ \vdots & \vdots & & \vdots \\ 0 & 0 & \cdots & b_p \\ 0 & 0 & \cdots & a_p \end{vmatrix}.$$

Nach Permutation der Zeilen und Transposition erhält man die Behauptung (3).   □

Definition 4. Als *Resultante* $R(f,g)$ von f und g bezeichnen wir hier die $2n$-reihige Determinante

$$\begin{vmatrix} a_0 & a_1 & \cdots & a_{n-1} & a_n & 0 & 0 & \cdots & 0 \\ 0 & a_0 & \cdots & a_{n-2} & a_{n-1} & a_n & 0 & \cdots & 0 \\ \vdots & \vdots & \ddots & \vdots & \vdots & \vdots & \vdots & & \vdots \\ 0 & 0 & \cdots & a_0 & a_1 & a_2 & a_3 & \cdots & a_n \\ b_0 & b_1 & \cdots & b_{n-1} & b_n & 0 & 0 & \cdots & 0 \\ 0 & b_0 & \cdots & b_{n-2} & b_{n-1} & b_n & 0 & \cdots & 0 \\ \vdots & \vdots & \ddots & \vdots & \vdots & \vdots & \vdots & & \vdots \\ 0 & 0 & \cdots & b_0 & b_1 & b_2 & b_3 & \cdots & b_n \end{vmatrix} .$$

Ist $b_0 \neq 0$, so ist dies die Resultante von f und g im üblichen Sinn der Algebra (vgl. [LaA], [vdW], [JBA]). Ist dagegen $\deg(g) = m < n = \deg(f)$, so erhält man $R(f,g)$ aus der üblichen Resultante durch Multiplikation mit dem (unwesentlichen) Faktor a_0^{n-m}.

Satz 2 besagt im Falle $n = p$:

$$\det B(f,g) = (-1)^{\frac{n(n-1)}{2}} R(f,g). \tag{5}$$

Da die Resultante zweier Polynome genau dann verschwindet, wenn diese einen gemeinsamen Teiler haben (siehe [vdW], ...), erhalten wir die

Folgerung. *Die Bézoutiante von f und g ist genau dann nicht ausgeartet, wenn f und g teilerfremd sind.* $\qquad\square$

Bezeichnen wir den quadratischen Raum $\big(K^n, B(f,g)\big)$ mit $V(f,g)$, so gilt allgemeiner:

Satz 3. *Sei $D = t^q + d_1 t^{q-1} + \cdots + d_q$ der größte gemeinsame Teiler von f und g, und sei $f = f^0 \cdot D$, $g = g^0 \cdot D$. Dann hat das Radikal $\operatorname{Rad} V(f,g)$ von $V(f,g)$ (§2) die Dimension q, und der quadratische Raum $V(f,g)/\operatorname{Rad} V(f,g)$ ist zu $V(f^0, g^0)$ isometrisch.*

Beweis. Sei $(c_{ij}^0) := B(f^0, g^0)$. Dann gilt

$$\sum_{i,j=0}^{n-1} c_{ij} x^i y^j = \frac{f(x)g(y) - f(y)g(x)}{x - y}$$

$$= D(x)D(y) \frac{f^0(x)g^0(y) - f^0(y)g^0(x)}{x - y}$$

$$= D(x)D(y) \sum_{i,j=0}^{n-q-1} c_{ij}^0 \, x^i y^j$$

$$= \sum_{i,j=0}^{n-q-1} c_{ij}^0 \left(d_0 x^{q+i} + \cdots + d_q x^i\right) \left(d_0 y^{q+j} + \cdots + d_q y^j\right),$$

wobei $d_0 := 1$. Sind $x_0, \ldots, x_{n-1}$ unabhängige Variable, so bilden wir die neuen $n - q$ unabhängigen Variablen

$$\begin{aligned}
u_0 &= d_q x_0 + d_{q-1} x_1 + \quad \cdots \quad + d_0 x_q \\
u_1 &= \qquad\qquad d_q x_1 + \quad \cdots \quad + d_1 x_q + d_0 x_{q+1} \\
&\qquad\qquad\qquad\quad \vdots \\
u_{n-q-1} &= \qquad\qquad d_q x_{n-q-1} + \quad \cdots \quad + d_0 x_{n-1}
\end{aligned}$$

$(d_0 := 1)$. Aus der obigen Identität liest man dann ab:

$$B(f,g)(x_0, \ldots, x_{n-1}) = B(f^0, g^0)(u_0, \ldots, u_{n-q-1}).$$

Da $B(f^0, g^0)$ nach der Folgerung aus Satz 2 nicht ausgeartet ist, folgt daraus die Behauptung. $\qquad\square$

Von nun an sei wieder $K = R$ reell abgeschlossen. Wie zuvor seien f bzw. g Polynome vom Grad n bzw. höchstens n, und sei $\varphi := g/f$.

Theorem 4. *Der globale Cauchy-Index $I_{-\infty}^{+\infty}(\varphi)$ ist gleich der Signatur der Hankelform $H(f,g)$, also auch gleich der Signatur der Bézoutiante $B(f,g)$ von f und g.*

Aufgrund von Satz 3 können wir f und g ohne Einschränkung als teilerfremd, also $H(f,g)$ als nicht ausgeartet, voraussetzen.

Wir führen den Beweis jetzt im Falle $R = \mathbb{R}$ mit funktionentheoretischen Mitteln, nämlich durch Berechnung der Residuen eines Differentials $\omega = \varphi(z)\,\vartheta(z)^2\,dz$. Dabei sei z eine komplexe Variable und

$$\vartheta(z) = x_0 + x_1 z + \cdots + x_{n-1} z^{n-1}$$

mit unabhängigen reellen Parametern $x_0, \ldots, x_{n-1}$. Um das Residuum von ω in $z = \infty$ zu berechnen, führen wir bei ∞ die lokale Koordinate $\zeta = z^{-1}$ ein. Dann ist

$$\omega = \varphi(z)\,\vartheta(z)^2\,(-\zeta^{-2})\,d\zeta\,,$$

also $-\mathrm{Res}_\infty(\omega)$ der Koeffizient von ζ in der Laurent-Entwicklung von $\varphi(z)\,\vartheta(z)^2$ nach ζ. Aus

$$\varphi(z)\,\vartheta(z)^2 = (s_{-1} + s_0\zeta + s_1\zeta^2 + \cdots) \cdot \sum_{j,k=0}^{n-1} x_j x_k \zeta^{-j-k}$$

liest man ab:

$$-\mathrm{Res}_\infty(\omega) = \sum_{j,k=0}^{n-1} s_{j+k} x_j x_k = H(f,g)\,(x_0, \ldots, x_{n-1})\,. \tag{6}$$

Nach dem Residuensatz ist dies gleich der Summe der Residuen von ω in den im Endlichen gelegenen Polen von ω, also in den Nullstellen von f.

Sei also $z = \alpha$ eine (komplexe) Nullstelle der Vielfachheit m von $f(z)$. Man hat eine Laurent-Entwicklung

$$\varphi(z + \alpha) = c_0 z^{-m} + c_1 z^{-m+1} + \cdots$$

mit komplexen Koeffizienten c_j und $c_0 \neq 0$. Ist $\alpha \in \mathbb{R}$, so sind auch die c_j reell. Weiter ist

$$\vartheta(z + \alpha) = x_0 + x_1(z + \alpha) + \cdots + x_{n-1}(z + \alpha)^{n-1}$$
$$= u_0 + u_1 z + \cdots + u_{n-1} z^{n-1}\,,$$

wobei $u_0, \ldots, u_{n-1}$ Linearkombinationen von $x_0, \ldots, x_{n-1}$ sind, deren Koeffizienten ganzzahlige (universelle) Polynome in α sind. Somit ist

$$\mathrm{Res}_\alpha(\omega) = c_{m-1} u_0^2 + 2c_{m-2} u_0 u_1 + \cdots + c_0(u_0 u_{m-1} + \cdots + u_{m-1} u_0)\,.$$

Ist $m = 2r$ gerade, so können wir schreiben

$$\mathrm{Res}_\alpha(\omega) = u_0 v_0 + u_1 v_1 + \cdots + u_{r-1} v_{r-1} \tag{A}$$

mit geeigneten Linearkombinationen v_j von $x_0, \ldots, x_{n-1}$, deren Koeffizienten ganzzahlige Polynome in $\alpha, c_0, \ldots, c_{m-1}$ sind.

Ist dagegen $m = 2r + 1$ ungerade, so können wir

$$\mathrm{Res}_\alpha(\omega) = u_0 v_0 + \cdots + u_{r-1} v_{r-1} + c_0 u_r^2 \qquad (B)$$

schreiben, mit Linearkombinationen v_j wie zuvor.

Ist $\alpha \in \mathbb{R}$, so haben alle Linearkombinationen u_j, v_j reelle Koeffizienten. Sei jetzt $\alpha \notin \mathbb{R}$, etwa $\mathrm{Im}(\alpha) > 0$. Dann ist auch $\bar\alpha$ Nullstelle von f von derselben Vielfachheit wie α, und im Residuum $\mathrm{Res}_{\bar\alpha}(\omega)$ treten gerade die konjugiert komplexen Linearkombinationen $\bar u_j, \bar v_j$ auf. Um die u_j, v_j im Real- und Imaginärteil zu zerlegen, schreiben wir für $0 \le j \le r - 1$

$$u_j = p_j + \sqrt{-1}\, p_j', \qquad v_j = q_j - \sqrt{-1}\, q_j'$$

mit reellen Linearkombinationen p_j, p_j', q_j, q_j' von $x_0, \ldots, x_{n-1}$; im Falle $m = 2r + 1$ sei

$$u_r = p_r + \sqrt{-1}\, p_r'$$

mit reellen Linearkombinationen p_r, p_r'.

Dann erhält man im Falle $m = 2r$

$$\mathrm{Res}_\alpha(\omega) + \mathrm{Res}_{\bar\alpha}(\omega) = \sum_{j=0}^{r-1} (u_j v_j + \bar u_j \bar v_j) = 2 \sum_{j=0}^{r-1} (p_j q_j + p_j' q_j'), \qquad (C)$$

dagegen im Fall $m = 2r + 1$

$$\mathrm{Res}_\alpha(\omega) + \mathrm{Res}_{\bar\alpha}(\omega) = 2 \sum_{j=0}^{r-1} (p_j q_j + p_j' q_j') + 2c_0(p_r^2 - p_r'^2). \qquad (D)$$

In den Identitäten (A), (B) (für α reell) und (C), (D) (für α nicht reell) treten insgesamt genau n reelle Linearformen auf, da f mit Vielfachheiten genau n Nullstellen besitzt. Mit dem Residuensatz erhält man aus (6) für $H(f, g)$ eine Darstellung als quadratische Form in diesen n Linearformen. Diese müssen linear unabhängig sein, da sonst $H(f, g)$ ausgeartet wäre. Weiter ist $H(f, g)$ die orthogonale Summe der durch (A), (B) für $\alpha \in \mathbb{R}$ und durch (C), (D) für $\mathrm{Im}(\alpha) > 0$ gegebenen quadratischen Formen. Offensichtlich sind die zu (A), (C) und (D) gehörenden Formen hyperbolisch, während die zu (B) gehörende Form orthogonale Summe einer hyperbolischen Form mit der Form $c_0 u_r^2$ ist, somit als Signatur das Vorzeichen von c_0 hat. Man beachte nun, daß für $\alpha \in \mathbb{R}$ der Cauchy-Index $\mathrm{ind}_\alpha(\varphi) = 0$ ist, falls m gerade ist, dagegen $\mathrm{ind}_\alpha(\varphi) = \mathrm{sgn}\, c_0$ für ungerades m gilt. Also ist tatsächlich

$$\mathrm{sign}\, H(f, g) = \sum_{\alpha \in \mathbb{R},\, f(\alpha)=0} \mathrm{ind}_\alpha(\varphi) = I_{-\infty}^{+\infty}(\varphi).$$

Um Theorem 4 über einem beliebigen reell abgeschlossenen Körper R zu beweisen, bieten sich nun zwei Wege an. Zum einen kann man einen rein algebraischen Residuensatz für rationale Differentialformen über $R(\sqrt{-1})$ benutzen. In der Tat kann man für die obige Form ω über jedem algebraisch abgeschlossenen Körper in allen Polen formale Laurent-Entwicklungen finden, mit ihrer Hilfe die Residuen von ω definieren und beweisen, daß ihre Summe null ist. Der oben gegebene Beweis bleibt dann Wort für Wort gültig. Vergleiche dazu etwa [Se, p. 31].

Die andere Möglichkeit besteht darin, das *Tarski-Prinzip* anzuwenden (siehe etwa [Pr1, §5] oder [Pr2, §4.2]). Dieser modelltheoretische Satz besagt unter anderem, daß jede „elementare Aussage" in der Sprache der angeordneten Körper, welche über $\mathbb{R}$ richtig ist, auch über *jedem* reell abgeschlossenen Körper gilt. Auch wenn man sich nur sehr wenig mit Modelltheorie befaßt hat, erkennt man leicht, daß sich Theorem 4 als eine solche elementare Aussage fassen läßt. Das Tarski-Prinzip spielt in der höheren reellen Algebra eine wichtige Rolle (siehe die Einleitung), wird aber in diesem Band ansonsten vermieden.

Damit erklären wir Theorem 4 für bewiesen. Aus diesem Resultat gewinnt man sofort eine Möglichkeit, die Cauchy-Indizes $I_a^b(\varphi)$ auf endlichen offenen Intervallen $]a,b[$ durch Signaturen von „modifizierten" Bézoutianten auszudrücken. Ohne Beschränkung der Allgemeinheit nehmen wir $\deg g < \deg f$ an und definieren zu jedem $\lambda \in R$ die quadratische Form

$$B_\lambda(f,g) := B\big(f,(\lambda - t)g\big)\,.$$

Ihre Signatur sei mit $\rho(\lambda)$ bezeichnet. Ist λ höchstens ein Pol erster Ordnung von φ, so ist

$$\rho(\lambda) = I_{-\infty}^{+\infty}\big((\lambda - t)\varphi\big) = I_{-\infty}^\lambda(\varphi) - I_\lambda^\infty(\varphi)\,,$$

nach Theorem 4. Sind also a, b höchstens Pole erster Ordnung von φ und ist $a < b$, so folgt

$$\rho(b) = I_{-\infty}^a(\varphi) + \operatorname{ind}_a(\varphi) + I_a^b(\varphi) - I_b^\infty(\varphi)\,,$$
$$\rho(a) = I_{-\infty}^a(\varphi) - I_a^b(\varphi) - \operatorname{ind}_b(\varphi) - I_b^\infty(\varphi)\,,$$

und daraus

Folgerung. *Hat φ in a und b höchstens einfache Pole und ist $a < b$, so ist*

$$2I_a^b(\varphi) = \rho(b) - \rho(a) - \operatorname{ind}_a(\varphi) - \operatorname{ind}_b(\varphi)\,. \qquad \square$$

In unserem Beweis von Theorem 4 wurde nur mit der Hankelform $H(f,g)$ gearbeitet. Die Bézoutiante $B(f,g)$ ging lediglich indirekt ein, indem über die Theorie der Bézoutianten gezeigt wurde, daß man f und g als teilerfremd und damit $H(f,g)$ als nicht ausgeartet voraussetzen darf. Daher könnte der Eindruck entstehen, daß die Hankelform im Zentrum des Interesses steht und der Bézoutiante eher eine Hilfsfunktion zukommt.

Tatsächlich gibt es aber zwei Gründe, die die Bézoutiante als das zentrale Objekt erscheinen lassen. Der erste ist formaler Natur: $B(f,g)$ läßt sich wie in Definition 2 für beliebige Polynome f und g ohne Gradbeschränkung definieren, während für $H(f,g)$ der natürliche Definitionsbereich $\deg g \le \deg f$ (oder sogar $\deg g < \deg f$) ist. In jüngster Zeit wurde zudem erhärtet, daß die im 19. Jahrhundert so beliebte, dann weitgehend vergessene Bézoutiante $B(f,g)$ faszinierende Eigenschaften hat, die von $H(f,g)$ nicht geteilt werden. Siehe dazu [FuHe], [He] und die dort angegebene Literatur.

Zum zweiten hat $B(f,g)$ praktische Vorteile gegenüber $H(f,g)$, denn die Koeffizienten von $B(f,g)$ lassen sich schnell aus jenen von f und g gewinnen (siehe die eingangs angegebenen Formeln), während die Taylorkoeffizienten von g/f, welche in $H(f,g)$ eingehen, in komplizierter Weise von f und g abhängen[3]. Daher läßt sich auch bei variierendem f und g die Änderung von $B(f,g)$ besser studieren als jene von $H(f,g)$, was etwa für Anwendungen in der Regelungstechnik wichtig ist.

Mit dem Satz 2 von Hurwitz hat man außerdem die Signatur von $B(f,g)$ gut im Griff. Als Illustration erwähnen wir

Satz 5 (Hurwitz). *Seien f,g Polynome über R wie oben ($\deg g \le \deg f = n$). Dann sind äquivalent:*
  (i) *Alle Wurzeln von f sind reell und einfach, und zwischen je zweien von ihnen liegt eine Wurzel von g;*
  (ii) *in der Folge der Determinanten*

$$1, \quad \begin{vmatrix} a_0 & b_0 \\ a_1 & b_1 \end{vmatrix}, \ldots, \quad \begin{vmatrix} a_0 & b_0 & 0 & 0 & \cdots & 0 & 0 \\ a_1 & b_1 & a_0 & b_0 & \cdots & 0 & 0 \\ \vdots & \vdots & \vdots & \vdots & & \vdots & \vdots \\ a_{2n-1} & b_{2n-1} & a_{2n-2} & b_{2n-2} & \cdots & a_n & b_n \end{vmatrix}$$

sind entweder alle Glieder positiv, oder die Glieder sind abwechselnd positiv und negativ.

Beweis. Bedingung (i) bedeutet $I_{-\infty}^{+\infty}(g/f) = \pm n$, während nach Satz 2 die Bedingung an die Determinanten $\operatorname{sign} B(f,g) = \pm n$ besagt. Die Behauptung folgt daher aus Theorem 4.
$\square$

---

[3]Andererseits hat die Matrix $H(f,g)$ eine einfachere Gestalt als $B(f,g)$.

§10. Eine obere Abschätzung für die Anzahl reeller Nullstellen (mit Vielfachheiten)

R sei stets ein reell abgeschlossener Körper. Im Gegensatz zum bisherigen Brauch werden jetzt alle Nullstellen *mit* Berücksichtigung ihrer Vielfachheiten gezählt.

Sei $f \in R(t)$ eine nicht-konstante rationale Funktion ohne Pole im Intervall $[a, b]$ $(a, b \in R, \ a < b)$. Wir fixieren ein $n \geq 1$ mit $f^{(n)}(a) f^{(n)}(b) \neq 0$ und bezeichnen mit N_i die Anzahl der reellen Nullstellen der i-ten Ableitung $f^{(i)}$ in $]a, b]$ $(i = 0, 1, \ldots, n)$; insbesondere sei $N := N_0$ die Anzahl der Nullstellen von f in $]a, b]$. Für $x \in [a, b]$ setzen wir $V(x) := \mathrm{Var}\big(f(x), f'(x), \ldots, f^{(n)}(x)\big)$ (vgl. §7).

Theorem (Hurwitz). *Es gibt ein* $v \in \mathbb{N}_0$ *mit*

$$N = N_n + V(a) - V(b) - 2v\,.$$

Korollar 1 (Budan – Fourier). *Ist* $f \in R[t]$ *ein Polynom vom Grad* $n \geq 1$, *so ist*

$$N = V(a) - V(b) - 2v$$

für ein $v \in \mathbb{N}_0$.

Bevor wir das Theorem beweisen, wollen wir noch einige interessante Folgerungen daraus (genauer: aus Korollar 1) ableiten. Sie zeigen, daß man ohne jede Rechnung allein aus der Vorzeichenfolge der Koeffizienten eines Polynoms bereits bemerkenswerte Schlüsse über seine reellen Wurzeln ziehen kann!

Es sei dazu $f(t) = c_0 t^n + c_1 t^{n-1} + \cdots + c_n \in R[t]$ mit $n \geq 1$ und $c_0 \neq 0$. Wir führen folgende Bezeichnungen ein:

$$p := \text{Anzahl der strikt positiven Wurzeln von } f,$$
$$p' := \text{Anzahl der strikt negativen Wurzeln von } f,$$
$$V := \mathrm{Var}(c_0, \ldots, c_n),$$
$$V' := \mathrm{Var}\big(c_0, -c_1, c_2, \ldots, (-1)^n c_n\big)\,.$$

Korollar 2.
   a) (Regel von Descartes) *Es gibt* $v, v' \in \mathbb{N}_0$ *mit* $p = V - 2v$ *und* $p' = V' - 2v'$.
   b) *Ist* $c_n \neq 0$ *und sind alle Wurzeln von* f *reell, so ist* $p = V$ *und* $p' = V'$.
   c) *Ist* $c_n \neq 0$ *und ist* $c_{i-1} = c_i = 0$ *für ein* i *mit* $1 < i < n$, *so hat* f *nicht-reelle Wurzeln.*

Beweis.
a) $V(0) = \mathrm{Var}(c_n, 1! \, c_{n-1}, \ldots, n! \, c_0) = V$ und $V(b) = 0$ für $b \gg 0$ geben zusammen mit Korollar 1 die erste Formel. Für die zweite ersetze man $f(t)$ durch $f(-t)$.
b) Sei

$$W(x) := \mathrm{Var}(c_0 + x, \ldots, c_n + x) \quad \text{und}$$
$$W'(x) := \mathrm{Var}\big(c_0 + x, -(c_1 + x), \ldots, (-1)^n (c_n + x)\big)$$

$(x \in R)$. Für alle $x \in R$ mit $0 < x < \min\{|c_i| : c_i \neq 0\}$ ist dann $W(x) + W'(x) = n$ sowie $W(x) \geq V$ und $W'(x) \geq V'$. Es ist also $V + V' \leq n$, und aus a) folgt $p + p' \leq V + V'$. Andererseits ist nach Voraussetzung in b) $p + p' = n$, also folgt $p = V, p' = V'$.

c) Man wiederhole das in b) gegebene Argument, indem man die Stellen $i - 1$ und i in den Folgen wegläßt. $\square$

Für den Beweis des Satzes von Hurwitz stellen wir zwei Hilfssätze bereit.

Hilfssatz 1 (Taylor). *Sei* $0 \neq f \in R(t)$ *und* $a \in R$ *eine Nullstelle der Vielfachheit* $m \geq 0$ *von* f. *Dann gibt es ein* $g \in R(t)$ *mit* $g(0) \neq \infty$ *und*

$$f(a + t) = \frac{1}{m!} f^{(m)}(a)\, t^m + t^{m+1} g(t)\,.$$

Beweis. Es gibt $h \in R(t)$ mit $h(0) \neq \infty$, $h(0) \neq 0$ und mit $f(a+t) = t^m h(t)$. Die Leibniz-Regel gibt $f^{(m)}(a) = m!\, h(0)$. Es gibt $g \in R(t)$ mit $g(0) \neq \infty$ und $h(t) = h(0) + t\, g(t)$, woraus die Behauptung folgt. $\square$

Hilfssatz 2. *Seien* $a, b \in R$, $a < b$, *und* $f \in R(t)$ *ohne Pole in* $[a, b]$.
   a) *Ist* f *ohne Nullstellen in* $[a, b[$, *ist* $f(b) = 0$ *und* $f'(a) \neq 0$, *so ist die Anzahl der Nullstellen von* f' *in* $]a, b[$

$$\begin{cases} gerade & \text{für } f(a)f'(a) < 0 \\ ungerade & \text{für } f(a)f'(a) > 0\,. \end{cases}$$

   b) *Ist* f *ohne Nullstellen in* $]a, b]$, *ist* $f(a) = 0$ *und* $f'(b) \neq 0$, *so ist die Anzahl der Nullstellen von* f' *in* $]a, b[$

$$\begin{cases} ungerade & \text{für } f(b)f'(b) < 0 \\ gerade & \text{für } f(b)f'(b) > 0\,. \end{cases}$$

Beweis. Aus Symmetriegründen genügt es, a) zu zeigen. Nach dem Lemma in §7 ist $f(b - \varepsilon)\, f'(b - \varepsilon) < 0$ für kleines $\varepsilon > 0$. Aus der Voraussetzung folgt $f(a)f(b - \varepsilon) > 0$. Ist $f(a)\, f'(a) > 0$ (bzw. < 0), so haben also $f'(a)$ und $f'(b - \varepsilon)$ verschiedenes (bzw. gleiches) Vorzeichen, die Anzahl der Nullstellen von f' in $[a, b - \varepsilon]$ ist also ungerade (bzw. gerade). $\square$

Wir kommen jetzt zum Beweis des Theorems und übernehmen die bei seiner Formulierung eingeführten Voraussetzungen und Bezeichnungen.

Für alle $x \in R$ mit $f(x) \neq \infty$ definieren wir

$$w(x) := \frac{1}{2}\Big(1 - \operatorname{sign}\big(f(x)\, f'(x)\big)\Big)$$

sowie

$$(Wf)(x) := \begin{cases} \frac{1}{2}\Big(1 - \operatorname{sign}\big(f(x) f^{(k)}(x)\big)\Big), & \text{falls } f(x) \neq 0 \text{ und } k \geq 1 \\ & \qquad \text{minimal ist mit } f^{(k)}(x) \neq 0\ ; \\ 0 & \text{falls } f(x) = 0. \end{cases}$$

Hilfssatz 3. *Es gelte* $f(a)\,f'(a)\,f(b)\,f'(b) \neq 0$. *Dann gibt es* $v \in \mathbb{N}_0$ *mit* $N - N_1 = w(a) - w(b) - 2v$.

Seien $c_1, \ldots, c_r$ die verschiedenen Nullstellen von f in $[a,b]$, mit den Vielfachheiten $m_1, \ldots, m_r$, sei $a < c_1 < \cdots < c_r < b$. Nach §7, Satz 3 hat f' in $]c_{i-1}, c_i[$ ungerade viele Nullstellen ($i = 2, \ldots, r$), außerdem in c_i eine genau ($m_i - 1$)-fache Nullstelle ($i = 1, \ldots, r$). In $[c_1, c_r]$ hat f' also genau

$$(r - 1) + 2u + (m_1 - 1) + \cdots + (m_r - 1) = N + 2u - 1$$

Nullstellen, für ein $u \in \mathbb{N}_0$. Weiter ist die Zahl der Nullstellen von f' in $]a, c_1[$ bzw. in $]c_r, b[$ gleich $1 - w(a) + 2u_1$ bzw. gleich $w(b) + 2u_2$, für $u_1, u_2 \in \mathbb{N}_0$ (Hilfssatz 2). Es ergibt sich also

$$N_1 = (N + 2u - 1) + (1 - w(a) + 2u_1) + \big(w(b) + 2u_2\big)$$

d.h.

$$N_1 = N - w(a) + w(b) + 2v \quad \text{mit} \quad v := u + u_1 + u_2. \qquad \diamond$$

(Die Voraussetzung aus Hilfssatz 3 sei nun wieder aufgehoben.)

Hilfssatz 4. *Für alle* $x \in R$ *mit* $f(x) \neq \infty$ *gilt* $(Wf)(x) = w(x + h)$ *für alle hinreichend kleinen* $h > 0$.

Wir unterscheiden drei Fälle:
1. Ist $f(x) = 0$, so ist $(Wf)(x) = 0$, und $w(x + h) = 0$ für kleines $h > 0$ nach §7, Lemma.
2. Ist $f(x) \neq 0$ und $f'(x) = 0$, so sei $k \geq 1$ minimal unter $f^{(k)}(x) \neq 0$. Nach Hilfssatz 1 gibt es $g \in R(t)$ mit $g(0) \neq \infty$ und

$$f'(x + h) = \frac{f^{(k)}(x)}{(k - 1)!} \cdot h^{k-1} + h^k\, g(h)\,.$$

Daraus folgt $\operatorname{sign} f'(x + h) = \operatorname{sign} f^{(k)}(x)$ für kleines $h > 0$, also $w(x + h) = (Wf)(x)$ für eventuell noch kleineres $h > 0$.
3. Ist $f(x)\,f'(x) \neq 0$, so ist $(Wf)(x) = w(x) = w(x + h)$ für kleines $h > 0$. $\qquad \diamond$

Hilfssatz 5. *Es gibt* $v_0 \in \mathbb{N}_0$ *mit* $N - N_1 = (Wf)(a) - (Wf)(b) - 2v_0$.

Sei $h > 0$ so klein, daß $f \cdot f'$ keine Null- oder Polstellen in $]a, a + h] \cup]b, b + h]$ hat, so daß also N bzw. N_1 die Anzahl der Nullstellen von f bzw. f' in $[a + h, b + h]$ ist. Aus Hilfssatz 3 folgt $N - N_1 = w(a + h) - w(b + h) - 2v_0$ für ein $v_0 \geq 0$, und Hilfssatz 4 gibt die Behauptung. $\qquad \diamond$

Dieses Ergebnis kann man nun iterieren. Da die für f gemachten Voraussetzungen auch für $f', \ldots, f^{(n-1)}$ gelten, hat man

$$N - N_1 = (Wf)(a) - (Wf)(b) - 2v_0\,,$$
$$N_1 - N_2 = (Wf')(a) - (Wf')(b) - 2v_1\,,$$
$$\vdots$$
$$N_{n-1} - N_n = (Wf^{(n-1)})(a) - (Wf^{(n-1)})(b) - 2v_{n-1}$$

$(v_0, \dots, v_{n-1} \geq 0,\ \text{ganz})$, und somit

$$N - N_n = W(a) - W(b) - 2v \,,$$

wobei wir $W := Wf + Wf' + \cdots + Wf^{(n-1)}$ und $v = v_0 + v_1 + \cdots + v_{n-1}$ gesetzt haben.

Nun ist aber gerade $W(x) = \mathrm{Var}\big(f(x), f'(x), \dots, f^{(n)}(x)\big) = V(x)$, falls $f^{(n)}(x) \neq 0$ ist (und damit sind wir fertig)! In der Tat: Ist $k \geq 1$ minimal unter $f^{(k)}(x) \neq 0$, so ist nach Definition

$$(Wf)(x) = \begin{cases} 0 & \text{falls } f(x)\, f^{(k)}(x) \geq 0, \\ 1 & \text{sonst.} \end{cases}$$

Seien $0 \leq k_1 < \cdots < k_r = n$ genau die Indizes $k \in \{0, \dots, n\}$ mit $f^{(k)}(x) \neq 0$. Unter den $\big(Wf^{(i)}\big)(x)$ $(i = 0, \dots, n)$ können höchstens die $\big(Wf^{(k_j)}\big)(x)$ ungleich null sein, und es gilt $\big(Wf^{(k_j)}\big)(x) = 1$ genau dann, wenn $f^{(k_j)}(x)\, f^{(k_{j+1})}(x) < 0$ ist $(j = 1, \dots, r - 1)$. Somit ist

$$(Wf)(x) = \mathrm{Var}\big(f^{(k_1)}(x), \dots, f^{(k_r)}(x)\big) = \mathrm{Var}\big(f(x), f'(x), \dots, f^{(n)}(x)\big) = V(x)\,. \qquad \square$$

Bei unserem Beweis des Satzes von Budan–Fourier über obiges Theorem von Hurwitz sind wir dem Buch [Ob] von N. Obreschkoff gefolgt [loc.cit. §15]. Man findet dort auch einen wesentlich anderen Zugang zum Satz von Budan–Fourier [loc.cit. §14] sowie weitere Untersuchungen zu diesem Thema. Wir weisen insbesondere auf einige interessante Sätze von Laguerre hin [loc.cit. §16], die die Regel von Descartes in anderer Weise verallgemeinern als der Satz von Budan–Fourier.

§11. Der reelle Abschluß eines angeordneten Körpers

Definition 1. Sei K ein Körper.

a) Sei P eine Anordnung von K. Ein *reeller Abschluß von* (K, P) ist ein reell abgeschlossener Oberkörper R von K, der über K algebraisch ist und dessen Anordnung P fortsetzt.

b) Ein *reeller Abschluß von* K ist ein über K algebraischer Oberkörper von K, der reell abgeschlossen ist.

Wegen Satz 1 in §5 (Äquivalenz von (i) und (ii)) folgt mit Hilfe des Zornschen Lemmas die Existenz eines reellen Abschlusses für jeden angeordneten Körper. Dieser ist eindeutig bestimmt (ähnlich dem algebraischen Abschluß eines Körpers), und dies sogar bis auf *eindeutige* Isomorphie (was beim algebraischen Abschluß nicht gilt):

Theorem 1. *Sei* (K, P) *ein angeordneter Körper, sei* R *ein reeller Abschluß von* (K, P) *und* $\varphi\colon K \to S$ *ein (bezüglich* P*) ordnungstreuer Homomorphismus in einen weiteren reell abgeschlossenen Körper* S*. Dann gibt es genau einen Homomorphismus* $\psi\colon R \to S$*, welcher* φ *fortsetzt.*

Korollar 1. *Sind* R/K *und* R'/K *reelle Abschlüsse von* (K, P)*, so gibt es genau einen* K*-Isomorphismus* $R \to R'$.   □

Wegen Korollar 1 werden wir in Zukunft von *dem* reellen Abschluß von (K, P) sprechen.

Nun zum Beweis von Theorem 1. Der erste Schritt ist

Hilfssatz. *Ist* L/K *eine endliche Körpererweiterung mit* $K \subseteq L \subseteq R$*, so hat* φ *eine ordnungstreue Fortsetzung* $\psi_L\colon L \to S$*.* (Hier bezieht sich „ordnungstreu" auf die von R auf L induzierte Anordnung).

Beweis. Sei $\alpha \in L$ mit $L = K(\alpha)$, und sei $f \in K[t]$ das Minimalpolynom von α. Nach dem Satz von Hermite (§7, Theorem 5) hat die Sylvesterform $S(f)$ von f positive Signatur über R, und damit auch über S. Wiederum nach diesem Satz hat f also auch in S eine Nullstelle, und somit gibt es Fortsetzungen $\chi\colon L \to S$ von φ. Seien $\chi_1, \ldots, \chi_r$ alle solchen ($r \geq 1$). Wäre keines der χ_i ordnungstreu, so gäbe es $a_1, \ldots, a_r \in L$ mit $a_i > 0$ (in R), aber $\chi_i(a_i) < 0$ (in S). Betrachten wir dann $L' := L(\sqrt{a_1}, \ldots, \sqrt{a_r}) \subseteq R$. Es wäre auch L'/K endlich, aber es gäbe überhaupt keine Fortsetzungen $\chi'\colon L' \to S$ von φ auf L' (denn $\chi'|L$ müßte eines der χ_i sein, d.h. es wäre $\chi'((\sqrt{a_i})^2) < 0$ für ein i), Widerspruch zum Satz von Hermite.   □

Das Zornsche Lemma liefert die Existenz eines Zwischenkörpers K'/K von R/K und einer maximalen ordnungstreuen Fortsetzung $\psi'\colon K' \to S$ von φ. Aus dem Hilfssatz aber folgt $K' = R$, womit die Existenz von ψ gezeigt ist. Zur Eindeutigkeit vergleiche man die folgende Bemerkung.   □

Bemerkung. Man kann die Fortsetzung ψ von φ aus Theorem 1 „angeben": Ist $\alpha \in R$ Nullstelle des Polynoms $0 \neq f \in K[t]$, und sind $\alpha_1 < \cdots < \alpha_r$ die verschiedenen Nullstellen von f in R sowie $\beta_1 < \cdots < \beta_s$ die verschiedenen Nullstellen von f^φ (dem durch φ nach S übertragenen Polynom f) in S, so ist $r = s$ nach Hermite, und es muß $\psi(\alpha_i) = \beta_i$ sein, $i = 1, \ldots, r$. (Ein auf diese Definition gestützter Nachweis der Homomorphie von ψ ist allerdings mühsamer, vgl. [AS, p. 93].)

Theorem 2. *Sei L/K eine algebraische Körpererweiterung und $\varphi\colon K \to S$ ein Homomorphismus in einen reell abgeschlossenen Körper S. Sei P die durch φ auf K induzierte Anordnung. Dann besteht eine Bijektion zwischen den Fortsetzungen $\psi\colon L \to S$ von φ auf L und den Fortsetzungen Q der Anordnung P auf L; sie ist gegeben durch $\psi \mapsto Q := \psi^{-1}(S^2)$.*

Beweis. Für jede Fortsetzung ψ von φ ist $\psi^{-1}(S^2)$ eine Fortsetzung von P. Sei umgekehrt Q eine Anordnung von L mit $P \subseteq Q$, und sei R der reelle Abschluß von (L, Q) (also auch von (K, P)). Nach Theorem 1 gibt es eine Fortsetzung $R \to S$ von φ, und für deren Restriktion ψ auf L gilt $Q = \psi^{-1}(S^2)$. Sind schließlich $\psi_1, \psi_2\colon L \rightrightarrows S$ Fortsetzungen von φ mit $\psi_1^{-1}(S^2) = Q = \psi_2^{-1}(S^2)$, so gibt es Fortsetzungen $\chi_i\colon R \to S$ von ψ_i ($i = 1, 2$) (Theorem 1). Wegen $\chi_1|K = \varphi = \chi_2|K$ ist $\chi_1 = \chi_2$, also auch $\psi_1 = \psi_2$. $\square$

Korollar 2. *Sei (K, P) ein angeordneter Körper mit reellem Abschluß R, und sei L/K eine endliche algebraische Körpererweiterung. Ist $L = K(\alpha)$ und $f \in K[t]$ das Minimalpolynom von α über K, so entsprechen die Fortsetzungen von P auf L bijektiv den Nullstellen von f in R. Insbesondere hat P auf L höchstens $[L\colon K]$ verschiedene Fortsetzungen.* $\square$

Der nächste Satz knüpft an §6, Korollar 2 an:

Theorem 3 (Anordnungen und Involutionen in der Galoisgruppe).
Sei K ein Körper (beliebiger Charakteristik) mit absoluter Galoisgruppe $\Gamma = \operatorname{Gal}(K_s/K)$. Dann gibt es eine natürliche Bijektion Φ von der Menge aller Konjugationsklassen $[\tau]$ von Involutionen in Γ auf die Menge der Anordnungen von K. Genauer: $\Phi([\tau])$ ist die durch die Inklusion $K \hookrightarrow \operatorname{Fix}(\tau)$ auf K definierte Anordnung ($\operatorname{Fix}(\tau)$ ist reell abgeschlossen nach §6), also explizit $\Phi([\tau]) = \{a \in K\colon \tau(\sqrt{a}) = \sqrt{a}\}$.

Beweis (Skizze). Φ ist wohldefiniert wegen $\operatorname{Fix}(\sigma\tau\sigma^{-1}) = \sigma(\operatorname{Fix}\tau)$ ($\sigma, \tau \in \Gamma$). Die Injektivität von φ folgt aus Theorem 1, die Surjektivität aus der Existenz des reellen Abschlusses und den Ergebnissen aus §6. Die (nicht schwierigen) Details überlassen wir dem Leser. $\square$

Ist τ eine Involution in Γ, so ist der Zentralisator von τ in Γ gleich $\{1, \tau\}$ — das ist nur eine andere Formulierung von $\operatorname{Aut}(\operatorname{Fix}(\tau)/K) = \{1\}$ (§5, Satz 3b). Folglich stehen die Konjugierten von τ in Bijektion zu den Elementen des homogenen Raumes $\Gamma/\{1, \tau\}$.

Abschließend wollen wir nun die erhaltenen Resultate in der Sprache der Wittringe und Signaturen ausdrücken. Sei K ein Körper mit $\operatorname{char} K \neq 2$. Nach §2 entsprechen sich Anordnungen von K und Signaturen von K in bijektiver Weise. Jeder Homomorphismus $\varphi\colon K \to R$ in einen reell abgeschlossenen Körper R liefert eine Signatur $W(\varphi) := i_{R/K}\colon W(K) \to W(R) = \mathbf{Z}$ von K (§2, Beispiel 1), und auf diese Weise erhält man alle Signaturen, sogar mit $R/\varphi(K)$ algebraisch (Existenz des reellen Abschlusses). Sind $\varphi\colon K \to R$, $\varphi'\colon K \to R'$ Homomorphismen in reell abgeschlossene Körper R, R', und ist $R/\varphi(K)$ algebraisch, so ist genau dann $W(\varphi) = W(\varphi')$, wenn ein K-Homomorphismus $R \to R'$ existiert (Eindeutigkeit des reellen Abschlusses).

Theorem 2 läßt sich so formulieren: Ist L/K eine algebraische Körpererweiterung und $\varphi\colon K \to R$ ein Homomorphismus in einen reell abgeschlossenen Körper R, sowie $\sigma = W(\varphi)$ die induzierte Signatur von K, so entsprechen die Fortsetzungen $\psi\colon L \to R$ von φ bijektiv den Signaturen τ von L, welche σ fortsetzen (d.h. für die $\sigma = \tau \circ i_{L/K}$ ist), via $\tau = W(\psi)$.

§12. Verlagerung quadratischer Formen

Alle Körper in diesem Abschnitt haben Charakteristik $\neq 2$.

Ist L/K eine beliebige Körpererweiterung, so erhält man aus der Funktorialität des Wittrings einen Ringhomomorphismus $i_{L/K}: W(K) \to W(L)$. Ist $[L:K]$ endlich, so definiert jede K-Linearform s auf L eine Abbildung s_* in umgekehrter Richtung, die Verlagerung mittels s. Diese freilich ist nur noch ein Homomorphismus der additiven Gruppen. Der Spezialfall $s = \mathrm{tr}_{L/K}$ führt zu einer Spurformel für die Fortsetzung von Signaturen.

Sei im folgenden stets L/K eine endliche Körpererweiterung und $s: L \to K$ eine von null verschiedene Linearform auf dem K-Vektorraum L.

Definition 1. Sei $\phi = (V, b)$ ein bilinearer Raum über L. Dann ist die *Verlagerung* (engl.: transfer) $s_* \phi$ von ϕ (nach K, vermöge s) der bilineare Raum $s_* \phi = (V, s \circ b)$ über K (wobei V als K-Vektorraum aufgefaßt wird).

Lemma 1. *Sei $W \subseteq V$ ein L-Untervektorraum. Dann gilt für alle $v \in V$:*

$$b(v, W) = 0 \quad \Longleftrightarrow \quad (s \circ b)(v, W) = 0 \, .$$

Beweis. Eine Richtung ist trivial. Für die andere bemerken wir zunächst, daß die K-Bilinearform $\beta: L \times L \to K$, $\beta(a, a') := s(aa')$, nicht-ausgeartet ist. (Nach Voraussetzung gibt es $a_0 \in L$ mit $s(a_0) \neq 0$; ist also $0 \neq a \in L$, so ist $\beta(a, a^{-1}a_0) \neq 0$.) Ist also $(s \circ b)(v, W) = 0$ und $w \in W$, so ist $0 = s\big(b(v, aw)\big) = s\big(a \cdot b(v, w)\big) = \beta\big(a, b(v, w)\big)$ für alle $a \in L$, und daher $b(v, w) = 0$. $\qquad\square$

Lemma 2 (Einfache Eigenschaften der Verlagerung). *Seien ϕ, ϕ' bilineare Räume über L, und sei s wie oben.*
  a) $\dim_K s_* \phi = [L:K] \cdot \dim_L \phi$;
  b) $s_*(\phi \perp \phi') \cong_K s_* \phi \perp s_* \phi'$;
  c) $\mathrm{Rad}\,(\phi) = \mathrm{Rad}\,(s_* \phi)$; *insbesondere ist $s_* \phi$ genau dann nicht-ausgeartet, wenn ϕ nicht-ausgeartet ist;*
  d) *ist ϕ hyperbolisch, so auch $s_* \phi$.*

Beweis. a) und b) sind klar, c) folgt aus Lemma 1. Zu d): $\phi = (V, b)$ hyperbolisch heißt, daß ϕ nicht-ausgeartet ist und ein Teilraum $U \subseteq V$ mit $U = U^{\perp}$ existiert (§2). Beides überträgt sich auf $s_* \phi$ wegen Lemma 1. $\qquad\square$

Hieraus erhalten wir sofort

Satz 1. *Sei L/K eine endliche Körpererweiterung und $s: L \to K$ eine K-Linearform $\neq 0$. Dann induziert s_* einen Homomorphismus $s_*: W(L) \to W(K)$ der additiven Gruppen (der jedoch i.a. nicht multiplikativ ist).* $\qquad\square$

Bemerkung. Die additive Untergruppe $s_* W(L)$ von $W(K)$ hängt nicht von s ab. Ist nämlich auch $s': L \to K$ K-linear, $s' \neq 0$, so gibt es $a \in L^*$ mit $s'(b) = s(ab)$ für alle

$b \in L$, und es folgt $s'_*(\eta) = s_*(\langle a \rangle \cdot \eta)$ für $\eta \in W(L)$. Der folgende Satz zeigt insbesondere, daß $s_* W(L)$ ein Ideal in $W(K)$ ist:

Satz 2 (Projektionsformel). *Für alle $\xi \in W(K)$ und $\eta \in W(L)$ gilt*

$$s_*\big(i_{L/K}(\xi) \cdot \eta\big) = \xi \cdot s_*(\eta) \,.$$

Insbesondere ist die Komposition $s_* \circ i_{L/K}$ gerade die Multiplikation mit $s_*(\langle 1 \rangle)$ in $W(K)$.

Beweis. Seien ξ bzw. η repräsentiert durch bilineare Räume (V, b) über K bzw. (W, c) über L. Dann wird $\xi \cdot s_*(\eta)$ repräsentiert durch $(V \otimes_K W, b \otimes (s \circ c))$, und $s_*(i_{L/K}(\xi) \cdot \eta)$ repräsentiert durch $\big((V \otimes_K L) \otimes_L W, s \circ ((b \otimes 1) \otimes c))\big)$. Zur Abkürzung schreiben wir $b' := b \otimes (s \circ c)$, $c' := (b \otimes 1) \otimes c$; es ist also b' K-bilinear auf $V \otimes_K W$ und c' L-bilinear auf $(V \otimes_K L) \otimes_L W$.

Es gibt einen kanonischen K-Vektorraum-Isomorphismus $\varphi \colon (V \otimes_K L) \otimes_L W \overset{\sim}{\longrightarrow} V \otimes_K W$, gegeben durch $\varphi\big((v \otimes \lambda) \otimes w\big) = v \otimes \lambda w$. Dieses φ ist eine Isometrie bezüglich $s \circ c'$ und b'; mit $x := (v \otimes \lambda) \otimes w$, $x' := (v' \otimes \lambda') \otimes w'$ gilt nämlich

$$
\begin{aligned}
(s \circ c')(x, x') &= s\big((b \otimes 1)(v \otimes \lambda, v' \otimes \lambda') \cdot c(w, w')\big) \\
&= s\big(b(v, v') \cdot \lambda \lambda' \cdot c(w, w')\big) \\
&= b(v, v') \cdot s \circ c(\lambda w, \lambda' w') \\
&= b'(v \otimes \lambda w, v' \otimes \lambda' w') = b'(\varphi x, \varphi x') \,. \qquad \square
\end{aligned}
$$

Die Aussage der Projektionsformel ist gerade, daß s_* ein Homomorphismus von $W(K)$-Moduln ist (wobei die $W(K)$-Modul-Struktur auf $W(L)$ durch $i_{L/K}$ definiert ist).

Korollar 1. *Es sei $W(L/K)$ der Kern von $i_{L/K} \colon W(K) \to W(L)$. Dann gilt*

$$s_*\big(W(L)\big) \cdot W(L/K) = 0 \,. \qquad \square$$

Ist also σ eine Signatur von K und gibt es ein $\eta \in W(L)$ mit $\sigma(s_*\eta) \neq 0$, so hat σ eine Fortsetzung auf L ! (§4, Satz 2).

Theorem 3 (Spurformel). *Sei L/K eine endliche Körpererweiterung, $\mathrm{tr} := \mathrm{tr}_{L/K}$ die Spurform, und sei $\sigma \colon W(K) \to \mathbf{Z}$ eine Signatur von K. Dann gilt für alle $\eta \in W(L)$:*

$$\sigma(\mathrm{tr}_* \eta) = \sum_{\tau \mid \sigma} \tau(\eta)$$

(Summe über alle Signaturen τ von L, welche σ fortsetzen).

Beweis. Da K formal reell ist, ist $\mathrm{char}\, K = 0$, also $\mathrm{tr} \neq 0$, und tr_* ist definiert. Sei R der reelle Abschluß von K bezüglich σ. Nach dem Satz vom primitiven Element ([JBA] vol. I, §4.14, [LaA] §VII.6) gibt es ein $\alpha \in L$ mit $L = K(\alpha)$. Sei $f \in K[t]$ das Minimalpolynom von α über K, seien $\alpha_1, \ldots, \alpha_r$ die Nullstellen von f in R und $\varphi_i \colon L \to R$ die durch

$\varphi_i(\alpha) = \alpha_i$ definierten Einbettungen über K ($i = 1, \ldots, r$). Nach §11, Korollar 2 sind die $\tau_i := W(\varphi_i)$ ($i = 1, \ldots, r$) genau die σ fortsetzenden Signaturen von L.

Wegen der Additivität von tr_* genügt es, die Behauptung für $\eta = \langle \beta \rangle$ zu zeigen, $\beta \in L^*$. Sei $g \in K[t]$ mit $\beta = g(\alpha)$. Wir halten fest: Für $i = 1, \ldots, r$ ist

$$\tau_i(\eta) = \mathrm{sign}_R \, g(\alpha_i)\,. \tag{$\star$}$$

Andererseits aber ist $\mathrm{tr}_*(\eta)$ gerade die Sylvesterform $\mathrm{Syl}_K(f; g)$ (§8). Mit Lemma 3a) in §8 folgt

$$\sigma\big(\mathrm{tr}_*(\eta)\big) = \sigma\big(\mathrm{Syl}_K(f; g)\big) = \mathrm{sign}_R \, \mathrm{Syl}_R(f; g) \underset{(\star\star)}{=}$$

$$= \sum_{i=1}^{r} \mathrm{sign}_R g(\alpha_i) \underset{(\star)}{=} \sum_{i=1}^{r} \tau_i(\eta) = \sum_{\tau \mid \sigma} \tau(\eta)\,.$$

Hier folgt die Identität ($\star\star$) aus der expliziten Berechnung der Sylvesterformen über reell abgeschlossenen Körpern (siehe Ende von §8). $\qquad\square$

Korollar 2. *Unter den Voraussetzungen von Theorem 3 ist* $\sigma\big(\mathrm{tr}_*(\langle 1 \rangle_L)\big)$ *gerade die Anzahl der Fortsetzungen von* σ *auf* L. $\qquad\square$

Hier schließt sich der Kreis: Da $\mathrm{tr}_*(\langle 1 \rangle_L) = \mathrm{Syl}_K(f; 1)$, also $\sigma\big(\mathrm{tr}_*(\langle 1 \rangle_L)\big) = \mathrm{sign}_R \, \mathrm{Syl}_R(f; 1) = \mathrm{sign}_R S(f)$ (§8, Satz 2) die Signatur der Sylvesterform von f ist, haben wir in diesem Spezialfall wegen §11, Korollar 2 den in §7 (und erneut in §8) bewiesenen Satz von Hermite vor uns.

Kapitel II
Konvexe Bewertungsringe und reelle Stellen

§1. Konvexe Teilringe angeordneter Körper

Definition 1. Ist (M, S) eine (partiell) geordnete Menge und $X \subseteq M$ eine Teilmenge, so heißt X *konvex in M*, wenn für alle $x, y, z \in M$ gilt:

$$x \leq z \leq y \text{ und } x, y \in X \Rightarrow z \in X.$$

Beliebige Durchschnitte und aufsteigend filtrierende Vereinigungen von konvexen Teilmengen sind wieder konvex. Insbesondere gibt es zu jeder Teilmenge $Y \subseteq M$ eine kleinste konvexe Obermenge X von Y in M, die *konvexe Hülle* von Y in M.

Definition 2.
a) Eine *angeordnete abelsche Gruppe* ist ein Paar $(\Gamma, \leq)^1$, wo Γ eine (meist additiv geschriebene) abelsche Gruppe und $\leq$ eine totale Ordnung auf der Menge Γ derart ist, daß für alle $\alpha, \beta, \gamma \in \Gamma$ gilt:

$$\alpha \leq \beta \Rightarrow \alpha + \gamma \leq \beta + \gamma.$$

b) Ein Homomorphismus $\varphi \colon \Gamma \to \Gamma'$ zwischen angeordneten abelschen Gruppen heißt *ordnungstreu*, wenn für alle $\alpha \in \Gamma$ gilt: $\alpha \geq 0 \Rightarrow \varphi(\alpha) \geq 0$.

Definition 3. Sei Γ eine angeordnete abelsche Gruppe und $\Delta \leq \Gamma$ eine Untergruppe. Für $\alpha \in \Gamma$ setzen wir $|\alpha| := \alpha$ oder $-\alpha$, je nachdem ob $\alpha \geq 0$ oder $\alpha \leq 0$ ist.
a) Ein Element $\gamma \in \Gamma$ heißt *unendlich klein* bezüglich Δ, falls $n\gamma < |\delta|$ für alle $0 \neq \delta \in \Delta$ und alle $n \in \mathbf{Z}$ gilt. Umgekehrt heißt γ bezüglich Δ *unendlich groß*, falls $\delta < |\gamma|$ für alle $\delta \in \Delta$ gilt.
b) Γ heißt *archimedisch über* Δ, falls es in Γ keine bezüglich Δ unendlich großen Elemente gibt. Γ heißt (schlechthin) *archimedisch*, falls für alle $\alpha, \beta \in \Gamma$ mit $\beta \neq 0$ ein $n \in \mathbf{Z}$ mit $\alpha < n|\beta|$ existiert (also falls Γ über jeder von $\{0\}$ verschiedenen Untergruppe archimedisch ist).

Bemerkungen.
1. Man kann eine angeordnete abelsche Gruppe natürlich auch definieren als ein Paar (Γ, Π), Γ eine abelsche Gruppe und $\Pi \subseteq \Gamma$ eine Teilmenge mit $\Pi + \Pi \subseteq \Pi$, $\Pi \cap (-\Pi) = \{0\}$ und $\Pi \cup (-\Pi) = \Gamma$.
2. Für jeden angeordneten Körper $(K, \leq)$ sind $(K, +, \leq)$ und $(K_+^*, \cdot, \leq)$ angeordnete abelsche Gruppen. (Hier bezeichnet K_+^* die Menge der positiven Elemente in K.)
3. Angeordnete abelsche Gruppen sind *torsionsfrei* (d.h. für $0 \neq \alpha \in \Gamma$ und $0 \neq n \in \mathbf{Z}$ ist auch $n\alpha \neq 0$).

---

^{1}Sind keine Mißverständnisse zu erwarten, so werden wir $\leq$ meist weglassen.

4. Sei Γ eine angeordnete abelsche Gruppe. Die konvexen Hüllen von Untergruppen von Γ sind wieder Untergruppen. Eine Untergruppe Δ ist genau dann konvex, wenn aus $\gamma \in \Gamma, \delta \in \Delta$ und $0 \leq \gamma \leq \delta$ folgt: $\gamma \in \Delta$. Die konvexen Untergruppen von Γ bilden eine Kette (d.h. je zwei sind bezüglich Inklusion vergleichbar).

5. Ist $\varphi\colon \Gamma \to \Gamma'$ ein ordnungstreuer Homomorphismus angeordneter abelscher Gruppen, so ist kern(φ) konvex in Γ. Umgekehrt gibt es zu jeder konvexen Untergruppe Δ von Γ genau eine Ordnung $\overline{\Pi}$ auf $\overline{\Gamma} = \Gamma/\Delta$, die $\overline{\Gamma}$ zu einer angeordneten abelschen Gruppe und $\pi\colon \Gamma \to \overline{\Gamma}$ ordnungstreu macht, nämlich $\overline{\Pi} = \pi(\Pi)$, wobei $\Pi := \{\alpha \in \Gamma\colon \alpha \geq 0\}$ (Bemerkung 1). Stets wird $\overline{\Gamma} = \Gamma/\Delta$ mit dieser Ordnung versehen. Es besteht ein offensichtlicher Homomorphiesatz für angeordnete abelsche Gruppen.

6. In der Literatur werden die konvexen Untergruppen häufig auch als die *isolierten* Untergruppen bezeichnet (etwa in [BAC, chap. VI]).

Beispiele.

1. Seien $\Gamma_1, \ldots, \Gamma_r$ angeordnete abelsche Gruppen. Versieht man $\Gamma = \Gamma_1 \times \cdots \times \Gamma_r$ mit der lexikographischen Ordnung (i.e. $(\gamma_1, \ldots, \gamma_r) > 0 \Leftrightarrow$ es gibt ein $i \in \{0, \ldots, r-1\}$ mit $\gamma_1 = \cdots = \gamma_i = 0$ und $\gamma_{i+1} > 0$), so wird Γ zu einer angeordneten abelschen Gruppe, die wir mit $(\Gamma_1 \times \cdots \times \Gamma_r)_{\text{lex}}$ bezeichnen. Die Projektionen $\Gamma \to (\Gamma_1 \times \cdots \times \Gamma_i)_{\text{lex}}$, $i = 0, \ldots, r$, sind ordnungstreu, ihre Kerne Δ_i also konvexe Untergruppen von Γ, und es gilt $\Gamma = \Delta_0 \supseteq \Delta_1 \supseteq \cdots \supseteq \Delta_r = 0$. Sind die Γ_i überdies archimedisch, so sind $\Delta_0, \ldots, \Delta_r$ die einzigen konvexen Untergruppen von Γ.

2. Im Spezialfall $\Gamma_1 = \cdots = \Gamma_r = \mathbf{Z}$ nennen wir $(e_1, \ldots, e_r)$ die *lexikographische Basis* von $\mathbf{Z}^r_{\text{lex}}$ ($e_i := i$-ter Einheitsvektor).

Im folgenden sei (K, P) ein angeordneter Körper. Hier und auch später werden wir die Anordnung P nicht immer explizit erwähnen, solange es sich von selbst versteht, worauf sich Konvexität, $\leq$-Zeichen usw. beziehen.

Satz 1. *Sei A ein Teilring von K.*

  a) *Die konvexe Hülle von A in K ist ein Teilring von K.*

  b) *A ist konvex in K genau dann, wenn $[0,1] \subseteq A$ gilt. Insbesondere ist mit A auch jeder Oberring von A in K konvex.*

Beweis. a) ist klar. b) Offenbar ist $[0,1] \subseteq A$ notwendig für die Konvexität von A. Gilt umgekehrt $[0,1] \subseteq A$ und sind $a \in A$, $b \in K$ mit $0 < b < a$, so ist $ba^{-1} \in A$ und daher $b = ba^{-1} \cdot a \in A$. $\square$

Definition 4. Sei (K, P) ein angeordneter Körper und $A \subseteq K$ ein Teilring.

a) Die konvexe Hülle von A in K (bezüglich P) wird mit $\mathfrak{o}_P(K/A)$ oder auch nur $\mathfrak{o}(K/A)$ bezeichnet. Der kleinste bezüglich P konvexe Teilring von K ist $\mathfrak{o}_P(K) := \mathfrak{o}_P(K/\mathbf{Z})$.

b) Sprechen wir von *unendlich kleinen* oder *großen Elementen* von K in bezug auf A (und P), so beziehen wir uns stets auf die unterliegenden additiven Gruppen. Insbesondere heißt (K, P) *über A archimedisch*, wenn $\mathfrak{o}_P(K/A) = K$ ist; der angeordnete Körper (K, P) heißt *archimedisch*, wenn $\mathfrak{o}_P(K) = K$ ist, also wenn K keine echten konvexen Teilringe besitzt. (Letzteres ist äquivalent zum bekannten „Axiom des Archimedes", welches besagt, daß für alle $a \in K$ ein $n \in \mathbb{N}$ mit $a < n$ existiert.)

Man beachte, daß ein gegebener (formal reeller) Körper i.a. sowohl archimedische als auch nicht-archimedische Anordnungen besitzt. (Für die einfach-transzendente Erweiterung $\mathbb{Q}(t)$ von $\mathbb{Q}$ wurden in I, §1 Beispiele beider Fälle angegeben.)

Wir wollen in einem (nicht-trivialen) Beispiel die konvexe Hülle eines Teilkörpers explizit bestimmen.

Beispiel 3. Sei (F, P) ein angeordneter Körper, sei $K = F(t)$ der rationale Funktionenkörper in einer Variablen über F, und sei $Q := P_{0,+}$ die in I, §1, Beispiel 3 beschriebene, P fortsetzende Anordnung von K (unter welcher t positiv und unendlich klein gegenüber F ist). Wir zeigen $\mathfrak{o}_Q(K/F) = F[t]_{(t)}$. In (K, Q) gilt $|at^r| < |b|$ für alle $r \in \mathbb{N}$ und alle $a, b \in F^*$. Ist also $g(t) = a_0 t^d + \cdots + a_d \in F[t]$ mit $g(0) = a_d \neq 0$, so gilt

$$\frac{1}{2}|g(0)| < |g(t)| < 2|g(0)|$$

in (K, Q). Hieraus folgt

$$\frac{1}{4}|f(0)| < |f(t)| < 4|f(0)|$$

für alle $f \in F(t)$ mit $f(0) \notin \{0, \infty\}$. Sei nun $h(t) = t^r f(t) \in F(t)^*$, wobei $r \in \mathbf{Z}$ und $f \in F(t)$ mit $f(0) \notin \{0, \infty\}$ sei. Nach dem eben Gezeigten gibt es $a, b \in F$ mit $0 < a < b$ und $at^r < |h(t)| < bt^r$. Hieraus folgt:

$$h(t) \in \mathfrak{o}_Q(K/F) \iff r \geq 0 \iff h(t) \in F[t]_{(t)}.$$

Der folgende klassische Satz von Hölder gibt (im Prinzip) einen Überblick über alle archimedisch angeordneten abelschen Gruppen und Körper:

Theorem 2 (O. Hölder [Hö] 1901).
 a) *Sei Γ eine archimedisch angeordnete abelsche Gruppe, und sei $0 < \gamma \in \Gamma$. Dann gibt es genau einen ordnungstreuen injektiven Gruppenhomomorphismus $\varphi \colon \Gamma \hookrightarrow \mathbb{R}$ mit $\varphi(\gamma) = 1$.*
 b) *Ist (K, P) ein archimedisch angeordneter Körper und $\varphi \colon K \hookrightarrow \mathbb{R}$ gemäß a) die ordnungstreue Einbettung von $(K, +, P)$ mit $\varphi(1) = 1$, so ist φ ein Ringhomomorphismus.*

Korollar 1. *Bis auf ordnungsverträgliche Isomorphie sind die archimedisch angeordneten abelschen Gruppen genau die Untergruppen von $(\mathbb{R}, +)$, und die archimedisch angeordneten Körper genau die Teilkörper von $\mathbb{R}$ (jeweils mit der von $\mathbb{R}$ induzierten Anordnung).* $\square$

Korollar 2 (Satz von Staudt). *Die Identität ist der einzige Endomorphismus des Körpers $\mathbb{R}$ der reellen Zahlen.* $\square$

Korollar 3. *Ein echter Oberkörper von $\mathbb{R}$ besitzt keine archimedischen Anordnungen.* $\square$

Beweis des Theorems. Mit etwas Heuristik sieht man rasch, wie man den Beweis führen muß. Falls nämlich ein φ wie in a) existiert, so gilt für alle $\alpha \in \Gamma$ und $m \in \mathbf{Z}$, $n \in \mathbb{N}$:

$$\frac{m}{n} \leq \varphi(\alpha) \iff m\varphi(\gamma) \leq n\varphi(\alpha) \iff m\gamma \leq n\alpha.$$

Daher definiert man für $\alpha \in \Gamma$:

$$U(\alpha) := \{\frac{m}{n} : m \in \mathbf{Z}, n \in \mathbb{N}, m\gamma \leq n\alpha\}, \quad O(\alpha) := \{\frac{m}{n} : m \in \mathbf{Z}, n \in \mathbb{N}, m\gamma > n\alpha\}.$$

Das Paar $(U(\alpha), O(\alpha))$ bildet einen echten Dedekindschnitt von $\mathbb{Q}$. Das heißt (vgl. §9, Definition 1):

(1) $U(\alpha) \cup O(\alpha) = \mathbb{Q}$;

(2) $U(\alpha), O(\alpha)$ sind nicht leer;

(3) für alle $a \in U(\alpha)$ und $b \in O(\alpha)$ gilt $a < b$.

Hierbei ist (1) trivial, bei (2) braucht man die Archimedizität und bei (3) die Torsionsfreiheit von Γ.

In der axiomatischen Einführung der reellen Zahlen werden diese bekanntlich gerade durch solche Schnitte definiert. Zu jedem $\alpha \in \Gamma$ gibt es also genau ein $\varphi(\alpha) \in \mathbb{R}$, so daß $U(\alpha) = \,]-\infty, \varphi(\alpha)]_{\mathbb{R}} \cap \mathbb{Q}$ und $O(\alpha) = \,]\varphi(\alpha), \infty[_{\mathbb{R}} \cap \mathbb{Q}$ sind. Man verifiziert für alle $\alpha, \beta \in \Gamma$, daß $U(\alpha) + U(\beta) \subseteq U(\alpha + \beta)$ und $O(\alpha) + O(\beta) \subseteq O(\alpha + \beta)$ gelten, woraus $\varphi(\alpha + \beta) = \varphi(\alpha) + \varphi(\beta)$ folgt. Aus $\gamma > 0$ und der Archimedizität von Γ folgt die Ordnungstreue von φ, und wegen $\mathrm{kern}(\varphi) = \{\alpha \in \Gamma : -\gamma \leq n\alpha \leq \gamma \text{ für alle } n \in \mathbf{Z}\}$ ist φ injektiv.

Ist im Fall b) $\Gamma = K$ ein angeordneter Körper und $\gamma = 1$, so ist φ auch multiplikativ: Hier ist (wegen $\mathbb{Q} \subseteq K$) nämlich $U(\alpha) = \,]-\infty, \alpha]_K \cap \mathbb{Q}$ und $O(\alpha) = \,]\alpha, \infty[_K \cap \mathbb{Q}$ $(\alpha \in K)$, woraus die Homomorphie von φ folgt. $\qquad\qquad\qquad\qquad\qquad\qquad\qquad$ $\square$

Vorsicht! Nach dem Satz von Hölder liegt $\mathbb{Q}$ in jedem archimedisch angeordneten Körper (K, P) dicht (bezüglich der durch P auf K induzierten Topologie, vgl. §6). Die zunächst naheliegende Vermutung, dies müsse bei archimedischen Erweiterungen K/L angeordneter Körper stets so sein, ist aber *falsch*! Es gibt sogar einen angeordneten Körper $(K, \leq)$ und einen Teilkörper L, so daß K über L endlich algebraisch ist, aber Elemente $a, b \in K$ existieren mit $a < b$ und $[a, b]_K \cap L = \emptyset$. (Es genügt, $K := F(t)$ und $L := F(t^2)$ zu nehmen, wobei K wie in Beispiel 3 angeordnet sei. Das Intervall $[t, 2t]_K$ enthält keine Elemente aus L.)

Als eine in bezug auf angeordnete Gruppen, Ringe und Körper sehr ausführliche Quelle sei an dieser Stelle das Buch [PC] genannt.

§2. Bewertungsringe

Wir beginnen hier mit den Grundlagen der Krullschen Bewertungstheorie. Diese bewegt sich um drei Grundkonzepte: Bewertungen, Bewertungsringe und Stellen. Alle drei sind mehr oder weniger zueinander äquivalent, aber je nach gegebener Situation kann eines von ihnen günstiger als die anderen sein. Daher ist es wichtig, mit allen drei Begriffen vertraut zu werden und je nach Bedarf von einem zum anderen übersetzen zu können. Bewertungen werden in §4 und Stellen in §8 eingeführt werden.

Definition 1. Ein Teilring A eines Körpers K heißt ein *Bewertungsring von K*, wenn für jedes $a \in K^*$ gilt: $a \in A$ oder $a^{-1} \in A$. Ein beliebiger Ring A heißt ein *Bewertungsring*, wenn er nullteilerfrei ist und ein Bewertungsring seines Quotientenkörpers ist.

Definition 2. Ein Ring A heißt *lokal*, wenn $A \neq 0$ ist und A nur (genau) ein maximales Ideal besitzt. Dieses wird meist mit $\mathfrak{m}_A$ oder $\mathfrak{m}$ bezeichnet. Weiter setzen wir $\kappa(A) := A/\mathfrak{m}_A$ und nennen $\kappa(A)$ den *Restklassenkörper* von A.

Satz 1. *Jeder Bewertungsring ist ein lokaler Ring.*

Beweis. Sei A ein Bewertungsring. Wir haben zu zeigen, daß $\mathfrak{m} := A - A^*$ ein Ideal in A ist. Klar ist $a\mathfrak{m} \subseteq \mathfrak{m}$ für $a \in A$. Seien also $0 \neq a, b \in \mathfrak{m}$, und o. E. $ab^{-1} \in A$. Dann ist $a - b = (ab^{-1} - 1)b \in \mathfrak{m}$. Folglich ist $\mathfrak{m}$ ein Ideal. $\qquad\square$

Die folgende Tatsache ist zwar fast trivial, aber von großer Bedeutung für reelle Algebra und Geometrie:

Satz 2. *Ist (K, P) ein angeordneter Körper, so ist jeder bezüglich P konvexe Teilring von K ein Bewertungsring von K.*

Beweis. Sei $A \subseteq K$ ein konvexer Teilring und $a \in K^*$. Ist $|a| \leq 1$, so ist $a \in A$, andernfalls ist $a^{-1} \in A$. $\qquad\square$

Definition 3. Ein Bewertungsring A heißt *residuell reell*, wenn der Körper $\kappa(A) = A/\mathfrak{m}_A$ formal reell ist.

Bemerkungen.
1. Sei (K, P) ein angeordneter Körper, $A \subseteq K$ ein konvexer Teilring von K und $\pi \colon A \to \kappa(A) = A/\mathfrak{m}_A$ der Restklassenhomomorphismus. Man überzeugt sich sofort, daß $\bar{P} := \pi(A \cap P)$ eine Anordnung des Restklassenkörpers $\kappa(A)$ ist; insbesondere ist A also residuell reell. Man nennt $\bar{P}$ die von P auf $\kappa(A)$ *induzierte Anordnung*.
2. Sei (K, P) ein angeordneter Körper und $L \subseteq K$ ein Teilkörper. Das maximale Ideal des Bewertungsringes $\mathfrak{o}_P(K/L)$ besteht genau aus den bezüglich L unendlich kleinen Elementen von K (also aus den $a \in K$ mit $n|a| < |b|$ für alle $n \in \mathbb{N}$ und $0 \neq b \in L$).

Satz 3. *Sei (K, P) ein angeordneter Körper und $A \subseteq K$ ein Bewertungsring von K. Dann sind äquivalent:*
(i) A ist konvex in K;

(ii) $\mathfrak{m}_A$ *ist konvex in K;*
(iii) $\mathfrak{m}_A$ *ist konvex in A;*
(iv) $\mathfrak{m}_A \subseteq \,]{-1},1[\,$;
 (v) $1 + \mathfrak{m}_A > 0$;
(vi) $\mathfrak{o}_P(K) \subseteq A$.

Beweis. (i) $\Rightarrow$ (ii) Seien $a, b \in K$ mit $0 < b < a$ und $a \in \mathfrak{m}_A$. Aus $a^{-1} \notin A$ und $0 < a^{-1} < b^{-1}$ folgt $b^{-1} \notin A$, also $b \in \mathfrak{m}_A$.
(ii) $\Rightarrow$ (iii) $\Rightarrow$ (iv) $\Rightarrow$ (v) sind trivial.
(v) $\Rightarrow$ (vi) Sei $0 < a \in \mathfrak{o}_P(K)$ und sei $n \in \mathbb{N}$ mit $a < n$. Wäre $a \notin A$, so $a^{-1} \in \mathfrak{m}_A$, und $1 - na^{-1} < 0$ gäbe einen Widerspruch zu (v).
(vi) $\Rightarrow$ (i) folgt aus §1, Satz 1. $\hfill \square$

Weitere Beispiele von Bewertungsringen erhält man aus

Satz 4. *Ist A ein faktorieller Ring und $\pi \in A$ ein Primelement, so ist die Lokalisierung $A_{\pi A}$ ein Bewertungsring (genauer: ein diskreter Bewertungsring vom Rang eins, vgl. §4).*

Beweis. Jedes $0 \neq b \in \operatorname{Quot} A$ hat eine Darstellung der Form $b = \pi^e \cdot a/a'$ mit $e \in \mathbf{Z}$ und $a, a' \in A$ nicht durch π teilbar. Ist $e \geq 0$, so ist $b \in A_{\pi A}$, andernfalls ist $b^{-1} \in A_{\pi A}$. $\hfill \square$

Wir kommen jetzt zu einem wichtigen Zusammenhang zwischen den Primidealen eines Bewertungsringes A und seinen Oberringen in $K := \operatorname{Quot} A$. Man beachte, daß jeder Oberring von A in K selbst ein Bewertungsring von K ist (wie sofort aus der Definition folgt).

Satz 5. *Sei A ein Bewertungsring von K.*
  a) *Für jedes Primideal $\mathfrak{p}$ von A gilt $\mathfrak{p} = \mathfrak{p}A_{\mathfrak{p}}$. Es ist also $\mathfrak{p}$ das maximale Ideal des Bewertungsringes $B := A_{\mathfrak{p}}$.*
  b) *Für jeden Oberring B von A in K ist $\mathfrak{p} := \mathfrak{m}_B$ in A enthalten, also ein Primideal von A, und es ist $B = A_{\mathfrak{p}}$.*
  c) *Die Menge der Oberringe von A in K ist bezüglich Inklusion total geordnet. Dasselbe gilt für die Menge der Primideale von A.*

Korollar 1. *Es besteht eine inklusionsumkehrende Bijektion zwischen den Primidealen $\mathfrak{p}$ von A und den Oberringen B von A in K, gegeben durch $\mathfrak{p} \mapsto A_{\mathfrak{p}} =: B$. Die Inverse ist $B \mapsto \mathfrak{m}_B =: \mathfrak{p}$. Beide Mengen sind (durch Inklusion) total geordnet.* $\hfill \square$

Korollar 2. *Für je zwei Bewertungsringe A, B von K gilt:*
$$A \subseteq B \iff \mathfrak{m}_A \supseteq \mathfrak{m}_B.$$
$\hfill \square$

Beweis des Satzes.
a) Seien $a \in \mathfrak{p}$, $b \in A - \mathfrak{p}$. Wäre $ab^{-1} \notin A$, so $(ab^{-1})^{-1} = ba^{-1} \in A$, und folglich $b = (ba^{-1})a \in \mathfrak{p}$, Widerspruch. Es ist also $ab^{-1} \in A$, und aus $a = (ab^{-1})b$ und $b \notin \mathfrak{p}$ folgt $ab^{-1} \in \mathfrak{p}$.
b) Für alle $0 \neq b \in \mathfrak{m}_B =: \mathfrak{p}$ ist $b^{-1} \notin B$, also auch $b^{-1} \notin A$, also $b \in A$. Dies zeigt $\mathfrak{p} \subseteq A$.

Die Inklusion $A_{\mathfrak{p}} \subseteq B$ folgt aus $A - \mathfrak{p} \subseteq B - \mathfrak{p} = B^*$. Umgekehrt sei $b \in B$. Ist $b \notin A$, so ist $b^{-1} \in A$ und $b^{-1} \notin \mathfrak{p} = \mathfrak{m}_B$. Folglich ist $b = 1/b^{-1} \in A_{\mathfrak{p}}$.

c) Seien B, B' Oberringe von A in K. Angenommen, es gäbe $b \in B - B'$ und $b' \in B' - B$. Betrachte $a := b^{-1}b' \in K^*$. Es ist $a \notin B$ (sonst wäre $b' = ba \in B$) und $a^{-1} \notin B'$ (sonst wäre $b = b'a^{-1} \in B'$). Insbesondere ist $a \notin A$ und $a^{-1} \notin A$, Widerspruch. Somit gilt $B \subseteq B'$ oder $B' \subseteq B$. $\qquad\qquad\square$

In §4 werden wir sehen, daß sogar je zwei *beliebige* Ideale eines Bewertungsrings miteinander vergleichbar sind.

§3. Ganze Elemente

Definition 1. Sei B ein Ring und $A \subseteq B$ ein Teilring.
a) Ein Element $b \in B$ heißt *ganz über* A, wenn es $n \in \mathbb{N}$ und $a_1, \ldots, a_n \in A$ gibt mit

$$b^n + a_1 b^{n-1} + \cdots + a_n = 0 \,.$$

(Entscheidend ist, daß b^n den Koeffizienten 1 hat!)
b) Ist jedes $b \in B$ ganz über A, so heißt B *ganz über* A, oder $A \subseteq B$ eine *ganze Ringerweiterung*.

Satz 1. *Ist B ein Ring und $A \subseteq B$ ein Teilring, so bilden die über A ganzen Elemente von B einen Teilring von B.*

Bekanntlich heißt ein A-Modul M *treu*, wenn für jedes $0 \neq a \in A$ gilt $aM \neq 0$. Wir benötigen folgendes

Lemma. *Ein Element $b \in B$ ist genau dann ganz über A, wenn es einen treuen $A[b]$-Modul M gibt, der als A-Modul endlich erzeugt ist.*

Beweis des Lemmas. Ist b ganz über A, so ist $A[b]$ ein endlich erzeugter A-Modul. Umgekehrt gebe es ein M wie im Lemma; sei etwa $M = Au_1 + \cdots + Au_n$. Es gibt Elemente $a_{ij} \in A$ $(1 \leq i,j \leq n)$ mit $bu_i = \sum_j a_{ij} u_j$ für $i = 1, \ldots, n$, wir haben also ein Gleichungssystem

$$\sum_j (a_{ij} - b\delta_{ij}) u_j = 0 \quad (i = 1, \ldots, n)$$

($\delta_{ij} =$ Kronecker-Symbol). Sei $f(t) \in A[t]$ das charakteristische Polynom der Matrix (a_{ij}). Da für jede $n \times n$-Matrix S (über A) $S\hat{S} = \hat{S}S = \det(S) \cdot 1$ gilt ($\hat{S} :=$ Adjungierte von S), folgert man $f(b)u_i = 0$ für $i = 1, \ldots, n$, also $f(b)M = 0$. Da M treu ist, ist $f(b) = 0$, und man hat eine Ganzheitsgleichung für b wie in Definition 1a gewonnen.   □

Beweis von Satz 1. Sind $b, b' \in B$ ganz über A, so ist $A[b, b']$ als $A[b]$-Modul und $A[b]$ als A-Modul, also auch $A[b, b']$ als A-Modul endlich erzeugt. Dieser ist ein treuer $A[c]$-Modul für jedes $c \in A[b, b']$, und die Behauptung folgt aus dem Lemma.   □

Definition 2.
a) Ist B ein Ring und $A \subseteq B$ ein Teilring, so heißt der Teilring der über A ganzen Elemente von B der *ganze Abschluß* von A in B.
b) Ein Ring A heißt *ganz abgeschlossen*, wenn er nullteilerfrei ist und mit seinem ganzen Abschluß in Quot A übereinstimmt.

Ist $\{A_\alpha\}$ eine Familie von Teilringen eines Rings B und sind alle A_α ganz abgeschlossen in B, so ist auch $\bigcap_\alpha A_\alpha$ ganz abgeschlossen in B.

Theorem 2 (Cohen-Seidenberg). *Sei $A \subseteq B$ eine ganze Ringerweiterung.*
  a) *Für jedes Primideal $\mathfrak{p}$ von A gibt es ein Primideal $\mathfrak{q}$ von B mit $\mathfrak{p} = A \cap \mathfrak{q}$.*
  b) *Für jedes Primideal $\mathfrak{q}$ von B gilt: $\mathfrak{q}$ ist maximal in B $\Longleftrightarrow$ $A \cap \mathfrak{q}$ ist maximal in A.*

Beweis. Wir zeigen zunächst b). Hierfür genügt es, für jede ganze Erweiterung $K \subseteq L$ von nullteilerfreien Ringen K, L zu zeigen: Genau dann ist K ein Körper, wenn L einer ist (man betrachte die ganze Erweiterung $A/A \cap \mathfrak{q} \subseteq B/\mathfrak{q}$). Ist K ein Körper und $0 \neq b \in L$, so gibt es ein normiertes *irreduzibles* Polynom $f \in K[t]$ mit $f(b) = 0$, und es folgt $b^{-1} \in L$. Ist L ein Körper und $0 \neq a \in K$, so gibt es $a_1, \ldots, a_n \in K$ mit $a^{-n} + a_1 a^{1-n} + \cdots + a_n = 0$, und Multiplikation mit a^{n-1} zeigt $a^{-1} \in K$.

Nun zum Beweis von a). Sei $\mathfrak{p}$ ein Primideal von A und sei $S := A - \mathfrak{p}$. Der natürliche Homomorphismus $A_\mathfrak{p} = S^{-1}A \to S^{-1}B$ ist injektiv, und $A_\mathfrak{p} \subseteq S^{-1}B$ ist ebenfalls eine ganze Ringerweiterung. Wählt man ein maximales Ideal $\mathfrak{q}'$ von $S^{-1}B$, so ist $\mathfrak{q}' \cap A_\mathfrak{p} = \mathfrak{p} A_\mathfrak{p}$ nach b) ($A_\mathfrak{p}$ ist lokal), und folglich ist $\mathfrak{q} \cap A = \mathfrak{p}$ für das Urbild $\mathfrak{q}$ von $\mathfrak{q}'$ in B. $\qquad\square$

Satz 3. *Bewertungsringe sind ganz abgeschlossen.*

Beweis. Sei A ein Bewertungsring von K, seien $b \in K$ und $a_1, \ldots, a_n \in A$ mit $b^n = a_1 b^{n-1} + \cdots + a_n$. Wäre $b \notin A$, so $b^{-1} \in \mathfrak{m}_A$, und folglich $1 = a_1 b^{-1} + \cdots + a_n b^{-n} \in \mathfrak{m}_A$, Widerspruch. $\qquad\square$

Es ist also auch jeder Durchschnitt von Bewertungsringen eines Körpers ganz abgeschlossen. Hiervon gilt auch die Umkehrung:

Theorem 4 (Krull [Kr]). *Sei K ein Körper und $A \subseteq K$ ein Teilring, sowie A_1 der ganze Abschluß von A in K.*
a) *A_1 ist der Durchschnitt aller Bewertungsringe B von K mit $A \subseteq B$.*
b) *Man kann sich in a) sogar auf diejenigen Bewertungsringe B von K mit $A \subseteq B$ beschränken, für die $\mathfrak{p} := A \cap \mathfrak{m}_B$ ein maximales Ideal von A und $A/\mathfrak{p} \subseteq \kappa(B)$ eine algebraische Körpererweiterung ist.*

Vor dem Beweis noch eine

Definition 3. Sind A, B lokale Teilringe eines Körpers K, so sagt man, daß A von B *dominiert* wird, wenn $A \subseteq B$ und $\mathfrak{m}_A \subseteq \mathfrak{m}_B$ (also $\mathfrak{m}_A = A \cap \mathfrak{m}_B$) gelten. Ist dies der Fall, so induziert $A \subseteq B$ eine Einbettung $\kappa(A) \subseteq \kappa(B)$.

Man beachte, daß die Relation des Dominierens transitiv ist, also eine partielle Ordnung auf der Menge der lokalen Teilringe von K bildet.

Beweis von Theorem 4.
$A_1 \subseteq \cap B$ folgt aus Satz 3. Umgekehrt sei nun $x \in K$ nicht ganz über A, d.h. $x \notin A_1$. Dann ist $x \notin A[x^{-1}]$, denn sonst bestünde eine Gleichung $x^n = a_1 x^{n-1} + \cdots + a_n$ mit $a_i \in A$. Folglich hat $A[x^{-1}]$ ein maximales Ideal $\mathfrak{q}$ mit $x^{-1} \in \mathfrak{q}$. Sei $\mathfrak{p} := A \cap \mathfrak{q}$. Dann ist $A/\mathfrak{p} \to A[x^{-1}]/\mathfrak{q}$ ein Isomorphismus, insbesondere ist $\mathfrak{p}$ ein maximales Ideal von A.

Sei $A' := A[x^{-1}]_\mathfrak{q}$. Nach Zorn gibt es einen lokalen Ring $B \subseteq K$, der maximal ist unter
1) B dominiert A', und
2) $\kappa(B)$ ist algebraisch über $\kappa(A')$.
Wegen $x^{-1} \in \mathfrak{q} \subseteq \mathfrak{m}_{A'} \subseteq \mathfrak{m}_B$ ist $x \notin B$. Das Theorem ist bewiesen, wenn gezeigt ist, daß B ein Bewertungsring von K ist. Sei dazu $y \in K^*$; zu zeigen ist $y \in B$ oder $y^{-1} \in B$.

Sei zunächst y nicht ganz über B. Indem man in der bisherigen Argumentation A durch B und x durch y ersetzt, erhält man einen lokalen Ring $C \subseteq K$, welcher B dominiert und für den $y^{-1} \in C$ und $\kappa(C)$ algebraisch über $\kappa(B)$ ist. Dann erfüllt C auch 1) und 2); aus der Maximalität von B folgt also $B = C$, und somit $y^{-1} \in B$.

Ist dagegen y ganz über B, so hat $B[y]$ nach Theorem 2 ein maximales Ideal $\mathfrak{n}$ mit $\mathfrak{m}_B = B \cap \mathfrak{n}$. Der lokale Ring $C := B[y]_{\mathfrak{n}}$ dominiert also B. Die Erweiterung $\kappa(B) \subseteq \kappa(C)$ ist zudem algebraisch, da $\kappa(C)$ durch die Restklasse von y über $\kappa(B)$ erzeugt wird, und eine Ganzheitsgleichung für y die gewünschte Relation gibt. Folglich ist wieder $B = C$, also $y \in B$. $\square$

Korollar 1. *Die Bewertungsringe von K sind genau diejenigen lokalen Teilringe, die von keinem anderen lokalen Teilring echt dominiert werden.*

Beweis. Aus Theorem 4 folgt, daß der ganze Abschluß eines lokalen Teilrings $A \subseteq K$ der Durchschnitt aller Bewertungsringe von K ist, welche A dominieren. Wird also A von keinem lokalen Teilring echt dominiert, so muß A ein Bewertungsring sein. Die umgekehrte Richtung aus §2, Satz 5. $\square$

Korollar 2. *Zu jedem Teilring A eines Körpers K und jedem Primideal $\mathfrak{p}$ von A gibt es einen Bewertungsring B von K mit $A \subseteq B$ und $\mathfrak{p} = A \cap \mathfrak{m}_B$, für den $\kappa(B)$ über $\kappa(\mathfrak{p}) = \operatorname{Quot} A/\mathfrak{p}$ algebraisch ist.*

Beweis. Man wähle B so, daß B den lokalen Ring $A_{\mathfrak{p}}$ dominiert und $\kappa(B)$ über $\kappa(A_{\mathfrak{p}}) = \kappa(\mathfrak{p})$ algebraisch ist (Theorem 4). Dann ist $A \cap \mathfrak{m}_B = A \cap A_{\mathfrak{p}} \cap \mathfrak{m}_B = A \cap \mathfrak{p} A_{\mathfrak{p}} = \mathfrak{p}$. $\square$

Korollar 3. *Die Körper K ohne echte (d.h. von K verschiedene) Bewertungsringe sind genau die algebraischen Körpererweiterungen endlicher Körper.*

Beweis. Sei K über $\mathbf{F}_p$ algebraisch. Da jeder Teilring von K den Primkörper $\mathbf{F}_p$ enthält, ist K der einzige in K ganz abgeschlossene Teilring von K. Umgekehrt sei K ein Körper ohne Bewertungsringe $\neq K$. Dann ist $\operatorname{char} K =: p > 0$, denn sonst wäre K nach Theorem 4 ganz über $\mathbf{Z}$ im Widerspruch dazu, daß $\mathbf{Z}$ in $\mathbb{Q}$ ganz abgeschlossen ist. Gäbe es ein über $\mathbf{F}_p$ transzendentes $t \in K$, so wäre t^{-1} nicht ganz über $\mathbf{F}_p[t]$, Widerspruch. $\square$

§4. Bewertungen, Ideale von Bewertungsringen

K sei ein Körper.

Ist Γ eine angeordnete abelsche Gruppe, so bezeichnen wir mit $\Gamma \cup \infty$ stets die disjunkte Vereinigung $\Gamma \cup \{\infty\}$ (mit einem zu Γ fremden Element ∞). Wir fassen $\Gamma \cup \infty$ als eine total geordnete Halbgruppe auf, indem wir für alle $\alpha \in \Gamma$ definieren: $\alpha < \infty$, und $\alpha + \infty = \infty + \alpha = \infty + \infty = \infty$.

Definition 1. Sei K ein Körper und Γ eine angeordnete abelsche Gruppe. Eine (Krull-) *Bewertung*[1] von K mit Werten in Γ ist eine Abbildung $v \colon K \to \Gamma \cup \infty$ mit

$$(1) \quad v(a) = \infty \Leftrightarrow a = 0;$$
$$(2) \quad v(ab) = v(a) + v(b);$$
$$(3) \quad v(a + b) \geq \min\{v(a), v(b)\}$$

für alle $a, b \in K$. Gibt es ein $a \in K^*$ mit $v(a) \neq 0$, so heißt v *nicht-trivial*, andernfalls *trivial*. Die angeordnete abelsche Gruppe $v(K^*)$ heißt die *Wertegruppe von v* und wird mit Γ_v bezeichnet.

Bemerkungen. Sei $v \colon K \to \Gamma \cup \infty$ eine Bewertung von K.
1. v ist durch seine Restriktion auf K^* festgelegt. Man kann Bewertungen von K auch definieren als solche Homomorphismen $K^* \to \Gamma$, welche (3) für alle $a, b \in K^*$ mit $a + b \neq 0$ erfüllen.
2. Für alle Einheitswurzeln $a \in K^*$ ist $v(a) = 0$, da Γ torsionsfrei ist.
3. Für alle $a, b \in K$ mit $v(a) \neq v(b)$ gilt sogar $v(a + b) = \min\{v(a), v(b)\}$. Denn ist etwa o. E. $v(a) < v(b)$, so würde aus $v(a + b) > v(a)$ wegen $v(-b) = v(b)$ folgen $v(a) = v((a + b) - b) \geq \min\{v(a + b), v(b)\} > v(a)$, was unsinnig ist.

Beispiel 1. Ist A ein faktorieller Ring und $K := \operatorname{Quot} A$, so definiert jedes Primelement π von A eine Bewertung $v_\pi \colon K^* \to \mathbf{Z}$ von K, die *Ordnung in π*: v_π ist definiert durch $v_\pi(\pi^e ab^{-1}) = e$ für $e \in \mathbf{Z}$ und $a, b \in A$ nicht durch π teilbar. Der Bewertungsring $A_{\pi A}$ von K (vgl. §2, Satz 4) ist der „zu v_π gehörende Bewertungsring" im Sinne von

Satz 1. *Ist $v \colon K \to \Gamma \cup \infty$ eine Bewertung von K, so ist $\mathfrak{o}_v := \{a \in K \colon v(a) \geq 0\}$ ein Bewertungsring von K mit maximalem Ideal $\mathfrak{m}_v := \{a \in K \colon v(a) > 0\}$. Man nennt $\mathfrak{o}_v$ den zu v gehörenden Bewertungsring von K.*

Beweis. Ist $a \in K$ und $a \notin \mathfrak{o}_v$, so ist $v(a) < 0$, also $a^{-1} \in \mathfrak{m}_v$ wegen $v(a^{-1}) = -v(a) > 0$.
$$\square$$

Wir wollen nun einsehen, daß auch umgekehrt jeder Bewertungsring von einer (im wesentlichen eindeutigen) Bewertung herkommt (daher der Name).

---

[1] Die hier definierten Bewertungen werden gelegentlich auch als Krull-Bewertungen bezeichnet, um sie von den Absolutbeträgen (§6) zu unterscheiden.

Sei dazu $v\colon K^* \to \Gamma$ eine Bewertung, die wir als surjektiv voraussetzen. Dann lassen sich v und Γ aus dem Bewertungsring $\mathfrak{o}_v$ rekonstruieren: Zunächst induziert v wegen $\ker v = \mathfrak{o}_v^*$ einen Gruppenisomorphismus $\bar{v}\colon K^*/\mathfrak{o}_v^* \overset{\sim}{\longrightarrow} \Gamma$. Da für $a,b \in K^*$ gilt

$$v(a) \leq v(b) \iff v(a^{-1}b) \geq 0 \iff a^{-1}b \in \mathfrak{o}_v,$$

wird $\bar{v}$ ein ordnungstreuer Isomorphismus, wenn man $K^*/\mathfrak{o}_v^*$ anordnet durch

$$a\,\mathfrak{o}_v^* \leq b\,\mathfrak{o}_v^* \iff a^{-1}b \in \mathfrak{o}_v.$$

(Der Leser lasse sich nicht dadurch verwirren, daß jetzt eine multiplikativ geschriebene angeordnete abelsche Gruppe vorliegt!)

Ist nun A ein beliebiger Bewertungsring von K, so definieren wir analog

$$aA^* \leq bA^* \iff a^{-1}b \in A \quad (a,b \in K^*),$$

und man überzeugt sich sofort, daß K^*/A^* durch diese Definition zu einer angeordneten abelschen Gruppe wird.

Definition 2. Sei A ein Bewertungsring von K. Die *Wertegruppe von A* ist die wie oben angeordnete abelsche Gruppe $\Gamma_A := K^*/A^*$. Den kanonischen Epimorphismus $v_A\colon K^* \to \Gamma_A$ bezeichnet man als die zu A gehörende *kanonische Bewertung* von K.

Die zweite Bezeichnung wird gerechtfertigt durch

Satz 2. *Sei A ein Bewertungsring von K. Dann ist $v_A\colon K \to \Gamma_A \cup \infty$ eine Bewertung von K, und für den zugehörigen Bewertungsring gilt $\mathfrak{o}_{v_A} = A$.*

Beweis. $v_A|K^*$ ist ein Homomorphismus, es bleibt also nur (3) zu prüfen. Seien $a,b \in K^*$ mit $a+b \neq 0$ und $v_A(a) \leq v_A(b)$. Dann ist $a^{-1}b \in A$, und es folgt $v_A(a+b) = (a+b)A^* = a(1+a^{-1}b)A^* \geq aA^* = v_A(a)$. Klar ist $\mathfrak{o}_{v_A} = A$. $\qquad\square$

Ist umgekehrt $v\colon K \to \Gamma \cup \infty$ eine Bewertung mit Bewertungsring $A := \mathfrak{o}_v$, so existiert genau eine ordnungstreue Einbettung $i\colon \Gamma_A \hookrightarrow \Gamma$ mit $v = i \circ v_A$. Eine Bewertung von K läßt sich daher auffassen als ein Paar (A,i), wo A ein Bewertungsring von K und $i\colon \Gamma_A \hookrightarrow \Gamma$ eine ordnungstreue Einbettung angeordneter abelscher Gruppen ist.

Definition 3. Sind v und v' Bewertungen von K, so heißt v eine *Vergröberung* von v', wenn $\mathfrak{o}_v \subseteq \mathfrak{o}_{v'}$ ist. Ist $\mathfrak{o}_v = \mathfrak{o}_{v'}$, so heißen v und v' *äquivalent*.

Lemma. *Seien $v\colon K^* \to \Gamma$ und $v'\colon K^* \to \Gamma'$ Bewertungen von K, und sei v surjektiv. Dann sind äquivalent:*
(i) *v' ist Vergröberung von v;*
(ii) *es gibt einen ordnungstreuen Homomorphismus $\varphi\colon \Gamma \to \Gamma'$ mit $v' = \varphi \circ v$.*

Beweis. (i) $\Rightarrow$ (ii): Sei $A := \mathfrak{o}_v$, $A' := \mathfrak{o}_{v'}$. Bezeichnet $\pi\colon K^*/A^* \to K^*/A'^*$ den kanonischen Epimorphismus, so hat man ein kommutatives Diagramm

$$\begin{array}{ccccc} \Gamma & \xleftarrow{\;v\;} & K^* & \xrightarrow{\;v'\;} & \Gamma' \\[2mm] i\uparrow\cong & \swarrow{\scriptstyle v_A} & & {\scriptstyle v_{A'}}\searrow & \uparrow i' \\[2mm] K^*/A^* & & \xrightarrow{\quad\pi\quad} & & K^*/A'^* \end{array}\;,$$

wo i, i' ordnungstreu sind und i ein Isomorphismus ist. Setze $\varphi := i' \circ \pi \circ i^{-1}$.
(ii) $\Rightarrow$ (i) ist trivial. $\qquad\square$

Definition 4. Ist (K, P) ein angeordneter Körper und $v\colon K \to \Gamma\cup\infty$ eine Bewertung von K, so heißen v und P miteinander *verträglich*, wenn $\mathfrak{o}_v$ ein bezüglich P konvexer Teilring von K ist. Eine Reihe äquivalenter Bedingungen wird durch §2, Satz 3 gegeben.

Beispiele.
2. Jede angeordnete abelsche Gruppe Γ kommt als Wertegruppe einer surjektiven Bewertung vor. Sei dazu k ein Körper und $A := k[\Gamma_+]$ die Halbgruppenalgebra von $\Gamma_+ := \{\alpha \in \Gamma\colon \alpha \geq 0\}$. ($A$ hat also eine Vektorraumbasis $\{x_\alpha\colon \alpha \in \Gamma_+\}$ über k ($x_\alpha \neq x_\beta$ für $\alpha \neq \beta$), und die Multiplikation von A ist definiert durch $x_\alpha x_\beta = x_{\alpha+\beta}$ ($\alpha, \beta \in \Gamma_+$).) Zu $0 \neq a = \sum_{\alpha\in\Gamma_+} a_\alpha x_\alpha \in A$ (mit $a_\alpha \in k$ und fast allen $a_\alpha = 0$) sei

$$\tilde{v}(a) := \min\{\alpha \in \Gamma_+\colon a_\alpha \neq 0\}.$$

Man verifiziert leicht für $0 \neq a,b \in A$, daß $\tilde{v}(ab) = \tilde{v}(a) + \tilde{v}(b)$ und $\tilde{v}(a + b) \geq \min\{\tilde{v}(a), \tilde{v}(b)\}$ gelten (letzteres, falls $a+b \neq 0$ ist). Sei $K := \operatorname{Quot} A$ (A ist nullteilerfrei). Dann setzt sich $\tilde{v}$ eindeutig zu einem surjektiven Homomorphismus $v\colon K^* \to \Gamma$ fort, und v ist eine Bewertung von K.
3. Wir bleiben in der eben skizzierten Situation und nehmen zusätzlich an, daß k eine Anordnung P trägt. Dann gewinnen wir aus P eine Anordnung Q auf K, die sich wie folgt beschreiben läßt: Wir definieren für $0 \neq a = \sum_\alpha a_\alpha x_\alpha \in A$ den „Leitkoeffizienten" von a als

$$L(a) := a_{v(a)} \quad (\in k^*).$$

Dann sei $Q := \{0\} \cup \{\tfrac{a}{b}\colon 0 \neq a,b \in A \text{ und } L(ab) \in P\}$. Q ist tatsächlich eine Anordnung von K, denn für $0 \neq a,b \in A$ ist $L(ab) = L(a)L(b)$ und, falls $a + b \neq 0$ ist,

$$L(a + b) = \begin{cases} L(a) + L(b) & \text{falls } v(a) = v(b) \text{ und } L(a) + L(b) \neq 0 \\ L(a) & \text{falls } v(a) < v(b) \end{cases}.$$

Wir behaupten, daß der Bewertungsring $\mathfrak{o}_v$ konvex in K bezüglich Q ist. Sei dazu $0 \neq x \in \mathfrak{m}_v$. Es gibt $a,b \in A$ mit $v(a) = v(b) = 0$ und $0 < \alpha \in \Gamma$ mit $x = x_\alpha \cdot a/b$. Es folgt $1 + x = b^{-2}(b^2 + abx_\alpha) \in Q$, denn $L(b^2 + abx_\alpha) = L(b)^2 \in P$. Wir haben also $1 + \mathfrak{m}_v \subseteq Q$ gezeigt, woraus die Behauptung nach §2, Satz 3 folgt.
4. Nun sei (K, P) ein angeordneter Körper, $F \subseteq K$ ein Teilkörper und $A = \mathfrak{o}_P(K/F)$ seine konvexe Hülle in K. Man kann Γ_A und v_A wie folgt beschreiben: Wir nennen $a,b \in K^*$ *archimedisch äquivalent über* F, wenn es $\lambda, \mu \in F^*$ gibt mit $|a| \leq \lambda|b|$ und

$|b| \leq \mu|a|$. Dann ist Γ_A die (multiplikative) Gruppe der entsprechenden Äquivalenzklassen, angeordnet durch den inversen Absolutbetrag, und v_A ist die Restklassenabbildung.

5. Für jeden Bewertungsring A eines reell oder algebraisch abgeschlossenen Körpers ist die Wertegruppe Γ_A dividierbar[2] (also ein $\mathbb{Q}$-Vektorraum), da im Körper beliebige Wurzeln aus positiven bzw. aus beliebigen Elementen existieren.

Wir kommen nun zur Idealtheorie von Bewertungsringen. Dabei wird folgende Sprechweise vereinbart: Ist $(M, \leq)$ eine geordnete Menge und $X \subseteq M$ eine Teilmenge, so nennen wir X eine *obere Teilmenge* von M, falls aus $x \in X, y \in M$ und $x \leq y$ stets $y \in X$ folgt ($X = \emptyset$ ist erlaubt).

Satz 3 (Ideale von Bewertungsringen). *Sei A ein Bewertungsring von K mit surjektiver Bewertung $v = v_A \colon K \to \Gamma \cup \infty$. Sei $\Gamma_+ := \{\alpha \in \Gamma \colon \alpha \geq 0\}$.*

   a) *Durch $\mathfrak{a} \mapsto v(\mathfrak{a} - \{0\})$ wird eine inklusionserhaltende Bijektion zwischen den Idealen von A und den oberen Teilmengen von Γ_+ definiert. Die Inverse ist gegeben durch $M \mapsto v^{-1}(M \cup \{\infty\})$.*

   b) *Durch $\mathfrak{p} \mapsto v(A_{\mathfrak{p}}^*) = v(A - \mathfrak{p}) \cup (-v(A - \mathfrak{p}))$ wird eine inklusionsumkehrende Bijektion zwischen den Primidealen von A und den konvexen Untergruppen von Γ definiert. Die Inverse ist $\Delta \mapsto \{0\} \cup v^{-1}(\Gamma_+ - \Delta)$.*

   c) *Die Ideale von A bilden eine Kette (sind also durch Inklusion total geordnet).*

   d) *A ist ein Bézoutring, d.h. A ist nullteilerfrei und jedes endlich erzeugte Ideal ist ein Hauptideal. Genauer gilt für $a_1, \ldots, a_n \in A$ und $\mathfrak{a} = Aa_1 + \cdots + Aa_n$: Ist $v(a_1) \leq v(a_i)$, $i = 1, \ldots, n$, so ist $\mathfrak{a} = Aa_1$.*

   e) *Ist $\mathfrak{a} \neq A$ ein Radikalideal (d.h. gilt $\mathfrak{a} = \sqrt{\mathfrak{a}}$), so ist $\mathfrak{a}$ ein Primideal.*

Beweis. a) und b) sind elementar, c) folgt sofort aus a), und d) ist klar. e) Seien $a, b \in A$ mit $ab \in \mathfrak{a}$. Wir können $a | b$ in A annehmen, also $b = ac$ mit $c \in A$. Dann ist $b^2 = abc \in \mathfrak{a}$, also $b \in \mathfrak{a}$.   □

Satz 4. *Seien A, B Bewertungsringe von K, und es gelte $A \subseteq B$. Sei $\pi \colon B \to \kappa(B)$ der Restklassenhomomorphismus von B.*

   a) *$C := \pi(A) = A/\mathfrak{m}_B$ ist ein Bewertungsring von $\kappa(B)$.*

   b) *Es besteht eine natürliche kurze exakte Sequenz[3]*

$$0 \to \Gamma_C \to \Gamma_A \to \Gamma_B \to 0$$

   aus ordnungstreuen Homomorphismen.

Beweis. a) Ist $c \in \kappa(B)^*$ und $b \in B^*$ mit $c = \pi(b)$, so ist $b \in A$ oder $b^{-1} \in A$, also $c \in C$ oder $c^{-1} = \pi(b^{-1}) \in C$. — b) Wegen $A^* \subseteq B^*$ hat man einen ordnungstreuen Epimorphismus $\Gamma_A = K^*/A^* \twoheadrightarrow K^*/B^* = \Gamma_B$, dessen Kern die (konvexe) Untergruppe

---

[2]Eine abelsche Gruppe G heißt *dividierbar*, wenn $nG = G$ für alle $n \geq 1$ ist. Die torsionsfreien dividierbaren abelschen Gruppen sind genau die $\mathbb{Q}$-Vektorräume.

[3]Eine Sequenz $\cdots \to G_{i-1} \xrightarrow{\varphi_{i-1}} G_i \xrightarrow{\varphi_i} G_{i+1} \to \cdots$ von Homomorphismen abelscher Gruppen heißt *exakt*, wenn Bild$(\varphi_{i-1}) = $ Kern(φ_i) für alle i gilt. Sequenzen der Form $0 \to G' \to G \to G'' \to 0$ heißen *kurz*.

$B^*/A^* =: \Gamma_{B/A}$ von Γ_A ist. Weiter ist $\pi|B^*: B^* \to \kappa(B)^*$ ein Epimorphismus, und es gilt $\pi^{-1}(C^*) = A^*$. Folglich induziert π einen Isomorphismus $\Gamma_{B/A} = B^*/A^* \overset{\sim}{\longrightarrow} \kappa(B)^*/C^* = \Gamma_C$, den man sofort als ordnungstreu erkennt. $\qquad\square$

Korollar. *Sei A ein Bewertungsring von K mit natürlicher Bewertung $v_A: K^* \to \Gamma_A$. Dann besteht eine kanonische inklusionstreue Bijektion von der Menge der Oberringe B von A in K auf die Menge der konvexen Untergruppen Δ von Γ_A, nämlich*

$$B \mapsto \Gamma_{B/A} := B^*/A^* = v_A(B^*).$$

Die Inverse ist $\Delta \mapsto \{0\} \cup v_A^{-1}(\Delta \cup \Gamma_+)$. Weiter hat man dabei für jeden Oberring B von A einen kanonischen ordnungstreuen Isomorphismus

$$\Gamma_A/\Gamma_{B/A} \overset{\sim}{\longrightarrow} \Gamma_B.$$

Beweis. §2, Korollar 1 und Sätze 3 und 4. $\qquad\square$

Definition 5.
a) Sei Γ eine angeordnete abelsche Gruppe. Der *Rang* rang Γ von Γ ist die Anzahl der von Γ verschiedenen konvexen Untergruppen von Γ (also eine ganze Zahl oder ∞).
b) Sei A ein Bewertungsring. Der *Rang* rang A von A ist definiert als der Rang der Wertegruppe $\Gamma_A = K^*/A^*$ ($K = \operatorname{Quot} A$).

Bemerkungen.
4. Manche Autoren (z.B. Bourbaki) bezeichnen den Rang von Γ als die Höhe von Γ.
5. Nach dem Korollar und nach §3 ist der Rang eines Bewertungsringes A auch gleich der Anzahl der von $\{0\}$ verschiedenen Primideale von A (der „Krull-Dimension" von A), oder auch gleich der Anzahl der von K verschiedenen Oberringe von A in K.
6. Die Bewertungsringe vom Rang 0 sind die Körper. Die angeordneten abelschen Gruppen vom Rang 1 sind genau die nicht-trivialen Untergruppen von $(\mathbb{R}, +)$ (§1, Theorem 2). Die einzigen „diskreten" unter diesen sind die unendlich zyklischen Gruppen, weshalb man definiert:

Definition 6. Ein Bewertungsring A heißt *diskret vom Rang eins*, wenn die Wertegruppe Γ_A unendlich zyklisch ist.

Satz 5. *Sei A ein Bewertungsring, kein Körper. Dann sind äquivalent:*
 (i) *A ist diskret vom Rang eins;*
 (ii) *A ist noethersch;*
(iii) *A ist ein Hauptidealring.*

Beweis. (i) $\Rightarrow$ (ii) folgt aus Satz 3a, (ii) $\Rightarrow$ (iii) aus Satz 3d. (iii) $\Rightarrow$ (i) Sei $\mathfrak{m}_A = A\pi$, also insbesondere π ein Primelement von A. Ist π' ein weiteres Primelement von A, so gilt $\pi|\pi'$ oder $\pi'|\pi$ (da A ein Bewertungsring ist), und folglich sind π und π' assoziiert, d.h. $A\pi = A\pi'$. Da A faktoriell ist, hat jedes $0 \neq a \in A$ die Form $a = u\pi^e$ mit $u \in A^*$ und $e \geq 0$. Somit ist Γ_A zyklisch mit positivem Erzeuger $v(\pi)$. $\qquad\square$

§5. Restklassenkörper und Teilkörper von konvexen Bewertungsringen

Sei K ein Körper.

Theorem 1. *Sei A ein Bewertungsring von K, und $\kappa(A) = A/\mathfrak{m}_A$.*
a) *Ist K algebraisch abgeschlossen, so auch $\kappa(A)$.*
b) *Ist K reell abgeschlossen, so gilt:*
$$\kappa(A) \text{ reell abgeschlossen} \iff \sqrt{-1} \notin \kappa(A) \iff A \text{ ist konvex in } K.$$

Beweis. Sei $f \in A[t]$ ein normiertes Polynom. Hat f in K eine Wurzel, so liegt diese wegen der ganzen Abgeschlossenheit von A schon in A. Insbesondere hat dann auch das $\bmod \, \mathfrak{m}_A$ reduzierte Polynom eine Wurzel in $\kappa(A)$. Hieraus folgt a) sofort.

Sei jetzt K reell abgeschlossen. Mit dem eben gegebenen Argument folgt, daß $\kappa(A)$ keine echten Körpererweiterungen von ungeradem Grad hat und daß $\overline{P} := \kappa(A)^2$ die Axiome (1) und (3) einer Anordnung erfüllt (I, §1). Daher ist $\kappa(A)$ genau dann reell abgeschlossen, wenn $-1 \notin \kappa(A)^2$ ist (I, §5, Satz 1).

Ist A in K konvex, so ist $\mathfrak{m}_A \cap [1, \infty[\, = \emptyset$ (§2, Satz 3). Es ist also $1 + a^2 \notin \mathfrak{m}_A$ für $a \in A$, folglich $-1 \notin \kappa(A)^2$. Sei umgekehrt A nicht konvex. Dann gibt es ein $a \in K$ mit $1 + a^2 \in \mathfrak{m}_A$ (§2, Satz 3). Es ist $a \in A$, denn sonst wäre $a^{-1} \in \mathfrak{m}_A$ und somit $1 = a^{-2}(1 + a^2) - a^{-2} \in \mathfrak{m}_A$. Folglich ist $-1 \in \kappa(A)^2$. $\qquad\square$

Sei A ein Bewertungsring von K. Ist K angeordnet und A in K konvex, so enthält A Teilkörper von K (z.B. $\mathbb{Q}$). Allgemeiner sieht man leicht, daß A genau dann einen Teilkörper enthält, wenn $\operatorname{char} K = \operatorname{char} \kappa(A)$ ist (sogenannter „charakteristik-gleicher Fall"; der charakteristik-ungleiche Fall tritt nur ein, wenn $\operatorname{char} K = 0$ und $\operatorname{char} \kappa(A) > 0$ ist). Jeder Teilkörper F von A ist in einem maximalen Teilkörper von A enthalten (Zornsches Lemma). Wir betrachten F via $F \hookrightarrow A \to \kappa(A)$ stets auch als Teilkörper von $\kappa(A)$.

Satz 2. *Sei A ein Bewertungsring von K und F ein maximaler Teilkörper von A. Dann ist F in K algebraisch abgeschlossen, und die Körpererweiterung $\kappa(A)/F$ ist algebraisch.*

Beweis. A ist ganz abgeschlossen in K, enthält also den algebraischen Abschluß von F in K. Sei $\pi \colon A \to \kappa(A)$ der Restklassenhomomorphismus. Gäbe es ein $a \in A$, für welches $\pi(a)$ über $\pi(F)$ transzendent ist, so wäre $F[a] \cap \mathfrak{m}_A = \{0\}$ und folglich $F \subsetneq F(a) \subseteq A$, Widerspruch zur Maximalität von F. $\qquad\square$

Satz 3. *Sei R ein reell abgeschlossener Körper, A ein konvexer Teilring von R und F ein maximaler Teilkörper von A. Dann ist die Restriktion von $\pi \colon A \to \kappa(A)$ auf F ein Isomorphismus von F auf $\kappa(A)$.*

(Im algebraisch abgeschlossenen Fall gilt die analoge Aussage für beliebige Bewertungsringe des Körpers.)

Beweis. F ist algebraisch abgeschlossen in R (Satz 2), also selbst reell abgeschlossen (I, §5, Korollar). Da $\kappa(A)$ über $\pi(F)$ algebraisch (Satz 2) und $\kappa(A)$ formal reell ist (Theorem 1), ist $\kappa(A) = \pi(F)$. $\qquad\square$

Satz 4. *Sei (K, P) ein angeordneter Körper und A ein konvexer Teilring von K. Dann ist A die konvexe Hülle eines jeden seiner maximalen Teilkörper.*

Beweis. Sei F ein maximaler Teilkörper von A und $B := \mathfrak{o}_P(K/F)$, sowie $a \in A$. Nach Satz 2 gibt es ein $n \in \mathbb{N}$ und Elemente $b_1, \ldots, b_n \in F$ mit $a^n + b_1 a^{n-1} + \cdots + b_n \in \mathfrak{m}_A \subseteq \mathfrak{m}_B$. Wäre $a \notin B$, so wäre $a^{-1} \in \mathfrak{m}_B$, und Multiplikation mit a^{-n} ergäbe $1 + (b_1 a^{-1} + \cdots + b_n a^{-n}) \in \mathfrak{m}_B$, Widerspruch. $\square$

Nennt man einen Teilkörper F von K *archimedisch saturiert in* K (bezüglich P), wenn K keine echten Oberkörper F' von F enthält, die über F archimedisch sind, so folgt: Die in K archimedisch saturierten Teilkörper sind genau die maximalen Teilkörper der konvexen Teilringe von K.

Satz 5. *Ist A ein konvexer Teilring eines angeordneten Körpers K und $F \subseteq A$ ein Teilkörper, so ist* tr.deg.$(K/F) \geq$ rang A.

Beweis. Sei $A = A_0 \subsetneq A_1 \subsetneq \cdots \subsetneq A_r = K$ eine Kette von Oberringen von A. Sei F_0 ein maximaler Oberkörper von F in A_0, und F_i ein maximaler Oberkörper von F_{i-1} in A_i, $i = 1, \ldots, r$. Wegen $A_i = \mathfrak{o}(K/F_i)$ $(i = 0, \ldots, r)$ sind die F_i alle verschieden. Nach Satz 2 ist tr.deg.$(F_i/F_{i-1}) \geq 1$ $(i = 1, \ldots, r)$, also tr.deg.$(K/F) \geq r$. $\square$

Satz 6. *Sei K ein reell abgeschlossener Körper und $F \subseteq K$ ein Teilkörper. Sind*

$$F \subseteq F_0 \subsetneq F_1 \subsetneq \cdots \subsetneq F_r = K$$

und

$$F \subseteq F_0' \subsetneq F_1' \subsetneq \cdots \subsetneq F_s' = K$$

zwei nicht mehr verfeinerbare Ketten von archimedisch saturierten Teilkörpern F_i, F_i' von K, so ist $r = s$, und $F_i \cong F_i'$ für $i = 0, \ldots, r$.

Beweis. Da die $\mathfrak{o}(K/F_i)$ bzw. die $\mathfrak{o}(K/F_i')$ genau die verschiedenen konvexen Oberringe von F in K sind (Satz 4), ist $r = s =$ rang $\mathfrak{o}(K/F)$ und $\mathfrak{o}(K/F_i) = \mathfrak{o}(K/F_i')$ für $i = 0, \ldots, r$. Nach Satz 3 ist $F_i \cong \kappa\big(\mathfrak{o}(K/F_i)\big) \cong F_i'$. $\square$

Beispiel (E. Artin). Für die Isomorphie $F_i \cong F_i'$ kann man auf die reelle Abgeschlossenheit von K nicht verzichten!

Sei R_0 der reelle Abschluß von $\mathbb{Q}$ (also der relative algebraische Abschluß von $\mathbb{Q}$ in $\mathbb{R}$) und F der relative algebraische Abschluß von $\mathbb{Q}(e)$ in $\mathbb{R}$ ($e = 2.71828\ldots$ transzendent). Sei weiter $K = F(t)$, versehen mit der Anordnung $P_{0,+}$ (I, §1, Beispiel 3). Es ist also $0 < t < a$ für alle $0 < a \in F$. Sei schließlich $F' := R_0(e + t) \subseteq K$. Da F' nicht reell abgeschlossen ist, sind F und F' nicht isomorph. Aber wir behaupten, daß sowohl F als auch F' in K archimedisch saturiert sind. Für F ist dies klar. Um es für F' einzusehen, müssen wir einen Satz aus der Körpertheorie zitieren (siehe etwa [JAA, vol. 3, p. 199]):

Ist E/k eine Körpererweiterung, so daß k in E (relativ) algebraisch abgeschlossen ist, und ist $E(x)/E$ eine einfach transzendente Erweiterung, so ist auch $k(x)$ in $E(x)$ algebraisch abgeschlossen.

In obiger Situation reicht es, die algebraische Abgeschlossenheit von F' in K nachzuweisen, denn tr.deg.$(K/F') = 1$ und $\mathfrak{o}(K/F') = \mathfrak{o}(K/\mathbf{Z}) \neq K$. Dies aber ist eine direkte Anwendung des zitierten Satzes (R_0 ist in F algebraisch abgeschlossen und $K = F(e+t)$).

Man beachte in diesem Beispiel auch, daß es mit $R_0(e)$ einen zu F' ordnungsisomorphen Teilkörper von K gibt, der in K nicht archimedisch saturiert ist (F ist archimedisch über $R_0(e)$).

§6. Die Topologie von angeordneten und bewerteten Körpern

Sei (K, P) ein angeordneter Körper. Dann bilden die offenen Intervalle

$$]a, b[_P = \{x \in K : a < x < b \text{ bezüglich } P\}$$

eine offene Basis einer Topologie auf K, die wir mit $\mathcal{T}_P$ bezeichnen. Auch die auf K^n ($n \geq 1$) induzierte Produkttopologie wird mit $\mathcal{T}_P$ bezeichnet; sie macht K^n zu einem Hausdorffraum. Außerdem ist $(K, \mathcal{T}_P)$ ein topologischer Körper (das bedeutet, daß die Abbildungen $(x, y) \mapsto x - y$, $(x, y) \mapsto xy$ von $K \times K$ in K sowie die Abbildung $K^* \to K^*$, $x \mapsto x^{-1}$, stetig sind). Für jede rationale Funktion $f = g/h \in K(t_1, \ldots, t_n)$ (g, h seien Polynome) ist daher auch die Auswertungsabbildung $x \mapsto f(x)$ von $\{x \in K^n : h(x) \neq 0\}$ nach K stetig. Wir bezeichnen $\mathcal{T}_P$ häufig als die *starke Topologie* auf K^n (bezüglich P), um sie von der „schwächeren" Zariski-Topologie zu unterscheiden (siehe III, §1).

Es gibt jedoch nur einen einzigen Fall, in dem die Topologie $\mathcal{T}_P$ wirklich befriedigende Eigenschaften hat, nämlich den Fall $K = \mathbb{R}$. Dies ist einer der Gründe, welche die Verwendung der *semialgebraischen Topologie* (siehe [DK 1 − 3] und die in [DK 3] zitierte Literatur) unentbehrlich machen, will man Geometrie über beliebigen reell abgeschlossenen Körpern treiben:

Satz 1. *Sei (K, P) ein angeordneter Körper. Ist $K \neq \mathbb{R}$, so ist der topologische Raum $(K, \mathcal{T}_P)$ total unzusammenhängend. Für $a, b \in K$ mit $a < b$ ist das Intervall $[a, b]$ nicht kompakt, insbesondere ist $(K, \mathcal{T}_P)$ nicht lokalkompakt.*

Beweis. Ist (K, P) archimedisch, so gibt es eine ordnungstreue Einbettung $K \hookrightarrow \mathbb{R}$, und $\mathcal{T}_P$ ist gerade die von $\mathbb{R}$ auf K induzierte Teilraum-Topologie. Ist $K \neq \mathbb{R}$, so prüft man die Behauptungen direkt nach.

Sei jetzt (K, P) nicht archimedisch. Dann gibt es einen echten konvexen Teilring A von K, und A ist offen und abgeschlossen in K. Sei $x \in K$ und $0 < \varepsilon \in K$. Wählt man ein $a \in K^*$ mit $\varepsilon/a \notin A$, so ist $x + aA \subseteq]x - \varepsilon, x + \varepsilon[$, und $x + aA$ ist eine offen-abgeschlossene Umgebung von x. Das zeigt, daß K total unzusammenhängend ist. Seien weiter $a, b \in K$ mit $a < b$. Dann gibt es ein $\varepsilon \in K$, $\varepsilon > 0$, mit $n\varepsilon < b - a$ für alle $n \in \mathbb{N}$ (ist $b - a \in \mathfrak{m}_A$, so kann man $\varepsilon = (b - a)^2$ wählen, andernfalls genügt $\varepsilon \in \mathfrak{m}_A$). Die Familie $\{]x - \varepsilon, x + \varepsilon[: x \in K\}$ enthält keine endliche Teilüberdeckung von $[a, b]$. $\qquad\square$

Nun sei K ein beliebiger Körper und $v : K \to \Gamma \cup \infty$ eine surjektive Bewertung von K. Dann bilden die Mengen

$$B_\alpha(a) := \{x \in K : v(x - a) > \alpha\} \quad (a \in K, \alpha \in \Gamma)$$

eine offene Basis einer Topologie $\mathcal{T}_v$ auf K. Auch hier ist $(K, \mathcal{T}_v)$ ein topologischer Körper. Genau dann ist $\mathcal{T}_v$ die diskrete Topologie, wenn v die triviale Bewertung (also $\Gamma = 0$) ist.

Die „verschärfte Dreiecksungleichung" (3) in §4, Definition 1 hat zur Folge, daß alle Mengen $v^{-1}(\alpha)$ ($\alpha \in \Gamma$) offen in K sind (für jedes $a \in K$ mit $v(a) = \alpha$ ist $B_\alpha(a) \subseteq v^{-1}(\alpha)$). Wegen $K - v^{-1}(\alpha) = B_\alpha(0) \cup \bigcup_{\beta < \alpha} v^{-1}(\beta)$ ist $v^{-1}(\alpha)$ auch abgeschlossen. Alle

Mengen $B_\alpha(a)$ in der $\mathcal{T}_v$ definierenden Basis sind also offen-abgeschlossen, insbesondere ist $(K, \mathcal{T}_v)$ total unzusammenhängend. Insbesondere ist auch die vielleicht naheliegende Vermutung, Abschluß bzw. Rand von $B_\alpha(a)$ seien $\{x: v(x-a) \geq \alpha\}$ bzw. $\{x: v(x-a) = \alpha\}$, *falsch*.

Satz 2. *Sei (K, P) ein angeordneter Körper und $v: K \to \Gamma \cup \infty$ eine mit P verträgliche nicht-triviale surjektive Bewertung. Dann stimmen Ordnungs- und Bewertungstopologie auf K überein: $\mathcal{T}_P = \mathcal{T}_v$.*

Beweis. Zu jedem $0 < a \in K$ gibt es ein $\alpha \in \Gamma$ mit $B_\alpha(0) \subseteq {]}{-}a, a{[}$, etwa $\alpha = v(a)$. Ist nämlich $x \in K$ und $v(x) > \alpha = v(a)$, so ist $x/a \in \mathfrak{m}_v \subseteq {]}{-}1, 1{[}$, also $|x| < a$. Umgekehrt gibt es zu jedem $\alpha \in \Gamma$ ein $0 < a \in K$ mit ${]}{-}a, a{[} \subseteq B_\alpha(0)$ — man wähle a so, daß $v(a) > \alpha$ ist; ist nämlich $|x| < a$, so $|x/a| < 1$, also $v\,(x/a) \geq 0$, und folglich $v(x) \geq v(a) > \alpha$. $\qquad\qquad\qquad\qquad\qquad\qquad\qquad\qquad\qquad\qquad\qquad\qquad\qquad\square$

Die Umkehrung dieses Satzes ist nicht richtig, d.h. es kann Bewertungen geben, die nicht mit P verträglich sind, aber die gleiche Topologie wie P induzieren. Dies folgt leicht aus der folgenden Tatsache: Sind v, v' surjektive nicht-triviale Bewertungen von K und ist v' eine Vergröberung von v, so ist $\mathcal{T}_v = \mathcal{T}_{v'}$. Der Leser mag dies als (einfache) Übung beweisen.

Vor allem in der Zahlentheorie braucht man neben Krull-Bewertungen auch das folgende Konzept:

Definition. Sei K ein Körper. Ein *Absolutbetrag*[1] auf K ist eine Abbildung $f: K \to \mathbb{R}$, so daß für alle $a, b \in K$ gilt:
   (1) $f(a) \geq 0$, und $f(a) = 0 \Leftrightarrow a = 0$;
   (2) $f(ab) = f(a)\,f(b)$;
   (3) $f(a + b) \leq f(a) + f(b)$.
Gilt statt (3) sogar
   (4) $f(a + b) \leq \max\{f(a), f(b)\}$ für alle $a, b \in K$,
so heißt f ein *ultrametrischer Absolutbetrag*.

Bemerkungen.
1. Ist $\varphi: K \hookrightarrow \mathbb{C}$ eine Körpereinbettung, so ist $a \mapsto |\varphi(a)|$ ein nicht ultrametrischer Absolutbetrag auf K. Hiervon gilt im wesentlichen auch die Umkehrung, wie der folgende klassische Satz von A. Ostrowski ([Os], 1918) zeigt:
Ist $f: K \to \mathbb{R}$ ein nicht ultrametrischer Absolutbetrag eines Körpers K, so gibt es eine Einbettung $\varphi: K \hookrightarrow \mathbb{C}$ und eine reelle Zahl s, $0 < s \leq 1$, so daß $f(a) = |\varphi(a)|^s$ für alle $a \in K$ gilt. (Siehe etwa auch [JBA, vol. II, §9.5].)
2. Ist $v: K \to \Gamma \cup \infty$ eine surjektive Bewertung mit *archimedischer* Wertegruppe Γ, so erhält man auf K einen ultrametrischen Absolutbetrag f_v wie folgt: Man wählt eine ordnungstreue Einbettung $i: \Gamma \hookrightarrow \mathbb{R}$ (§1) sowie eine reelle Zahl c mit $0 < c < 1$ und setzt

---

[1]In der Literatur findet man häufig auch die Bezeichnung „Bewertung" für einen Absolutbetrag. Je nachdem, ob dieser ultrametrisch ist oder nicht, wird diese „Bewertung" dann „nicht-archimedisch" oder „archimedisch"genannt. Dies kann natürlich leicht zu Mißverständnissen führen.

$f_v(a) := c^{i(v(a))}$ $(a \neq 0)$, $f_v(0) := 0$. Umgekehrt gibt jeder ultrametrische Absolutbetrag durch „Logarithmieren" wieder eine Bewertung vom Rang ≤ 1. Definiert man in naheliegender Weise einen Äquivalenzbegriff für Absolutbeträge, so folgt, daß auf diese Weise eine bijektive Korrespondenz zwischen den Äquivalenzklassen von Bewertungen vom Rang ≤ 1 und jenen von ultrametrischen Absolutbeträgen hergestellt wird. Zusammen mit Bemerkung 1 erhält man so also eine Übersicht über alle Absolutbeträge eines Körpers.

Jeder Absolutbetrag f auf K definiert durch $(a, b) \mapsto f(a - b)$ eine Metrik auf K und macht K zu einem metrischen topologischen Körper. Wir bezeichnen die zugehörige Topologie mit $\mathcal{T}_f$.

Satz 3. *Sei (K, P) ein angeordneter Körper, und K sei entweder archimedisch oder enthalte einen echten konvexen Teilring von endlichem Rang. Dann gibt es einen Absolutbetrag f auf K mit $\mathcal{T}_P = \mathcal{T}_f$ (insbesondere ist also $\mathcal{T}_P$ metrisierbar).*

Beweis. Ist (K, P) archimedisch und $\varphi\colon K \hookrightarrow \mathbb{R}$ die ordnungstreue Einbettung, so erhält man f wie in Bemerkung 1. Im anderen Fall hat K einen maximalen echten konvexen Teilring A; die Bewertung $v_A = v$ hat Rang 1, und man erhält f wie in Bemerkung 2. Es ist klar, daß $\mathcal{T}_f = \mathcal{T}_v$ ist, und Satz 2 gibt $\mathcal{T}_f = \mathcal{T}_P$. $\qquad\square$

§7. Der Satz von Baer–Krull

Wir haben gesehen, daß für jeden konvexen Teilring A eines angeordneten Körpers (K, P) eine Anordnung $\bar{P}$ auf dem Restklassenkörper $\kappa(A)$ induziert wird (§2, Bemerkung 1). Seien umgekehrt ein Bewertungsring A eines Körpers K und eine Anordnung Q von $\kappa(A)$ gegeben. Gibt es dann eine Anordnung P von K, die A konvex macht und für die $\bar{P} = Q$ ist?

Hierauf gibt der Satz von Baer–Krull eine (positive) Antwort. Die Aussage ist sogar noch wesentlich präziser, da alle solchen Anordnungen Q bestimmt werden.

Sei also $v\colon K^* \twoheadrightarrow \Gamma$ eine surjektive Bewertung und $A := \mathfrak{o}_v$. Durch v wird ein surjektiver Homomorphismus $v_2\colon K^*/K^{*2} \twoheadrightarrow \Gamma/2\Gamma$ induziert. Sei $\{\gamma_i\colon i \in I\} \subseteq \Gamma$ eine Teilmenge, für die $\{\gamma_i + 2\Gamma\colon i \in I\}$ eine Basis des $\mathbf{F}_2$-Vektorraums $\Gamma/2\Gamma$ ist und $\gamma_i > 0$ $(i \in I)$ gilt. Wir wählen Elemente $\pi_i \in K^*$ mit $v(\pi_i) = \gamma_i$ $(i \in I)$. Alle π_i liegen in $\mathfrak{m}_A$.

Das System $\{\pi_i\colon i \in I\}$ wird im folgenden festgehalten und als ein *quadratisches Repräsentatensystem* von K bezüglich A bezeichnet. Jedes $a \in K^*$ hat nämlich eine Darstellung der Form

$$a = uc^2 \prod_{j \in J} \pi_j \qquad\qquad (\star)$$

mit $J \subseteq I$ endlich, $c \in K^*$ und $u \in A^*$, wobei J durch a eindeutig bestimmt ist. (J ist charakterisiert durch $v_2(aK^{*2}) = \sum_{j \in J}(\gamma_j + 2\Gamma)$; wegen $v\big(a \prod_{j \in J} \pi_j^{-1}\big) \in 2\Gamma$ erhält man dann die Form $(\star)$.)

Theorem (Baer–Krull). *Sei A ein Bewertungsring von K, Q eine Anordnung auf $\kappa(A)$ und $\{\pi_i\colon i \in I\}$ ein quadratisches Repräsentantensystem wie oben. Es sei Y_Q die Menge aller Anordnungen P von K, für die A konvex und $Q = \bar{P}$ ist. Dann ist die Abbildung $P \mapsto \big(\operatorname{sign}_P(\pi_i)\big)_{i \in I}$ eine Bijektion von der Menge Y_Q auf die Menge $\{\pm 1\}^I$.*

Insbesondere sagt das Theorem, daß Y_Q im Falle $I = \emptyset$, d.h. $\Gamma = 2\Gamma$, genau ein Element enthält.

Beweis. Wir bezeichnen den Homomorphismus $A \to \kappa(A)$ mit $a \mapsto \bar{a}$. Sei $\varepsilon = (\varepsilon_i)_{i \in I} \in \{\pm 1\}^I$. Dann gibt es höchstens ein $P \in Y_Q$ mit $\operatorname{sign}_P(\pi_i) = \varepsilon_i$ $(i \in I)$, denn für jedes $a \in K^*$ ist das Vorzeichen von a bezüglich P durch $(\star)$ bestimmt. Um die Existenz eines solchen $P \in Y_Q$ zu zeigen, können wir $\varepsilon_i = 1$ für alle i annehmen (man ersetze π_i durch $\varepsilon_i \pi_i$, $i \in I$).

Sei $a \in K^*$, und seien

$$a = u\,c^2 \prod_{j \in J} \pi_j = u'c'^{\,2} \prod_{j \in J} \pi_j$$

zwei Darstellungen der Form $(\star)$. Dann ist $\frac{c}{c'} \in A^*$, und wegen $u' = \left(\frac{c}{c'}\right)^2 u$ folgt $\operatorname{sign}_Q(\overline{u'}) = \operatorname{sign}_Q(\overline{u})$. Somit ist $\sigma\colon a \mapsto \operatorname{sign}_Q(\overline{u})$ eine wohldefinierte Abbildung $\sigma\colon K^* \to \{\pm 1\}$. Diese ist homomorph, denn sind

$$a = u\,c^2 \prod_{j \in J} \pi_j \quad \text{und} \quad b = v\,d^2 \prod_{l \in L} \pi_l$$

Darstellungen der Form $(\star)$, so gibt es eine Darstellung

$$ab = w\,e^2 \prod_{m \in M} \pi_m$$

der Form $(\star)$ mit $w = uv$.

Wir zeigen, daß $P := \{0\} \cup \mathrm{kern}(\sigma)$ eine Anordnung von K ist. Wegen $\sigma(-1) = -1$ sind $PP \subseteq P$, $P \cup (-P) = K$ und $P \cap (-P) = \{0\}$ klar, zu zeigen bleibt $P + P \subseteq P$. Seien also $0 \neq a, b \in P$ mit $a + b \neq 0$, und

$$a = u\,c^2 \prod_{j \in J} \pi_j\,, \quad b = v\,d^2 \prod_{l \in L} \pi_l$$

Darstellungen der Form $(\star)$. Es sind $\bar{u}, \bar{v} \in Q$. Wir unterscheiden zwei Fälle.

1. Fall: $J = L$. Nach eventuellem Vertauschen von a und b ist $x := \frac{c}{d} \in A$, und folglich

$$a + b = (uc^2 + vd^2) \prod_{j \in J} \pi_j = (ux^2 + v) \cdot d^2 \prod_{j \in J} \pi_j\,,$$

woraus man wegen $\bar{u}\,\bar{x}^2 + \bar{v} \in Q$ abliest: $\sigma(a + b) = 1$, also $a + b \in P$.

2. Fall: $J \neq L$. Wieder nach etwaigem Vertauschen gilt $v(a) < v(b)$. Es gibt also $x \in \mathfrak{m}_A$ mit $b = ax$, und es folgt

$$a + b = (1 + x)a = (1 + x)u \cdot c^2 \prod_{j \in J} \pi_j\,,$$

also $a + b \in P$. Damit ist gezeigt, daß P eine Anordnung von K ist. Aus der Definition folgen unmittelbar die Konvexität von A bezüglich P (wegen $1 + \mathfrak{m}_A \subseteq P$), sowie $\bar{P} = Q$. $\square$

Korollar. *Ist A ein residuell reeller Bewertungsring von K (§2, Definition 3), so gibt es eine Anordnung von K, welche A konvex macht.* $\square$

Ein Spezialfall hiervon ist in §5, Theorem 1 enthalten.

Bemerkung. Die hier gegebene Formulierung des Satzes von Baer–Krull enthält mit der Auswahl eines Repräsentantensystems noch eine gewisse Willkür. Wir erwähnen kurz, wie man die Aussage des Theorems „invarianter" fassen kann.

Sei also $v\colon K^* \twoheadrightarrow \Gamma$ eine surjektive Bewertung mit Bewertungsring A. Sei $k := \kappa(A)$, sei Y die Menge der Anordnungen P von K, welche A konvex machen, und sei X_k die Menge aller Anordnungen von k. Für abelsche Gruppen G bezeichnen wir mit $\hat{G} := \mathrm{Hom}(G, S^1)$ ihre Charaktergruppen ($S^1 = \{\zeta \in \mathbb{C}\colon |\zeta| = 1\}$). Indem wir eine Anordnung P von K mit dem Charakter $\sigma_P\colon aK^{*2} \mapsto \mathrm{sign}_P(a)$ von K^*/K^{*2} identifizieren, fassen wir P als Element von $(K^*/K^{*2})^{\hat{}}$ auf. Insbesondere wird Y so zu einer Teilmenge von $(K^*/K^{*2})^{\hat{}}$.

Ein quadratisches Repräsentantensystem $\Pi = \{\pi_i\colon i \in I\}$ ist nichts anderes als ein Homomorphismus $s\colon \Gamma/2\Gamma \to K^*/K^{*2}$ mit $v_2 \circ s = \mathrm{id}_{\Gamma/2\Gamma}$ (Π korrespondiert zu

$\gamma_i + 2\Gamma \mapsto \pi_i K^{*2}$). Hält man einen solchen Schnitt s fest, so hat man eine Abbildung $Y \to (\Gamma/2\Gamma)\hat{\ } \times X_k$, nämlich $P \mapsto (\sigma_P \circ s, \bar{P})$. Die Aussage von Baer–Krull ist, daß diese eine Bijektion ist.

Um in der Formulierung nun auch die willkürliche Auswahl eines Schnittes s zu vermeiden, beachten wir, daß der Epimorphismus $v_2 \colon K^*/K^{*2} \twoheadrightarrow \Gamma/2\Gamma$ durch Dualisieren eine Einbettung $\hat{v_2} \colon (\Gamma/2\Gamma)\hat{\ } \hookrightarrow (K^*/K^{*2})\hat{\ }$ induziert (für $\chi \in (\Gamma/2\Gamma)\hat{\ }$ ist $\hat{v_2}(\chi) = \chi \circ v_2$). Faßt man $(\Gamma/2\Gamma)\hat{\ }$ via $\hat{v_2}$ als Untergruppe von $(K^*/K^{*2})\hat{\ }$ auf (und Y als Teilmenge von $(K^*/K^{*2})\hat{\ }$, wie oben erklärt), so ist $(\Gamma/2\Gamma)\hat{\ } \cdot Y \subseteq Y$, d.h. $(\Gamma/2\Gamma)\hat{\ }$ operiert durch Translation auf Y. Das ist es nämlich gerade, was wir im wesentlichen Schritt des Beweises des Theorems gezeigt haben. Für $\chi \in (\Gamma/2\Gamma)\hat{\ }$ und $P \in Y$ ist die Anordnung $Q := \chi \cdot P$ von K durch folgende Signatur gegeben:

$$ a \mapsto \chi\big(v(a) + 2\Gamma\big) \cdot \mathrm{sign}_P(a) \quad (a \in K^*) . $$

Dabei ist die Abbildung $P \mapsto \bar{P}$ von Y nach X_k invariant unter dieser Operation von $(\Gamma/2\Gamma)\hat{\ }$ und nimmt auf verschiedenen Bahnen verschiedene Werte an. Wir haben also das

Theorem von Baer–Krull („Invariante" Formulierung). *Sei $v \colon K^* \twoheadrightarrow \Gamma$ eine surjektive Bewertung mit Bewertungsring A und Restklassenkörper $k = A/\mathfrak{m}_A$. Sei Y die Menge aller mit v verträglichen Anordnungen von K und X_k die Menge aller Anordnungen von k. Dann gibt es eine natürliche freie Operation von $(\Gamma/2\Gamma)\hat{\ }$ auf Y und eine kanonische Bijektion $Y/(\Gamma/2\Gamma)\hat{\ } \to X_k$.*

§8. Reelle Stellen

K, L seien stets Körper.

Mit $\tilde{K}$ bezeichnen wir die disjunkte Vereinigung $\tilde{K} = K \cup \{\infty\}$. Die Verknüpfungen $+$ und $\cdot$ werden auf $\tilde{K}$ durch folgende Definition partiell fortgesetzt:

$$a + \infty = \infty + a = \infty \quad (a \in K)$$
$$a \cdot \infty = \infty \cdot a = \infty \quad (a \in \tilde{K}, a \neq 0).$$

Nicht definiert sind also $\infty + \infty$, $0 \cdot \infty$ und $\infty \cdot 0$. Die Inversenbildung bezüglich $+$ und $\cdot$ wird fortgesetzt durch

$$-\infty = \infty; \quad 0^{-1} = \infty, \infty^{-1} = 0.$$

Man schreibt wieder $x - y = x + (-y)$ und $\frac{x}{y} = xy^{-1}$, sofern die rechten Seiten definiert sind. Man kann nachprüfen, daß Assoziativ- und Distributivgesetz erfüllt sind, so lange „alles" definiert ist.

Definition 1. Eine *Stelle von K mit Werten in L* ist eine Abbildung $\lambda \colon \tilde{K} \to \tilde{L}$ derart, daß für alle $a, b \in \tilde{K}$ gilt:

  (1) $\lambda(a) + \lambda(b)$ ist definiert $\implies$ $a + b$ ist definiert, und $\lambda(a + b) = \lambda(a) + \lambda(b)$;
  (2) $\lambda(a)\lambda(b)$ ist definiert $\implies$ ab ist definiert, und $\lambda(ab) = \lambda(a)\lambda(b)$;
  (3) $\lambda(1) = 1$.

Ist $k \subseteq K$ ein Teilkörper, ist $j \colon k \hookrightarrow L$ eine feste Einbettung und gilt $\lambda(a) = j(a)$ für alle $a \in k$, so heißt λ eine *Stelle über k* (bezüglich j). Wir schreiben dafür $\lambda \colon \tilde{K} \underset{k}{\to} \tilde{L}$ (bezüglich j wird es keine Zweifel geben).

Beispiele.

1. Sei A ein Bewertungsring von K und $L := \kappa(A)$, sowie $a \mapsto \bar{a}$ der Restklassenhomomorphismus $A \to L$. Definiert man $\lambda \colon \tilde{K} \to \tilde{L}$ durch $\lambda(a) = \bar{a}$ für $a \in A$ und $\lambda(a) = \infty$ für $a \in \tilde{K} - A$, so ist λ eine Stelle. Wir schreiben häufig $\lambda =: \lambda_A$ und nennen λ_A die *kanonische Stelle von K zum Bewertungsring A.*

2. Jeder Körperhomomorphismus $\varphi \colon K \to L$ definiert eine Stelle $\tilde{\varphi} \colon \tilde{K} \to \tilde{L}$ durch $\tilde{\varphi}|K = \varphi$ und $\tilde{\varphi}(\infty) = \infty$. Solche Stellen heißen *trivial.*

Wir werden gleich sehen, daß diese Beispiele von Stellen im wesentlichen die einzigen sind.

Eigenschaften von Stellen. *Sei $\lambda \colon \tilde{K} \to \tilde{L}$ eine Stelle.*
a) $\lambda(0) = 0$, $\lambda(\infty) = \infty$.
b) $\lambda(-a) = -\lambda(a)$, $\lambda(a^{-1}) = \lambda(a)^{-1}$ *für alle $a \in \tilde{K}$.*
c) *Ist $\mu \colon \tilde{L} \to \tilde{M}$ eine weitere Stelle, so ist auch $\mu \circ \lambda \colon \tilde{K} \to \tilde{M}$ eine Stelle.*

Beweis. a) Wäre $\lambda(\infty) \neq \infty$, so wäre $\lambda(\infty) + \lambda(\infty)$ definiert, also auch $\infty + \infty$, Widerspruch zu (1). Wäre $\lambda(0) \neq 0$, so wäre $\lambda(0) \cdot \lambda(\infty)$ definiert, also auch $0 \cdot \infty$, Widerspruch zu (2). — b) ist klar für $a \in \{0, \infty\}$ wegen a). Sei $a \in K^*$. Ist $\lambda(a) = \lambda(-a) = \infty$, so gilt $\lambda(-a) = -\lambda(a)$. Andernfalls ist $\lambda(a) + \lambda(-a)$ definiert, und nach a) folgt $\lambda(a) + \lambda(-a) = \lambda(0) = 0$, also $\lambda(-a) = -\lambda(a)$. Analog sieht man $\lambda(a^{-1}) = \lambda(a)^{-1}$. — c) ist trivial!   □

Satz 1 (Zusammenhang zwischen Stellen und Bewertungsringen).

  a) *Ist* $\lambda\colon \tilde{K} \to \tilde{L}$ *eine Stelle, so ist* $A := \lambda^{-1}(L) = \{a \in K\colon \lambda(a) \neq \infty\}$ *ein Bewertungs-ring von K mit maximalem Ideal* $\mathfrak{m} = \lambda^{-1}(0)$. *Es gibt genau einen Homomorphismus* $\varphi\colon \kappa(A) \to L$, *so daß* $\lambda = \tilde{\varphi} \circ \lambda_A$ *ist (vgl. Beispiele 1 und 2).*

  b) *Ist umgekehrt A ein Bewertungsring von K und* $\varphi\colon \kappa(A) \to L$ *ein Homomorphismus, so gilt für die Stelle* $\lambda := \tilde{\varphi} \circ \lambda_A\colon \tilde{K} \to \tilde{L}$, *daß* $A = \lambda^{-1}(L)$ *ist.*

Kurz: Eine Stelle von K mit Werten in L ist „dasselbe" wie ein Bewertungsring A von K zusammen mit einem Homomorphismus $\kappa(A) \to L$.

Beweis. a) Klar ist, daß A ein Teilring von K und $\lambda|A\colon A \to L$ ein Homomorphismus ist. Ist $a \in K$ und $a \notin A$, so ist $\lambda(a) = \infty$, also $\lambda(a^{-1}) = 0$ nach Eigenschaft b). Folglich ist A ein Bewertungsring von K und $\lambda^{-1}(0)$ sein maximales Ideal, sowie $\varphi\colon \kappa(A) \to L$ der durch $\lambda|A$ induzierte Homomorphismus. — b) ist klar. $\square$

Bezeichnungen.

a) Ist $\lambda\colon \tilde{K} \to \tilde{L}$ eine Stelle, so schreiben wir dafür in Zukunft $\lambda\colon K \to L \cup \infty$. Ist $\varphi\colon K \to L$ ein Homomorphismus, so bezeichnen wir die zugehörige triviale Stelle $K \to L \cup \infty$ ebenfalls mit φ (statt mit $\tilde{\varphi}$, wie bisher).

b) Sei $\lambda\colon K \to L \cup \infty$ eine Stelle. Den Bewertungsring $\lambda^{-1}(L)$ von K bezeichnen wir mit $\mathfrak{o}_\lambda$, sein maximales Ideal mit $\mathfrak{m}_\lambda$ und seinen Restklassenkörper $\mathfrak{o}_\lambda/\mathfrak{m}_\lambda$ mit κ_λ. Wir schreiben $\bar{\lambda}$ für den induzierten Homomorphismus $\kappa_\lambda \to L$. Schließlich bezeichnet $\Gamma_\lambda := K^*/\mathfrak{o}_\lambda^*$ die Wertegruppe von $\mathfrak{o}_\lambda$ und $v_\lambda\colon K^* \to \Gamma_\lambda$ die zugehörige kanonische Bewertung.

Mit dem Stellenbegriff steht nun eine andere Sprechweise für Aussagen über Bewertungen und Bewertungsringe zur Verfügung. Hier einige Beispiele für die Übersetzung bereits bekannter Resultate:

Satz 2. *Sei $A \subseteq K$ ein Teilring. Ein Element $a \in K$ ist genau dann ganz über A, wenn* $\lambda(a) \neq \infty$ *ist für jede auf A endliche Stelle λ von K.*

Beweis. §3, Theorem 4a. $\square$

Theorem 3 (Chevalley) (Fortsetzung von Stellen). *Sei $A \subseteq K$ ein Teilring des Körpers K und* $\varphi\colon A \to L$ *ein Homomorphismus in einen algebraisch abgeschlossenen Körper L. Dann läßt sich φ zu einer L-wertigen Stelle von K fortsetzen, d.h. es gibt eine Stelle* $\lambda\colon K \to L \cup \infty$ *mit* $\lambda|A = \varphi$.

Beweis. Sei $\mathfrak{p} = \ker \varphi$ und $\varphi'\colon \kappa(\mathfrak{p}) = A_\mathfrak{p}/\mathfrak{p}\, A_\mathfrak{p} \to L$ der von φ induzierte Homomorphismus. Nach §3, Theorem 4 gibt es einen Bewertungsring B von K, welcher $A_\mathfrak{p}$ dominiert und für den $\kappa(B)$ über $\kappa(\mathfrak{p})$ algebraisch ist. Folglich faktorisiert φ' durch einen Homomorphismus $\psi'\colon \kappa(B) \to L$. Die Komposition $\lambda := \psi' \circ \lambda_B$ leistet das Verlangte. $\square$

Wir betrachten nun Stellen auf angeordneten Körpern.

Definition 2.
a) Eine Stelle $\lambda\colon K \to L \cup \infty$ heißt *reell*, wenn L formal reell ist.
b) Seien P bzw. Q Anordnungen von K bzw. L. Eine Stelle $\lambda\colon K \to L \cup \infty$ heißt mit P und Q *verträglich* (oder *ordnungstreu bezüglich P und Q*), wenn $\lambda(P) \subseteq Q \cup \{\infty\}$ gilt.

Satz 4. *Seien (K,P) und (L,Q) angeordnete Körper sowie $\lambda\colon K \to L \cup \infty$ eine Stelle. Dann sind gleichwertig:*
  (i) *λ ist mit P und Q verträglich;*
 (ii) *$\mathfrak{o}_\lambda$ ist ein bezüglich P konvexer Teilring von K, und der Homomorphismus $\bar\lambda\colon \kappa_\lambda \to L$ ist ordnungstreu bezüglich $\bar P$ und Q.*

Beweis. (i) $\Rightarrow$ (ii) Aus $\lambda(1 + \mathfrak{m}_\lambda) = \{1\}$ folgt $1 + \mathfrak{m}_\lambda \subseteq P$, also die Konvexität von $\mathfrak{o}_\lambda$ bezüglich P. Die Ordnungstreue von $\bar\lambda$ ist klar. — (ii) $\Rightarrow$ (i) Sei $a \in P \cap \mathfrak{o}_\lambda$ und $\bar a$ das Bild von a in κ_λ. Dann ist $\bar a \in \bar P$, also $\lambda(a) = \bar\lambda(\bar a) \in Q$. $\qquad\square$

Korollar 1. *Sei $\lambda\colon K \to L \cup \infty$ eine Stelle. Zu jeder Anordnung Q von L gibt es eine Anordnung P von K, so daß λ mit P und Q verträglich ist.*

Beweis. Das folgt aus dem Satz von Baer-Krull (§7) und aus Satz 4. $\qquad\square$

Beispiel 3. Ist K reell abgeschlossen und (L,Q) ein angeordneter Körper, so ist jede Stelle $K \to L \cup \infty$ ordnungstreu bezüglich Q.

Wir wollen nun einen Fortsetzungssatz für *reelle* Stellen beweisen. Zunächst zwei Lemmata:

Lemma 1. *Sei $K \subseteq L$ eine Körpererweiterung und $B \subseteq L$ ein Bewertungsring von L. Dann ist $A := K \cap B$ ein Bewertungsring von K, und es ist $\mathfrak{m}_A = K \cap \mathfrak{m}_B$. Ist L über K algebraisch, so auch $\kappa(B)$ über $\kappa(A)$.*

Beweis. Es ist klar, daß A ein Bewertungsring von K ist. Für $a \in K^*$ gilt: $a \in \mathfrak{m}_A \iff a^{-1} \notin A \iff a^{-1} \notin B \iff a \in \mathfrak{m}_B$. Sei nun L über K algebraisch und $b \in B$. Es gibt $a_0, \dots, a_n \in K$ mit $a_0 \neq 0$ und $a_0 b^n + \cdots + a_n = 0$. Sei m der kleinste Index i mit $v_A(a_i) \leq v_A(a_j)$ für $j = 0, \dots, n$. Division durch a_m gibt

$$\bar b^{\,n-m} + c_1 \bar b^{\,n-m-1} + \cdots + c_{n-m} = 0$$

in $\kappa(B)$, wobei die $c_j = \overline{a_{j+m}/a_m}$ in $\kappa(A)$ liegen. Also ist $\bar b$ algebraisch über $\kappa(A)$. $\qquad\square$

Lemma 2. *Sei $K \subseteq L$ eine algebraische Körpererweiterung und seien B, C Bewertungsringe von L mit $K \cap B = K \cap C$ und $B \subseteq C$. Dann ist $B = C$.*

Beweis. Sei $A := K \cap B = K \cap C$. Dann hat man Inklusionen $\kappa(A) = A/\mathfrak{m}_A \hookrightarrow B/\mathfrak{m}_C \hookrightarrow C/\mathfrak{m}_C = \kappa(C)$. Da $B/\mathfrak{m}_C$ ein Bewertungsring von $\kappa(C)$ ist (§4, Satz 4a) und $\kappa(C)$ über $\kappa(A)$ algebraisch ist nach Lemma 1, folgt $B/\mathfrak{m}_C = \kappa(C)$, also $B = C$, denn Bewertungsringe sind ganz abgeschlossen. $\qquad\square$

Theorem 5 (Fortsetzung von reellen Stellen). *Sei (K, P) ein angeordneter Körper und $\lambda\colon K \to R \cup \infty$ eine mit P verträgliche Stelle in einen reell abgeschlossenen Körper R. Sei $L \supseteq K$ eine algebraische Körpererweiterung und Q eine Fortsetzung der Anordnung P auf L. Dann gibt es genau eine mit Q verträgliche Stelle $\mu\colon L \to R \cup \infty$, welche λ fortsetzt.*

Beweis. $A := \mathfrak{o}_\lambda$ ist ein bezüglich P konvexer Teilring von K, und $\bar\lambda\colon \kappa(A) \to R$ ist ordnungstreu bezüglich $\bar P$ (Satz 4). Sei B die Q-konvexe Hülle von A in L. Nach Lemma 1 ist $\kappa(B)$ über $\kappa(A)$ algebraisch, und $\bar Q$ ist eine Fortsetzung von $\bar P$. Folglich gibt es (genau) einen ordnungstreuen Homomorphismus $\psi\colon \kappa(B) \to R$ mit $\psi|\kappa(A) = \bar\lambda$ (Eindeutigkeit des reellen Abschlusses, I, §11, Theorem 1). Die Stelle $\mu := \psi \circ \lambda_B\colon L \to R \cup \infty$ erfüllt also $\mu|K = \lambda$ und ist mit Q verträglich. — Zur Eindeutigkeit von μ: Sei auch $\mu'\colon L \to R \cup \infty$ eine Q-verträgliche Fortsetzung von λ, sei $B' := \mathfrak{o}_{\mu'}$. Es genügt, $B = B'$ zu zeigen. Da B' konvex bezüglich Q und $K \cap B' = K \cap B = A$ ist, folgt $B \subseteq B'$, und Lemma 2 gibt $B = B'$. $\qquad\qquad\square$

Korollar 2. *Sei $\lambda\colon K \to R \cup \infty$ eine Stelle in einen reell abgeschlossenen Körper R. Es gibt einen reellen Abschluß S von K, für den eine Fortsetzung $\lambda_S\colon S \to R \cup \infty$ von λ existiert. Genauer gilt für jeden reellen Abschluß S von K: λ hat genau dann eine Fortsetzung $\lambda_S\colon S \to R \cup \infty$, wenn λ mit der durch S auf K induzierten Anordnung verträglich ist.*

Beweis. Theorem 5 und Korollar 1. $\qquad\qquad\square$

§9. Die Anordnungen von $R(t)$, $R((t))$ und Quot $\mathbb{R}\{t\}$

R sei stets ein reell abgeschlossener Körper. Wir werden in diesem Abschnitt die Anordnungen der in der Überschrift erwähnten Körper explizit bestimmen.

Zunächst betrachten wir den rationalen Funktionenkörper $R(t)$ in einer Variablen. Sei $c \in R$. Dann bestimmt c eine Stelle $\lambda_c \colon R(t) \to R \cup \infty$, nämlich $\lambda_c(f) = f(c)$ (wobei wie üblich $f(c) = \infty$ zu setzen ist, wenn f in c einen Pol hat). (Dieses Beispiel erklärt die Verwendung des Wortes „Stelle"!) Der Bewertungsring zu λ_c ist $R[t]_{(t-c)}$; er ist diskret vom Rang eins, und $t - c$ ist ein Erzeuger des maximalen Ideals. Nach Baer-Krull hat $R(t)$ genau zwei mit λ_c verträgliche Anordnungen $P_{c,+}$ und $P_{c,-}$, und diese sind durch

$$t - c \in P_{c,+} \quad \text{und} \quad -(t-c) = c - t \in P_{c,-}$$

charakterisiert. Es handelt sich dabei natürlich um die in I, §1 explizit angegebenen Anordnungen.

Es gibt noch eine weitere R-wertige Stelle von $R(t)$, nämlich $\lambda_\infty \colon R(t) \to R \cup \infty$. Sie ist definiert durch $\lambda_\infty := \lambda_0 \circ \sigma$, wobei σ der R-Automorphismus von $R(t)$ mit $\sigma(t) = t^{-1}$ sei. Bei richtiger Interpretation gilt also auch $\lambda_\infty(f) = f(\infty)$, für $f \in R(t)$. Der Bewertungsring von λ_∞ ist

$$R[t^{-1}]_{(t^{-1})} = \{ \frac{f}{g} \colon f, g \in R[t], \, g \neq 0, \, \deg f \leq \deg g \} \, .$$

Sein maximales Ideal wird von t^{-1} erzeugt, und wie oben gibt es genau zwei mit λ_∞ verträgliche Anordnungen $P_{\infty,+}$ und $P_{\infty,-}$, charakterisiert durch $t^{-1} \in P_{\infty,+}$ und $-t^{-1} \in P_{\infty,-}$. [1]

Die folgende geometrische Deutung der Anordnungen ist hilfreich. Ist $0 \neq f \in R(t)$, so hat f nur endlich viele Nullstellen und Pole. Daher macht es für jedes $c \in R$ Sinn, von dem Vorzeichen von f unmittelbar rechts oder links von c zu sprechen. Es bedeutet also etwa „$f > 0$ unmittelbar rechts von c", daß es ein $\varepsilon > 0$ gibt mit $f(a) > 0$ für alle $a \in \,]c, c + \varepsilon[$. Ebenso hat $f(c)$ für $c \to +\infty$ bzw. $c \to -\infty$ wohlbestimmte Vorzeichen. Mit diesen Bezeichnungen ist

$$P_{c,+(-)} = \{0\} \cup \{ f \in R(t)^* \colon f > 0 \quad \text{unmittelbar rechts (links) von } c \} \, ,$$
$$P_{\infty,+(-)} = \{0\} \cup \{ f \in R(t)^* \colon f(c) > 0 \quad \text{für } c \gg 0 \, (c \ll 0) \} \, .$$

Satz 1. *Die Anordnungen $P_{c,+}$ und $P_{c,-}$ ($c \in R \cup \{\infty\}$) sind genau sämtliche Anordnungen von $R(t)$, die über R nicht-archimedisch sind. Ist $R = \mathbb{R}$, so sind es alle Anordnungen von $\mathbb{R}(t)$.*

Beweis. Sei P eine über R nicht-archimedische Anordnung von $R(t)$, und sei $A := \mathfrak{o}_P(R(t)/R)$ die konvexe Hülle von R. Sei zunächst $t \in A$. Dann ist $\mathfrak{p} := \mathfrak{m}_A \cap R[t]$ ein Primideal von $R[t]$ (das *Zentrum* von A in $R[t]$). Wegen $R[t]_\mathfrak{p} \subseteq A$ und $A \neq R(t)$

---

[1] In gewissem Sinne wäre die umgekehrte Bezeichnung konsistenter. Vergleiche aber die nachfolgende geometrische Deutung.

folgt $\mathfrak{p} \neq (0)$, also $\mathfrak{p} = R[t] \cdot f$ für ein normiertes irreduzibles $f \in R[t]$. Da $\kappa(A)$ formal reell und $R[t]/(f)$ ein Teilkörper von $\kappa(A)$ ist, gibt es $c \in R$ mit $f = t - c$. Da $R[t]_{(t-c)}$ ein Bewertungsring von $R(t)$ ist (§2, Satz 4) und von A dominiert wird, ist $A = R[t]_{(t-c)}$ (§3, Korollar 1), und es folgt $P = P_{c,+}$ oder $P = P_{c,-}$ wie oben.

Ist dagegen $t \notin A$, so substituiert man $u := t^{-1}$ und findet wie eben $A = R[u]_{(u)}$, also $P = P_{\infty,+}$ oder $P = P_{\infty,-}$. Der Zusatz über $\mathbb{R}$ folgt aus §1, Korollar 3.   □

Korollar 1 (zum Beweis). *Ist k (irgend) ein Körper, so sind die k enthaltenden nichttrivialen Bewertungsringe von $k(t)$ genau die folgenden:*

    1) $A = k[t]_{(f)}$, *für $f \in k[t]$ normiert und irreduzibel;*

    2) $A = k[t^{-1}]_{(t^{-1})}$.

Die Wertegruppe ist jeweils $\mathbf{Z}$, und der Restklassenkörper ist eine endliche einfache (d.h. von einem Element erzeugte) Körpererweiterung von k.   □

Zur Bestimmung der übrigen Anordnungen von $R(t)$ setzen wir für jede Anordnung P von $R(t)$

$$U_P := \{a \in R : t - a \in P\} \text{ und } O_P := \{a \in R : a - t \in P\}.$$

Das Paar $\eta_P = (U_P, O_P)$ ist ein verallgemeinerter Dedekindschnitt von R im Sinne von

Definition 1. Sei $(M, \leq)$ eine total geordnete Menge. Ein *(verallgemeinerter) Dedekindschnitt von M* ist ein Paar (U, O) von Teilmengen von M mit $U \cup O = M$ und $u < v$ für alle $u \in U$, $v \in O$. Sind U und O nicht leer, so spricht man von einem *echten* Dedekindschnitt.

Die bisher gefundenen Anordnungen von $R(t)$ liefern also

    für $P = P_{\infty,+}$ bzw. $P_{\infty,-}$: $\eta_P = (R, \emptyset)$ bzw. $(\emptyset, R)$;

    für $P = P_{c,+}$ bzw. $P_{c,-}$: $\eta_P = (]-\infty, c],]c, \infty[)$ bzw. $(]-\infty, c[, [c, \infty[)$.

Diese Dedekindschnitte sind nicht frei:

Definition 2. Ein Dedekindschnitt (U, O) von M heißt *frei*, wenn er echt ist und weder U ein größtes noch O ein kleinstes Element enthält.

Es ist klar, daß die nicht-freien Dedekindschnitte von R genau die η_P sind, wo P die über R nicht-archimedischen Anordnungen von $R(t)$ durchläuft.

Sei daher $\xi = (U, O)$ ein freier Dedekindschnitt von R. Wir konstruieren dazu eine über R archimedische Anordnung $P = P_\xi$ von $R(t)$ mit $\xi = \eta_P$ wie folgt. Sei $0 \neq f \in R(t)$. Sind $-\infty < c_1 < \cdots < c_r < \infty$ die verschiedenen Null- und Polstellen von f in R, so hat f auf den Intervallen $I_0 :=]-\infty, c_1[$, $I_i :=]c_i, c_{i+1}[$ $(i = 1, \ldots, r-1)$, $I_r :=]c_r, \infty[$ jeweils konstante Vorzeichen $\varepsilon_0, \varepsilon_1, \ldots, \varepsilon_r$ (I, §7, Satz 2). Es gibt genau ein $i \in \{0, \ldots, r\}$ mit $I_i \cap U \neq \emptyset \neq I_i \cap O$, und wir sagen, f habe bei ξ das Vorzeichen ε_i. Setzen wir also

$$P_\xi := \{0\} \cup \{f \in R(t)^* : f \text{ ist positiv bei } \xi\} =$$
$$= \{f \in R(t) : \text{es gibt } u \in U, v \in O, \text{ so daß } f \text{ in }]u, v[\text{ keinen Pol hat und } \geq 0 \text{ ist}\},$$

so ist unmittelbar klar, daß $P := P_\xi$ eine Anordnung von $R(t)$ und daß $\xi = \eta_P$ ist. Tatsächlich haben wir damit alle Anordnungen gefunden:

Satz 2. *Für jede über R archimedische Anordnung P von $R(t)$ ist $\eta := \eta_P$ ein freier Dedekindschnitt von R, und es ist $P = P_\eta$. Es besteht also eine kanonische Bijektion*

$$\{P \colon P \text{ ist eine über } R \text{ archimedische Anordnung von } R(t)\} \rightleftarrows$$

$$\rightleftarrows \{\eta \colon \eta \text{ ist freier Dedekindschnitt von } R\},$$

gegeben durch $P \mapsto \eta_P$ und $\eta \mapsto P_\eta$.

Beweis. Sei P archimedisch über R und $\eta := \eta_P = (U_P, O_P)$. Dann ist $U_P \neq \emptyset \neq O_P$, und zu jedem $a \in U_P$ gibt es ein $0 < b \in R$ mit $b < t - a$ (sonst wäre $t - a$ unendlich klein gegenüber R), also mit $a + b \in U_P$. Daher enthält U_P kein größtes Element. Analog sieht man, daß O_P kein kleinstes Element besitzt, also η_P frei ist. Um $P = P_\eta$ zu zeigen, genügt es, $P \cap R[t] = P_\eta \cap R[t]$ zu beweisen. Sei $0 \neq f \in R[t]$, etwa

$$f(t) = \alpha \prod_{i=1}^{r} (t - a_i) \prod_{j=1}^{s} \big((t - b_j)^2 + c_j^2\big)$$

mit $\alpha \in R^*$, $a_i, b_j, c_j \in R$ und $c_j \neq 0$ $(i = 1, \ldots, r,\ j = 1, \ldots, s)$. Die quadratischen Faktoren sind positiv unter jeder Anordnung von $R(t)$, und für $i = 1, \ldots, r$ gilt nach Definition: $t - a_i \in P \iff a_i \in U_P \iff t - a_i \in P_\eta$. Somit gilt auch $f \in P \iff f \in P_\eta$, w.z.b.w. $\qquad\square$

Korollar 2. *Es besteht eine natürliche Bijektion zwischen den Anordnungen von $R(t)$ und den verallgemeinerten Dedekindschnitten von R.* $\qquad\square$

Nun sei $A = R[[t]]$ der Ring der formalen Potenzreihen (einer Variablen) über R, und $R((t))$ sein Quotientenkörper (also der Körper der formalen Laurentreihen $\sum_{i \geq n} a_i t^i$, $n \in \mathbf{Z}$, $a_i \in R$). Indem man für $0 \neq f(t) = \sum_{i \geq n} a_i t^i$ mit $a_n \neq 0$ definiert $v(f) := n$, erhält man eine Bewertung v von $R((t))$ mit Bewertungsring A, maximalem Ideal $\mathfrak{m}_A = tA$, Wertegruppe $\mathbf{Z}$ und Restklassenkörper $A/\mathfrak{m}_A = R$. Da für jedes $f \in \mathfrak{m}_A$ das Element

$$1 + f = \left(\sum_{i \geq 0} \binom{1/2}{i} f^i \right)^2$$

ein Quadrat in A ist (binomische Reihe!), ist A unter jeder Anordnung von $R((t))$ konvex. Nach Baer-Krull (§7) hat $R((t))$ also genau zwei Anordnungen, nämlich

$$P_+ = \{0\} \cup \{t^n f(t) \colon n \in \mathbf{Z},\ f \in A,\ f(0) > 0\}$$

und

$$P_- = \{0\} \cup \{(-t)^n f(t) \colon n \in \mathbf{Z},\ f \in A,\ f(0) > 0\}.$$

Abschließend sei $B := \mathbb{R}\{t\}$ der Ring der konvergenten Potenzreihen (in einer Variablen) über $\mathbb{R}$, also der Ring aller in Null reell-analytischen reellen Funktionskeime, und $K = \operatorname{Quot} B \subseteq \mathbb{R}((t))$ sein Quotientenkörper. Durch Restriktion der oben betrachteten Bewertung von $\mathbb{R}((t))$ auf K erhält man eine Bewertung w von K mit Bewertungsring B und Wertegruppe $\mathbf{Z}$. Das gleiche Argument wie eben zeigt, daß K genau zwei Anordnungen hat, nämlich die Restriktionen der beiden Anordnungen von $\mathbb{R}((t))$.

§10. Komposition und Zerlegung von Stellen

K, L, M seien Körper.

Satz 1 (Faktorisierung von Stellen). *Seien* $\lambda\colon K \to L \cup \infty$ *und* $\mu\colon K \to M \cup \infty$ *Stellen, und sei* μ *eine Vergröberung von* λ *(also* $\mathfrak{o}_\mu \subseteq \mathfrak{o}_\lambda$*). Ist* λ *surjektiv, so gibt es genau eine Stelle* $\nu\colon L \to M \cup \infty$ *mit* $\mu = \nu \circ \lambda$*, und dabei gilt* $\mathfrak{o}_\nu = \lambda(\mathfrak{o}_\mu)$.

Beweis. Seien $A := \mathfrak{o}_\lambda$, $B := \mathfrak{o}_\mu$ und $C := \lambda(B)$; nach §4, Satz 4 ist C ein Bewertungsring von L. Die Restriktion $\lambda|B$ induziert einen Isomorphismus $B/\mathfrak{m}_A \overset{\sim}{\longrightarrow} C$ und folglich einen Isomorphismus $\alpha\colon \kappa(B) \overset{\sim}{\longrightarrow} \kappa(C)$, für den

$$
\begin{array}{ccc}
B & \overset{\lambda|B}{\longrightarrow} & C \\[4pt]
{\scriptstyle \pi_B}\downarrow & & \downarrow{\scriptstyle \pi_C} \\[4pt]
\kappa(B) & \underset{\alpha}{\overset{\sim}{\longrightarrow}} & \kappa(C)
\end{array}
$$

kommutiert. Sei $\bar{\mu}\colon \kappa(B) \to M$ die durch μ induzierte Einbettung und $\psi := \bar{\mu} \circ \alpha^{-1}\colon \kappa(C) \to M$, sowie $\nu := \psi \circ \lambda_C\colon L \to M \cup \infty$ die durch ψ induzierte Stelle. Dann ist $\mathfrak{o}_\nu = C$, und es gilt $\mu = \nu \circ \lambda$. Die Eindeutigkeit von ν ist klar (λ ist surjektiv). $\qquad\square$

Wir formulieren Satz 4 aus §4 für Stellen:

Satz 2. *Seien* $\lambda\colon K \to L \cup \infty$ *und* $\nu\colon L \to M \cup \infty$ *Stellen. Ist* λ *surjektiv, so besteht eine kanonische exakte Sequenz*

$$
0 \to \Gamma_\nu \to \Gamma_{\nu\circ\lambda} \to \Gamma_\lambda \to 0
$$

aus ordnungstreuen Homomorphismen. $\qquad\qquad\qquad\qquad\qquad\qquad\qquad\square$

In manchen Fällen kann man in dieser Situation $\Gamma_{\nu\circ\lambda}$ aus Γ_ν und Γ_λ berechnen, wenn nämlich die exakte Sequenz spaltet. (Man sagt, daß eine kurze exakte Sequenz $0 \to G' \to G \overset{\pi}{\to} G'' \to 0$ abelscher Gruppen *spaltet*, wenn es einen Homomorphismus $s\colon G'' \to G$ mit $\pi \circ s = \mathrm{id}_{G''}$ gibt (einen *Schnitt* von π). Alsdann ist $G \to G'' \times G'$, $x \mapsto (\pi x, x - s\pi x)$, ein Isomorphismus.)

Lemma. *Seien* $\Gamma, \Gamma', \Gamma''$ *angeordnete abelsche Gruppen und sei* $0 \to \Gamma' \to \Gamma \overset{\pi}{\to} \Gamma'' \to 0$ *eine kurze exakte Sequenz aus ordnungstreuen Homomorphismen. Hat* π *einen Schnitt* s *(als Gruppenhomomorphismus), so ist*

$$
\varphi\colon \alpha \mapsto (\pi\alpha, \alpha - s\pi\alpha)
$$

ein ordnungstreuer Isomorphismus von Γ *auf* $(\Gamma'' \times \Gamma')_{\mathrm{lex}}$. *(Wir identifizieren hierbei* Γ' *mit seinem Bild in* Γ.)

Beweis. φ ist ein Isomorphismus abelscher Gruppen. Sei $0 < \alpha \in \Gamma$. Ist $\alpha \in \Gamma'$, so ist $\varphi(\alpha) = (0, \alpha) > 0$. Ist $\alpha \notin \Gamma'$, so ist $\varphi(\alpha) > 0$ wegen $\pi(\alpha) > 0$. $\qquad\square$

Ist zum Beispiel Γ'' eine freie abelsche Gruppe, so hat π stets einen Schnitt. Dasselbe gilt, wenn Γ dividierbar, also ein $\mathbb{Q}$-Vektorraum ist (denn dann ist auch Γ'' ein $\mathbb{Q}$-Vektorraum, und π ist $\mathbb{Q}$-linear).

Seien nun wieder $\lambda: K \to L \cup \infty$ und $\nu: L \to M \cup \infty$ Stellen, und λ sei surjektiv. Wir setzen voraus, daß v_λ diskret vom Rang eins, also $\Gamma_\lambda \cong \mathbb{Z}$ ist. Nach Satz 2 und dem Lemma gibt es dann einen (i.a. nicht eindeutigen) ordnungstreuen Isomorphismus $\Gamma_{\nu\circ\lambda} \xrightarrow{\sim} (\Gamma_\lambda \times \Gamma_\nu)_{\text{lex}} = (\mathbb{Z} \times \Gamma_\nu)_{\text{lex}}$, den wir explizit beschreiben wollen, um $v_{\nu\circ\lambda}$ aus v_λ und v_ν zu erhalten.

Dazu sei $h \in \mathfrak{m}_\lambda$ ein Erzeuger von $\mathfrak{m}_\lambda$, also $\alpha_0 := v_\lambda(h)$ der positive Erzeuger von Γ_λ. Nach Wahl von h erhalten wir einen Schnitt $s: \Gamma_\lambda \to \Gamma_{\nu\circ\lambda}$ von $\pi: \Gamma_{\nu\circ\lambda} \to \Gamma_\lambda$, via $s(\alpha_0) = v_{\nu\circ\lambda}(h)$. Sei $\varphi: \Gamma_{\nu\circ\lambda} \xrightarrow{\sim} (\Gamma_\lambda \times \Gamma_\nu)_{\text{lex}}$ der wie im Lemma zu s konstruierte Isomorphismus. Unter Identifizierung von kern $(\pi) = \mathfrak{o}_\lambda^*/\mathfrak{o}_{\nu\circ\lambda}^*$ mit Γ_ν (via λ, vgl. §4, Satz 4) folgt

$$\varphi \circ v_{\nu\circ\lambda}(f) = \bigl(v_\lambda(f), v_\nu \circ \lambda(f h^{-v_\lambda(f)})\bigr)$$

für alle $f \in K^*$. Damit ist die Aufgabe gelöst, die Bewertung $v_{\nu\circ\lambda}$ mit Hilfe von v_λ, v_ν und λ auszudrücken. (Natürlich funktioniert dies auch ohne die spezielle Voraussetzung an Γ_λ, doch wird dann i.a. die Angabe eines Schnittes s komplizierter sein.)

Wir wollen nun diese Überlegungen auf Stellen von rationalen Funktionenkörpern (in mehreren Variablen) anwenden. Sei k ein beliebiger Körper, seien $t_1, \dots, t_r$ algebraisch unabhängige Variable über k und sei $K_i := k(t_1, \dots, t_i)$ $(0 \le i \le r)$. Zu gegebenem $c = (c_1, \dots, c_r) \in k^r$ konstruieren wir eine Stelle $\lambda: K_r \to k \cup \infty$ mit $\lambda(f) = f(c)$ für alle $f \in k[t_1, \dots, t_r]$ wie folgt.

Für jedes $i = 1, \dots, r$ gibt es genau eine Stelle $\lambda_i: K_i \to K_{i-1} \cup \infty$ über K_{i-1} mit $\lambda_i(t_i) = c_i$ (§9, Korollar 1). Wir setzen $\lambda := \lambda_1 \circ \cdots \circ \lambda_r$. Wegen $\Gamma_{\lambda_i} = \mathbb{Z}$ $(i = 1, \dots, r)$ findet man mit Satz 2 und dem Lemma induktiv, daß $\Gamma_\lambda \cong \mathbb{Z}_{\text{lex}}^r$ ist. Um die Bewertung v_λ explizit anzugeben, bezeichnen wir mit $\mathbb{Z}_{\text{antilex}}^r$ die *antilexikalisch* angeordnete Gruppe $\mathbb{Z}^r$ (d.h. die positiven Elemente sind die $(a_1, \dots, a_s, 0, \dots, 0)$, $1 \le s \le r$, mit $a_s > 0$)[1]; für $\alpha = (\alpha_1, \dots, \alpha_r) \in \mathbb{Z}^r$ sei wie üblich $(t - c)^\alpha := (t_1 - c_1)^{\alpha_1} \cdots (t_r - c_r)^{\alpha_r} \in K_r$. Ist nun $f \in k[t_1, \dots, t_r]$, so hat f eine eindeutige Darstellung der Form

$$f = \sum_{\alpha \in \mathbb{Z}_+^r} a_\alpha (t - c)^\alpha \quad (a_\alpha \in k, \text{ fast alle } a_\alpha = 0).$$

Durch induktives Anwenden der oben beschriebenen Überlegung findet man: $v_\lambda(f)$ ist der in $\mathbb{Z}_{\text{antilex}}^r$ kleinste Index α mit $a_\alpha \ne 0$. Insbesondere folgt

Satz 3. *Zur oben beschriebenen Stelle* $\lambda: k(t_1, \dots, t_r) \to k \cup \infty$ *mit* $\lambda(f) = f(c)$ *für alle* $f \in k[t_1, \dots, t_r]$ *gehört die Bewertung* $v: k(t_1, \dots, t_r)^* \to \mathbb{Z}_{\text{antilex}}^r$, *welche durch*

$$v\bigl((t_1 - c_1)^{\alpha_1} \cdots (t_r - c_r)^{\alpha_r}\bigr) = (\alpha_1, \dots, \alpha_r)$$

definiert ist. Insbesondere ist $v(t_r - c_r), \dots, v(t_1 - c_1)$ *die lexikographische Basis von* Γ_λ.

$\square$

---

[1]Natürlich ist $\mathbb{Z}_{\text{antilex}}^r \cong \mathbb{Z}_{\text{lex}}^r$ als angeordnete abelsche Gruppe. Wir benutzen die antilexikalische Anordnung nur zur Vereinfachung der Notation.

Es sei angemerkt, daß es natürlich noch viele weitere Stellen $\lambda': k(t) \to k \cup \infty$ über k gibt mit $\lambda'(t) = c$. Man kann etwa eine andere Transzendenzbasis $u = (u_1, \ldots, u_r)$ mit $k[t] = k[u]$ wählen und hat dann c durch $u(c)$ zu ersetzen.

Sei jetzt speziell $k = R$ reell abgeschlossen, $K := R(t_1, \ldots, t_r)$ und $\lambda: K \to R \cup \infty$ die oben beschriebene Stelle. Sei P eine mit λ verträgliche Anordnung von K (nach Baer-Krull gibt es genau 2^r solche!) und S der reelle Abschluß von (K, P). Nach §8, Theorem 5 hat λ genau eine Fortsetzung $\mu: S \to R \cup \infty$.

Satz 4. Γ_μ *ist zu* $\mathbb{Q}^r_{\mathrm{lex}}$ *isomorph.*

Allgemeiner gilt nämlich

Satz 5. *Sei $L \supseteq K$ eine algebraische Körpererweiterung und sei L reell oder algebraisch abgeschlossen. Ist $\mu: L \to F \cup \infty$ eine Stelle und $\lambda := \mu|K$, so gibt es einen ordnungstreuen Isomorphismus $\Gamma_\lambda \otimes \mathbb{Q} \overset{\sim}{\longrightarrow} \Gamma_\mu$.*

(Für jede angeordnete abelsche Gruppe Γ hat $\Gamma \otimes \mathbb{Q}$ genau eine Anordnung, welche die Einbettung $\Gamma \hookrightarrow \Gamma \otimes \mathbb{Q}$ ordnungstreu macht. Mit dieser Anordnung wird $\Gamma_\lambda \otimes \mathbb{Q}$ in obiger Aussage versehen.)

Beweis. Durch $K^* \subseteq L^*$ wird eine ordnungstreue Einbettung $\Gamma_\lambda \subseteq \Gamma_\mu$ induziert. Dabei ist $\Gamma_\mu/\Gamma_\lambda$ eine Torsionsgruppe. Sei nämlich $b \in L^*$, seien $a_0, \ldots, a_n \in K$ mit $a_n b^n + \cdots + a_1 b + a_0 = 0$ und $a_n \neq 0$. Dann gibt es i, j mit $0 \leq i < j \leq n$ und $v_\mu(a_i b^i) = v_\mu(a_j b^j) < \infty$ (sonst wäre $v_\mu(\sum a_k b^k) = \min_k v(a_k b^k) < \infty$), und es folgt $(j - i)v_\mu(b) = v_\mu\left(\frac{a_i}{a_j}\right) \in \Gamma_\lambda$. — Da L reell oder algebraisch abgeschlossen ist, ist Γ_μ dividierbar (jedes positive bzw. jedes Element in L besitzt beliebige Wurzeln), und folglich ist $\Gamma_\mu = \mathbb{Q} \cdot \Gamma_\lambda = \Gamma_\lambda \otimes \mathbb{Q}$. $\qquad\square$

Sei k ein Körper, sei $K_0 := k$ und $K_i := K_{i-1}((t_i)) = \mathrm{Quot}\, K_{i-1}[[t_i]]$ $(i = 1, 2, \ldots)$. (Vorsicht: Für $r \geq 2$ ist $k((t_1, \ldots, t_r))$ ein *echter* Teilkörper von $K_r = k((t_1)) \cdots ((t_r))$!) Sei $\lambda_i: K_i \to K_{i-1} \cup \infty$ die zum Bewertungsring $K_{i-1}[[t_i]]$ gehörende Stelle über K_{i-1}, und sei $\lambda = \lambda_1 \circ \cdots \circ \lambda_r: K_r \to k \cup \infty$. Wie in Satz 3 folgt, daß $\Gamma_\lambda \cong \mathbf{Z}^r_{\mathrm{lex}}$ mit lexikographischer Basis $v_\lambda(t_r), \ldots, v_\lambda(t_1)$ ist. Ist also $k \subseteq K \subseteq K_r$ irgend ein Zwischenkörper mit $t_1, \ldots, t_r \in K$, so ist auch $\Gamma_{\lambda|K} = \mathbf{Z}^r_{\mathrm{lex}}$.

Unter Verwendung von mehr kommutativer Algebra gewinnt man daraus eine interessante Anwendung. Diese wird jedoch im folgenden nicht weiter benutzt:

Sei A eine lokale reguläre noethersche k-Algebra mit $\kappa(A) = k$ und $\hat{A} = \varprojlim A/\mathfrak{m}_A^n$ ihre Komplettierung, sowie $(f_1, \ldots, f_r)$ ein minimales Erzeugendensystem von $\mathfrak{m}_A$. Dann gibt es bekanntlich einen k-Isomorphismus $\hat{A} \overset{\sim}{\longrightarrow} k[[t_1, \ldots, t_r]]$ mit $f_i \mapsto t_i$ $(i = 1, \ldots, n)$ ([Ma, p. 206] oder [BAC, ch. IX, §3, no. 3]). Sei $K := \mathrm{Quot}\, A$. Wegen $K \subseteq \mathrm{Quot}\, \hat{A} \cong k((t_1, \ldots, t_r)) \subseteq K_r$ hat die Stelle $\lambda|K: K \underset{k}{\to} k \cup \infty$ ebenfalls Wertegruppe $\mathbf{Z}^r_{\mathrm{lex}}$, mit lexikographischer Basis $\big(v(f_r), \ldots, v(f_1)\big)$ $(v := v_{\lambda|K})$, und ihr Bewertungsring dominiert A.

§11. Existenz von reellen Stellen auf Funktionenkörpern

Es sei kurz an einige Tatsachen aus der Körpertheorie erinnert. Ist $L \supseteq K$ eine Körpererweiterung, so haben je zwei maximale Familien von über K algebraisch unabhängigen Elementen aus L dieselbe Mächtigkeit. Jede solche Familie heißt eine *Transzendenzbasis* von L über K, und ihre Mächtigkeit wird als *Transzendenzgrad* tr.deg.(L/K) bezeichnet. Man nennt L einen d-dimensionalen *Funktionenkörper* über K, wenn L über K endlich erzeugt und tr.deg.$(L/K) = d$ ist. (Die Bezeichnung rührt daher, daß dies bis auf K-Isomorphie genau die Körper der rationalen Funktionen auf irreduziblen algebraischen K-Varietäten der Dimension d sind. Vgl. [Sf, I §3] oder [H].)

Das Ziel dieses Abschnitts ist der Beweis von

Theorem 1. *Sei R ein reell abgeschlossener Körper und K ein r-dimensionaler formal reeller Funktionenkörper über R. Sei $(t_1, \ldots, t_r)$ eine feste Transzendenzbasis von K über R. Dann gibt es Elemente $a_i, b_i \in R$ mit $a_i < b_i$ $(i = 1, \ldots, r)$, so daß für jeden reell abgeschlossenen Oberkörper $S \supseteq R$ gilt: Zu jedem $c = (c_1, \ldots, c_r) \in S^r$ mit $a_i < c_i < b_i$ $(i = 1, \ldots, r)$ gibt es eine Stelle $\lambda \colon K \to S \cup \infty$ über R mit $\lambda(t_i) = c_i$, $i = 1, \ldots, r$.*

Man beachte, daß eine solche Stelle λ trivial (d.h. ein Homomorphismus) sein muß, sobald $c_1, \ldots, c_r$ über R algebraisch unabhängig sind (denn wegen $R[t_1, \ldots, t_r] \cap \lambda^{-1}(0) = \{0\}$ ist dann $R(t_1, \ldots, t_r) \subseteq \mathfrak{o}_\lambda$, also $\mathfrak{o}_\lambda = K$ wegen der Ganz-Abgeschlossenheit von $\mathfrak{o}_\lambda$).

Korollar (Einbettungssatz von S. Lang). *Ist R reell abgeschlossen und K ein formal reeller Funktionenkörper über R, so gibt es zu jedem reell abgeschlossenen Oberkörper S von R mit tr.deg.$(S/R) \geq$ tr.deg.(K/R) einen R-Homomorphismus $K \to S$.*

Beweis. Das folgt aus Theorem 1 und der anschließenden Bemerkung, da es Elemente $c_i \in S$ mit $a_i < c_i < b_i$ $(i = 1, \ldots, r)$ so gibt, daß $c_1, \ldots, c_r$ über R algebraisch unabhängig sind — dies ist klar für $r = 1$ und folgt mittels Induktion für alle r. $\qquad\square$

Zunächst werden zwei Hilfssätze bereitgestellt.

Lemma 1. *Sei $L \supseteq K$ eine endliche Körpererweiterung, sei B ein Bewertungsring von L und $A = K \cap B$. Dann sind der Verzweigungsindex $e = [\Gamma_B : \Gamma_A]$ und der Restklassengrad $f = [\kappa(B) : \kappa(A)]$ endlich, und es gilt $ef \leq [L : K]$.*

Beweis. Sei $v = v_B$, seien $b_1, \ldots, b_r \in B - \{0\}$ derart, daß die Bilder der $v(b_i)$ in Γ_B/Γ_A verschieden sind, und seien $c_1, \ldots, c_s \in B$ derart, daß die Bilder $\overline{c_j}$ der c_j in $\kappa(B)$ linear unabhängig über $\kappa(A)$ sind. Wir zeigen für alle $a_{ij} \in K$ $(1 \leq i \leq r, 1 \leq j \leq s)$:

$$v\Big(\sum_{i,j} a_{ij} b_i c_j\Big) = \min_{i,j}\, v(a_{ij} b_i).$$

Insbesondere sind dann also die $b_i c_j$ über K linear unabhängig.

Man kann annehmen, daß zu jedem $i \in \{1, \ldots, r\}$ ein $j \in \{1, \ldots, s\}$ mit $a_{ij} \neq 0$ existiert (andernfalls kann b_i weggelassen werden). Zu jedem $i \in \{1, \ldots, r\}$ wird ein

$k(i) \in \{1,\dots,s\}$ mit $v(a_{ik(i)}) = \min_j v(a_{ij})$ gewählt. Dann ist $a_{ik(i)} \neq 0$, und folglich gilt für alle i

$$\sum_j a_{ij} b_i c_j = a_{ik(i)} b_i \sum_j a'_{ij} c_j$$

mit $a'_{ij} := a_{ij}/a_{ik(i)} \in A$. Da die $\overline{c_j}$ über $\kappa(A)$ linear unabhängig sind (und $a'_{ik(i)} = 1$ ist), ist $\sum_j a'_{ij} c_j \in B^*$, also

$$v\Big(\sum_j a_{ij} b_i c_j\Big) = v(a_{ik(i)}) + v(b_i) \quad (i = 1,\dots,r).$$

Diese Werte sind nach Voraussetzung alle verschieden, und es folgt

$$v\Big(\sum_i \sum_j a_{ij} b_i c_j\Big) = \min_i \Big(v(a_{ik(i)}) + v(b_i)\Big) = \min_{i,j} v(a_{ij} b_i). \qquad \square$$

Lemma 2. *Sei K ein Körper und L ein Funktionenkörper über K, sowie $n :=$ tr.deg.(L/K). Sei $B \neq L$ ein echter Bewertungsring von L mit $K \subseteq B$. Dann ist tr.deg.$\big(\kappa(B)/K\big) \leq n-1$, und im Falle tr.deg.$\big(\kappa(B)/K\big) = n-1$ ist B diskret vom Rang eins und $\kappa(B)$ ein Funktionenkörper (d.h. endlich erzeugt) über K.*

Beweis. Seien $u_1,\dots,u_r \in B$ derart, daß ihre Bilder $\overline{u_1},\dots,\overline{u_r}$ in $\kappa(B)$ algebraisch unabhängig über K sind. Dann sind auch $u_1,\dots,u_r$ (in L) über K algebraisch unabhängig, also ist $r \leq n$. Weiter ist $K[u_1,\dots,u_r] \cap \mathfrak{m}_B = \{0\}$, somit $K(u_1,\dots,u_r) \subseteq B$. Wäre $r = n$, so wäre L über $K(u_1,\dots,u_r)$ algebraisch, also ganz, und folglich $B = L$, Widerspruch. Sei nun $r = $ tr.deg.$\big(\kappa(B)/K\big) = n - 1$. Setze $F := K(u_1,\dots,u_{n-1})$, und wähle $t \in L$ derart, daß $(u_1,\dots,u_{n-1},t)$ eine Transzendenzbasis von L/K bildet. Dann ist $A := B \cap F(t)$ ein echter Bewertungsring von $F(t)$, und $F \subseteq A$. Nach §9 (Korollar 1) ist $[\kappa(A):F] < \infty$ und $\Gamma_A \cong \mathbf{Z}$, und nach Lemma 1 sind $[\kappa(B):\kappa(A)]$ und Γ_B/Γ_A endlich. Folglich ist $\kappa(B)/K$ endlich erzeugt und $\Gamma_B \cong \mathbf{Z}$. $\qquad \square$

Um Theorem 1 zu beweisen, zeigen wir zunächst, daß es genügt, für alle $r \geq 1$ die folgende schwächere Aussage $(\tilde{T}_r)$ zu zeigen:

> $(\tilde{T}_r)$ *Die Voraussetzungen seien wie in Theorem 1. Dann gibt es $a_i, b_i \in R$ mit $a_i < b_i$ $(i = 1,\dots,r)$, so daß es zu jedem reell abgeschlossenen $S \supseteq R$ und jedem $c = (c_1,\dots,c_r) \in S^r$ mit $a_i < c_i < b_i$ $(i = 1,\dots,r)$ und über R algebraisch unabhängigen $c_1,\dots,c_r$ einen Homomorphismus $\varphi \colon K \to S$ mit $\varphi(t_i) = c_i$ $(i = 1,\dots,r)$ gibt.*

Bezeichnen wir mit (T_r) die Aussage von Theorem 1 (zu festem $r \geq 1$), so gilt

Hilfssatz 1. $(\tilde{T}_r)$ *impliziert* (T_r), *für alle $r \geq 1$.*

Beweis. Sei $c \in S^r$ mit $a_i < c_i < b_i$ und nicht notwendig über R algebraisch unabhängigen $c_1,\dots,c_r$. Seien $u_1,\dots,u_r$ über S unabhängige Variable und $T' := S(u_1,\dots,u_r)$ der r-dimensionale rationale Funktionenkörper über S. Sei $\mu' \colon T' \to S \cup \infty$ die in §10 beschriebene Stelle über S mit $\mu'(u_i) = 0$, $i = 1,\dots,r$. Nach §8, Korollar 2 gibt es einen reellen Abschluß T von T' zusammen mit einer Fortsetzung $\mu: T \to S \cup \infty$ von μ'. Da die u_i unendlich klein gegenüber S sind, gilt $a_i < c_i + u_i < b_i$ für $i = 1, \ldots, r$, und wegen der algebraischen Unabhängigkeit der $c_i + u_i$ über R gibt $(\tilde{T}_r)$ einen Homomorphismus $\varphi: K \to T$ mit $\varphi(t_i) = c_i + u_i$. Für die Stelle $\lambda := \mu \circ \varphi: K \to S \cup \infty$ ist dann $\mu(t_i) = c_i$, $i = 1, \ldots, r$. $\qquad\square$

Wir beweisen nun zunächst $(\tilde{T}_1)$. Dazu seien also $r = 1$ und R, K wie in Theorem 1, sowie $F := R(t)$ $(t := t_1)$. Sei $\mathrm{tr}: K \to F$ die Spur der endlichen Erweiterung $K \supseteq F$, und seien $g_1, \ldots, g_n \in F^*$ mit $\mathrm{tr}_*(\langle 1 \rangle_K) \cong \langle g_1, \ldots, g_n \rangle$. Man kann die g_i mit den Quadraten der Nenner multiplizieren und so o.E. $g_i \in R[t]$ annehmen. Es seien $d_1 < \cdots < d_N$ die verschiedenen Nullstellen von $g_1 \cdots g_n$ in R, sowie $d_0 := -\infty$, $d_{N+1} := +\infty$. Auf $]d_{j-1}, d_j[$ (aufgefaßt in R, oder auch in einem beliebigen angeordneten Oberkörper von R) hat jedes g_i ein festes Vorzeichen $\varepsilon_{ij} \in \{\pm 1\}$ $(j = 1, \ldots, N+1, i = 1, \ldots, n)$.

Da K formal reell ist, gibt es eine Anordnung Q von K. Sei $P := F \cap Q$, und sei $j \in \{1, \ldots, N\}$ bestimmt durch $d_{j-1} < t < d_j$ (bezüglich P). Dann ist $\mathrm{sign}_P(g_i) = \varepsilon_{ij}$ $(i = 1, \ldots, n)$, und da

$$\sum_{i=1}^{n} \varepsilon_{ij} = \mathrm{sign}_P \, \mathrm{tr}_*(\langle 1 \rangle_K)$$

die Anzahl der Fortsetzungen von P auf K ist (I, §12, Korollar 2), ist diese Zahl ≥ 1. Wir zeigen, daß $(\tilde{T}_1)$ für jede Wahl von a_1, b_1 mit $]a_1, b_1[\subseteq]d_{j-1}, d_j[$ erfüllt ist.

Sei S ein reell abgeschlossener Oberkörper von R und $c \in S - R$ mit $d_{j-1} < c < d_j$, sowie $\psi: F \to S$ der R-Homomorphismus mit $\psi(t) = c$. Die Fortsetzungen $\varphi: K \to S$ von ψ stehen nach I, §11, Theorem 2 in Bijektion zu den Fortsetzungen der durch ψ auf F induzierten Anordnung P_c auf K. Ihre Anzahl ist gleich

$$\mathrm{sign}_{P_c} \mathrm{tr}_*(\langle 1 \rangle_K) = \sum_{i=1}^{n} \mathrm{sign}_{P_c}(g_i) = \sum_{i=1}^{n} \varepsilon_{ij} \geq 1 \,,$$

insbesondere gibt es eine solche Fortsetzung φ, w.z.b.w.

Bevor wir Theorem 1 im allgemeinen Fall zeigen, ziehen wir aus dem schon bewiesenen (T_1) einige Folgerungen. Zunächst ein Hilfssatz:

Hilfssatz 2. *Ist $\lambda: K \to L \cup \infty$ eine reelle Stelle, sind $z_1, \ldots, z_n \in K$ und ist $\lambda\big(\sum_i z_i^2\big) \neq \infty$, so ist auch $\lambda(z_i) \neq \infty$ für $i = 1, \ldots, n$.*

Beweis. Es gibt eine mit λ verträgliche Anordnung P von K (§8, Korollar 1). Da $\mathfrak{o}_\lambda$ konvex bezüglich P und $0 \leq z_i^2 \leq z_1^2 + \cdots + z_n^2 \in \mathfrak{o}_\lambda$ ist, folgt $z_i^2 \in \mathfrak{o}_\lambda$, also $z_i \in \mathfrak{o}_\lambda$ $(i = 1, \ldots, n)$. $\qquad\square$

Theorem 2 (Stellensatz von Artin-Lang). *Sei R reell abgeschlossen und K ein formal reeller Funktionenkörper über R. Zu je endlich vielen $z_1, \ldots, z_n \in K$ gibt es dann eine Stelle $\lambda: K \to R \cup \infty$ über R mit $\lambda(z_i) \neq \infty$ für $i = 1, \ldots, n$. Es gibt sogar eine solche mit $\Gamma_\lambda \cong \mathbf{Z}^r_{\mathrm{lex}}$, wobei $r = \mathrm{tr.deg.}(K/R)$.*

Beweis. Wegen Hilfssatz 2 können wir $n = 1$ annehmen. Induktion nach r; der Beginn $r = 0$ ist trivial $(K = R)$. Im Fall $r = 1$ folgt die Existenz von λ aus (T_1), und hier ist $\Gamma_\lambda \cong \mathbf{Z}$ für jedes solches λ (Lemma 2). Sei also $r > 1$ und $t_1, \ldots, t_r$ eine Transzendenzbasis von K/R mit $z \in R(t_1, \ldots, t_{r-1}) =: F$. Sei T ein reeller Abschluß von K und S der algebraische Abschluß von F in T, sowie $L := KS$ (der von K und S erzeugte Teilkörper von T). Da L ein eindimensionaler formal reeller Funktionenkörper über S ist, gibt es eine Stelle $L \xrightarrow{S} S \cup \infty$ (Fall $r = 1$), und per Restriktion erhält man eine Stelle $\mu\colon K \xrightarrow{F} S \cup \infty$. Diese ist wegen tr.deg.$(K/F) = 1$ (und S/F algebraisch) nicht-trivial und erfüllt $\mu(z) \neq \infty$. Sei $A := \mathfrak{o}_\mu$ und $\lambda_A\colon K \to \kappa(A) \cup \infty$ die kanonische Stelle zu A. Nach Lemma 2 ist $[\kappa(A)\colon F] < \infty$ und $\Gamma_A \cong \mathbf{Z}$. Da außerdem $\kappa(A)$ formal reell und tr.deg.$(\kappa(A)/R) = $ tr.deg.$(F/R) = r - 1$ ist, gibt es nach Induktionsannahme eine Stelle $\nu\colon \kappa(A) \to R \cup \infty$ über R mit $\nu(\lambda_A(z)) \neq \infty$ und $\Gamma_\nu \cong \mathbf{Z}_{\text{lex}}^{r-1}$. Setzt man $\lambda := \nu \circ \lambda_A\colon K \xrightarrow{R} R \cup \infty$, so ist $\lambda(z) \neq \infty$ und $\Gamma_\lambda \cong \mathbf{Z}_{\text{lex}}^r$ nach §10. $\square$

Theorem 3 (Verschärfter Stellensatz von Artin-Lang). *In der Situation von Theorem 2 sei zusätzlich eine Anordnung Q auf K vorgegeben. Dann gibt es eine Stelle $\lambda\colon K \xrightarrow{R} R \cup \infty$ wie dort, für die außerdem* $\text{sign}_Q(z_i) = \text{sign}\,\lambda(z_i)$ $(i = 1, \ldots, n)$ *gilt.*

Beweis. Nach Multiplikation von z_i mit $\text{sign}_Q(z_i)$ erreicht man o.E. $z_i > 0$ unter Q $(i = 1, \ldots, n)$. Wendet man Theorem 2 an auf $K' := K(\sqrt{z_1}, \ldots, \sqrt{z_n})$ und die Elemente $z_1, \ldots, z_n, \frac{1}{z_1 \cdots z_n} \in K'$, so erhält man eine Stelle $\lambda'\colon K' \xrightarrow{R} R \cup \infty$ mit $\lambda'(z_i) \notin \{0, \infty\}$, und folglich mit $\lambda'(z_i) = \lambda'(\sqrt{z_i})^2 > 0$ $(i = 1, \ldots, n)$. Setze $\lambda := \lambda'|K$. Da $\Gamma_{\lambda'}/\Gamma_\lambda$ endlich ist (Lemma 1), ist $\text{rang}\,\Gamma_\lambda = \text{rang}\,\Gamma_{\lambda'} = r$, und man folgert leicht, daß auch $\Gamma_\lambda \cong \mathbf{Z}_{\text{lex}}^r$ ist. $\square$

Nun können wir den Beweis von Theorem 1 vollenden, indem wir $(\tilde{T}_r)$ für $r \geq 2$ zeigen. Sei also $t_1, \ldots, t_r$ eine Transzendenzbasis von K/R und $F := R(t_1, \ldots, t_r)$. Seien wieder $g_1, \ldots, g_n \in R[t_1, \ldots, t_r]$ mit $\text{tr}_*(\langle 1 \rangle_K) \cong \langle g_1, \ldots, g_n \rangle$ $(n = [K\colon F])$. Es gibt eine Anordnung Q von K. Mit Theorem 3 finden wir eine Stelle $\mu\colon K \xrightarrow{R} R \cup \infty$ mit $\mu(t_i) \neq \infty$ $(i = 1, \ldots, r)$, $\mu(g_j) \neq \infty$ und $\text{sign}\,\mu(g_j) = \text{sign}_Q(g_j)$ $(j = 1, \ldots, n)$. Wir setzen $p := (\mu(t_1), \ldots, \mu(t_r)) \in R^r$ und $P := F \cap Q$. Wie zuvor folgt

$$1 \leq \text{sign}_P\, \text{tr}_*(\langle 1 \rangle_K) = \sum_{j=1}^n \text{sign}_P(g_j) = \sum_{j=1}^n \text{sign}\,\mu(g_j) = \sum_{j=1}^n \text{sign}\, g_j(p)$$

(letzteres wegen $\mu(f) = f(p)$ für alle $f \in R[t_1, \ldots, t_r]$). Wir brauchen nun

Hilfssatz 3. *Ist $g \in R[x_1, \ldots, x_r]$ ein Polynom und $p \in R^r$ mit $g(p) \neq 0$, so gibt es $\varepsilon \in R$, $\varepsilon > 0$, so daß für jeden reell abgeschlossenen Oberkörper S von R und jedes $q \in S^r$ mit $p_i - \varepsilon < q_i < p_i + \varepsilon$ $(i = 1, \ldots, r)$ gilt:*

$$\text{sign}\, g(p) = \text{sign}\, g(q)\,.$$

Beenden wir zuerst den Beweis von Theorem 1. Sei ein $0 < \varepsilon \in R$ zu p und simultan zu $g_1, \ldots, g_n$ wie im Hilfssatz gewählt. Sei $S \supseteq R$ ein reell abgeschlossener Oberkörper und $c = (c_1, \ldots, c_r) \in S^r$ mit über R algebraisch unabhängigen $c_1, \ldots, c_r$, für die

$p_i - \varepsilon < c_i < p_i + \varepsilon$ $(i = 1, \dots, r)$ gilt. Sei $\psi \colon F \to S$ die durch $\psi(t_i) = c_i$ gegebene Einbettung und P_c die mittels ψ auf F zurückgezogene Anordnung. Wie im Beweis von $(\tilde{T}_1)$ folgt

$$\operatorname{sign}_{P_c} \operatorname{tr}_*(\langle 1 \rangle_K) = \sum_{j=1}^{n} \operatorname{sign}_{P_c}(g_j) = \sum_{j=1}^{n} \operatorname{sign} g_j(c) \underset{(\mathrm{HS3})}{=} \sum_{j=1}^{n} \operatorname{sign} g_j(p) \geq 1 \, .$$

Gemäß I, §§ 11 und 12 hat ψ also eine Fortsetzung $\varphi \colon K \to S$, wie gewünscht.

Nachzutragen bleibt der Beweis von Hilfssatz 3. Sei $x = (x_1, \dots, x_r)$ und

$$g(p + x) - g(p) = \sum_{\alpha} c_\alpha x^\alpha$$

die Taylorentwicklung von g in p (die Summe über alle $0 \neq \alpha \in \mathbb{N}_0^r$, fast alle $c_\alpha = 0$). Ist $a \in S^r$ mit $|a_i| < \varepsilon \leq 1$ $(i = 1, \dots, r)$, so folgt $|g(p + a) - g(p)| \leq \varepsilon \sum_{\alpha} |c_\alpha|$. Es genügt also, $\varepsilon > 0$ so zu wählen, daß $\varepsilon \cdot \sum_{\alpha} |c_\alpha| < |g(p)|$ und $\varepsilon \leq 1$ ist. $\qquad \square$

§12. Artins Lösung des 17. Hilbertschen Problems und das Zeichenwechsel Kriterium

Ist (k, P) ein fester angeordneter Körper, so versehen wir stets k^n mit der starken Topologie $\mathcal{T}_P$ (§6). Im folgenden seien $t_1, \ldots, t_n$ stets über k algebraisch unabhängige Variable; wir schreiben oft t für $(t_1, \ldots, t_n)$.

Satz 1. *Sei (k, P) ein angeordneter Körper und $U \subseteq k^n$ eine nicht-leere offene Teilmenge, sowie $f \in k[t_1, \ldots, t_n]$ ein auf U identisch verschwindendes Polynom. Dann ist $f = 0$.*

Beweis durch Induktion nach n. Der Satz ist klar für $n = 1$ und sei für $n - 1$ schon bewiesen. Sei $t' := (t_1, \ldots, t_{n-1})$ und $f = f(t', t_n) = f_0(t') \cdot t_n^d + \cdots + f_d(t')$ $(d \geq 0, f_0, \ldots, f_d \in k[t'])$. Man kann o.E. annehmen, daß U die Form $U = \prod_{i=1}^{n} \,]a_i, b_i[$ hat $(a_i, b_i \in k)$. Für jedes $c' \in U' := \prod_{i=1}^{n-1} \,]a_i, b_i[$ verschwindet das Polynom $f(c', t_n) = f_0(c')t_n^d + \cdots + f_d(c')$ identisch auf $]a_n, b_n[$, woraus $f_0(c') = \cdots = f_d(c') = 0$ folgt. Die f_j verschwinden also identisch auf U', woraus nach Induktionsvoraussetzung folgt $f_0 = \cdots = f_d = 0$. $\qquad\qquad\square$

Die Nullstellenmenge von Polynomen $f \neq 0$ in k^n ist also dünn in dem Sinne, daß ihr Inneres leer ist.

Definition 1. Sei k ein Körper, $t = (t_1, \ldots, t_n)$.
a) Für ein Polynom $f \in k[t]$ sei $Z_k(f)$ (oder nur $Z(f)$) die *Nullstellenmenge* von f in k^n, also $Z_k(f) = \{a \in k^n : f(a) = 0\}$.
b) Für eine rationale Funktion $f \in k(t)$ mit gekürzter Darstellung $f = g/h$ $(g, h \in k[t], h \neq 0)$ sei $D_k(f)$ (oder nur $D(f)$) der *Definitionsbereich* von f in k^n, also $D_k(f) = \{a \in k^n : h(a) \neq 0\}$. Ferner setzen wir $Z_k(f) := Z_k(g) \cap D_k(f)$.

Ist k angeordnet, so ist der Definitionsbereich jeder rationalen Funktion offen und dicht in k^n unter der starken Topologie (Satz 1).

Definition 2. Sei (k, P) ein angeordneter Körper und $f \in k(t)$.
a) Für eine Teilmenge $M \subseteq D_k(f)$ heißt f *positiv definit* auf M (bzw. *positiv semidefinit* (*p.s.d.*) auf M), wenn $f(a) > 0$ (bzw. $f(a) \geq 0$) für alle $a \in M$ gilt. Ist $M = D_k(f)$, so heißt f einfach *positiv (semi-) definit über* k.
b) f heißt *negativ (semi-) definit* (auf ...), falls $-f$ positiv (semi-) definit (auf ...) ist.
c) f heißt *indefinit* (auf ...), wenn f weder positiv noch negativ semidefinit (auf ...) ist.

Satz 2. *Sei (k, P) ein angeordneter Körper.*
  a) *Ist $f \in k(t)$ p.s.d. auf einer offenen dichten Teilmenge von $D_k(f)$, so ist f p.s.d. über k.*
  b) *Die über k p.s.d. Funktionen bilden eine Präordnung von $k(t)$.*

Beweis. a) folgt aus der Stetigkeit der Auswertungsabbildung $D_k(f) \to k$, $a \mapsto f(a)$.
b) Seien $f, g \in k(t)^*$ p.s.d. über k. Da $f + g$ und fg auf der dichten offenen Teilmenge $D_k(f) \cap D_k(g)$ von k^n p.s.d. sind, sind sie p.s.d. über k nach a). Analog sieht man, daß f^2 p.s.d. ist für jedes $f \in k(t)$. $\qquad\qquad\square$

Bemerkung 1. Sei (k, P) ein angeordneter Körper mit reellem Abschluß R. Aus Satz 2b) folgt, daß jede Funktion der Form $a_1 f_1^2 + \cdots + a_r f_r^2$ mit $a_i \in P$ und $f_i \in k(t)$ p.s.d. über R ist. Eine über k p.s.d. Funktion f braucht jedoch i.a. über R nicht mehr p.s.d. zu sein! Das liegt daran, daß k in R in der Regel nicht dicht liegt und f (über R) in den „Lücken" auch negativ werden kann. (Man konstruiere ein Beispiel zur eben aufgestellten Behauptung — vgl. §1.)

Im Jahre 1900 hielt D. Hilbert auf dem Internationalen Mathematikerkongreß in Paris seinen berühmt gewordenen Vortrag, der die Formulierung von 23 ungelösten mathematischen Problemen enthielt. Die Bemühungen der Mathematiker haben seither nicht nur zur Lösung vieler dieser Probleme, sondern oft auch zur Entwicklung gänzlich neuer Methoden geführt. Dies trifft insbesondere zu für das siebzehnte Problem, „Darstellung definiter Formen durch Quadrate", und seine Lösung durch E. Artin im Jahre 1927 ([A], [AS]). Artin fand dabei den Begriff der Anordnung eines Körpers und setzte ihn überaus elegant und erfolgreich ein. Artins Ideen gaben die Initialzündung für eine Entwicklung der reellen Algebra in unserem Jahrhundert auf neuen Bahnen (vgl. Vorwort).

Das 17. Hilbertsche Problem läßt sich sinngemäß wie folgt formulieren:

Hilberts 17. Problem. Gegeben sei ein positiv semidefinites Polynom $f = f(t_1, \ldots, t_n) \in \mathbb{R}[t_1, \ldots, t_n]$. Gibt es ein $r \geq 1$ und rationale Funktionen $g_1, \ldots, g_r \in \mathbb{R}(t_1, \ldots, t_n)$ mit $f = g_1^2 + \cdots + g_r^2$?
Zusatz: Falls $k \subseteq \mathbb{R}$ ein Teilkörper ist, der die Koeffizienten von f enthält, kann man dann auch die g_i in $k(t_1, \ldots, t_n)$ finden?

Bemerkungen.
2. In der Formulierung des (auch von Hilbert stammenden) Zusatzes zum eigentlichen Problem sollte man besser von Darstellungen wie in Bemerkung 1 sprechen, da sonst die Unmöglichkeit der Lösung im allgemeinen Fall sofort klar ist.
3. Zunächst wird man sich fragen, ob man nicht sogar eine Darstellung $f = g_1^2 + \cdots + g_r^2$ mit *Polynomen* $g_1, \ldots, g_r$ erreichen kann. Schon 1888 hatte Hilbert gezeigt, daß dies für $n = 1$ zutrifft, für $n \geq 2$ aber im allgemeinen unmöglich ist. (Hilberts Beweis gab noch genauere Informationen.) Das erste Beispiel eines p.s.d. Polynoms, welches nicht Summe von Quadraten von Polynomen ist, wurde jedoch erst 1967 von Motzkin veröffentlicht [Mo], und zwar (in homogener Form)

$$f(x, y, z) = x^4 y^2 + x^2 y^4 + z^6 - 3 x^2 y^2 z^2 \, .$$

Die positive Semidefinitheit von f folgt aus

$$\frac{1}{3}(x^4 y^2 + x^2 y^4 + z^6) \geq \sqrt[3]{x^6 y^6 z^6} \, :$$

das arithmetische Mittel ist nicht kleiner als das geometrische. Ein weiteres Beispiel ist

$$g(x, y, z) = x^4 y^2 + y^4 z^2 + z^4 x^2 - 3x^2 y^2 z^2 \,.$$

In [CL] findet man eine einfache Methode für den Nachweis, daß f und g nicht Summen von Quadraten von Polynomen sind, sowie verwandte Beispiele.

Hier nun die Lösung des 17. Hilbertschen Problems:

Theorem 3 (E. Artin). *Sei (k, P) ein angeordneter Körper mit reellem Abschluß R, und sei $f \in k(t_1, \ldots, t_n)$ eine über R positiv semidefinite rationale Funktion. Dann gibt es ein $r \geq 1$ sowie Funktionen $g_1, \ldots, g_r \in k(t_1, \ldots, t_n)$ und (bezüglich P) positive Elemente $a_1, \ldots, a_r \in k$ mit*

$$f = a_1 g_1^2 + \cdots + a_r g_r^2 \,.$$

Beweis. Der Beweis ist nicht konstruktiv. Betrachte

$$T := \{a_1 g_1^2 + \cdots + a_r g_r^2 : r \geq 1, \, a_i \in P, \, g_i \in k(t)\} \,.$$

T ist eine Präordnung von $k(t)$, und ist daher genau der Durchschnitt aller Anordnungen Q von $k(t)$ mit $P \subseteq Q$ (I, §1, Theorem 1). Wäre die Aussage falsch, so gäbe es eine Anordnung Q von $k(t)$ mit $P \subseteq Q$ und $f \notin Q$. Ist S der reelle Abschluß von $k(t)$ bezüglich Q, so kann man R als Teilkörper von S auffassen (I, §11, Theorem 1) und insbesondere den Teilkörper $R(t)$ von S mit der induzierten Anordnung Q' betrachten. Wegen $f \notin Q'$ gibt es eine Stelle $\lambda \colon R(t) \xrightarrow{R} R \cup \infty$ mit $\lambda(t_1) \neq \infty, \ldots, \lambda(t_n) \neq \infty$, $\lambda(f) \neq \infty$ und $\lambda(f) < 0$ (§11, Theorem 3). Für $a := \big(\lambda(t_1), \ldots, \lambda(t_n)\big) \in R^n$ ist dann $f(a) = \lambda(f) < 0$, Widerspruch zu f p.s.d.! $\qquad\qquad\qquad\square$

Damit ist die von Hilbert gestellte Frage völlig beantwortet. Dennoch schließen sich viele weitere Fragen an dieses Problem an, die zum Teil noch ungeklärt sind. So möchte man wissen, ob es (zu festem k, P und n) eine Zahl r gibt, so daß jede über R p.s.d. Funktion $f \in k(t_1, \ldots, t_n)$ eine Darstellung $f = a_1 g_1^2 + \cdots + a_r g_r^2$ der Länge r wie im Theorem erlaubt, und weiter, welches das kleinste r ist. Wir bezeichnen es mit $r(k, n)$. (Genauer müßte man $r_P(k, n)$ schreiben. Aber in den folgenden Beispielen hat k jeweils nur eine Anordnung.) Man weiß zum Beispiel für reell abgeschlossenes $k = R$, daß $r(R, 1) = 2$ und $n + 1 \leq r(R, n) \leq 2^n$ für alle n gilt (Cassels [Ca], Pfister [Pf]), sowie $r(R, 2) = 4$ (Cassels, Ellison, Pfister [CEP]). Für den Grundkörper $k = \mathbb{Q}$ ist bekannt $r(\mathbb{Q}, 1) = 5$ (Pourchet [Pou]) und $r(\mathbb{Q}, 2) \leq 8$ (Kato, Colliot-Thélène [KCT]). Aber man weiß nicht einmal, ob $r(\mathbb{Q}, 3)$ endlich ist.

Als eine Anwendung von Theorem 3 beweisen wir das folgende „Zeichenwechsel Kriterium":

Theorem 4 (D. Dubois, G. Efroymson). *Sei (k, P) ein angeordneter Körper mit reellem Abschluß R, und $f \in k[t_1, \ldots, t_n]$ ein nicht-konstantes irreduzibles Polynom. Dann sind äquivalent:*

(i) *Die Anordnung P läßt sich auf den Funktionenkörper $K = \operatorname{Quot} k[t_1, \ldots, t_n]/(f)$ fortsetzen;*

(ii) *f ist indefinit über R.*

(Die Bezeichnung des Kriteriums erklärt sich aus Bedingung (ii), welche besagt, daß f „in" der Hyperfläche $H := \{f = 0\}$ das Vorzeichen wechselt. K ist der Körper der rationalen Funktionen auf H, wie man in der algebraischen Geometrie lernt.)

Beweis. (i) $\Rightarrow$ (ii). Es sei f semidefinit, o.E. $f \geq 0$ auf R^n. Nach Artin besteht dann eine Gleichung

$$f h^2 = \sum_{i=1}^{r} a_i g_i^2$$

mit $0 \neq a_i \in P$, $g_i, h \in k[t]$ und (o.E.) $\mathrm{ggT}(g_1, \ldots, g_r, h) = 1$. Folglich teilt f nicht alle g_i, d.h. modulo (f) verschwinden nicht alle Summanden der rechten Seite. Dann kann P aber keine Fortsetzung auf K haben (I, §3, Satz 1).

(ii) $\Rightarrow$ (i). Nun sei f indefinit über R. Über R braucht f nicht mehr irreduzibel zu sein, hat aber mindestens einen indefiniten irreduziblen Teiler f_1 in $R[t]$. O.E. komme die Variable t_n in f_1 (also auch in f) tatsächlich vor. Wir setzen $t' := (t_1, \ldots, t_{n-1})$, $A := k[t']$, $E := k(t')$, $B := R[t']$, $F := R(t')$ und betrachten das kommutative Diagramm

$$k[t]/(f) = A[t_n]/(f) \xrightarrow{\varphi} B[t_n]/(f_1) = R[t]/(f_1)$$
$$\downarrow \qquad\qquad\qquad \downarrow \qquad\qquad\qquad (\star)$$
$$E[t_n]/(f) \xrightarrow{\psi} F[t_n]/(f_1)$$

in dem die Pfeile die kanonischen Homomorphismen bezeichnen.

Hilfssatz. *Ist A ein faktorieller Ring, $E = \mathrm{Quot}\,A$ und $f \in A[u] - A$ ein in $A[u]$ irreduzibles Polynom in einer Variablen u, so ist $A[u]/(f) \to E[u]/(f)$ injektiv, und $E[u]/(f)$ ist ein Körper (also der Quotientenkörper von $A[u]/(f)$).* (Beweis später.)

Aus dem Hilfssatz folgt, daß in $(\star)$ ψ eine Körpereinbettung von $K = \mathrm{Quot}\,k[t]/(f) = E[t_n]/(f)$ in $L := \mathrm{Quot}\,R[t]/(f_1) = F[t_n]/(f_1)$ ist. Es genügt zu zeigen, daß L formal reell ist, denn jede Anordnung von L gibt auf K eine Fortsetzung von P. Wir können also o.E. $k = R$ und $f = f_1$ annehmen und müssen zeigen, daß K formal reell ist.

Ist $n = 1$, so ist f linear, also $K = R$. Sei daher $n \geq 2$, und seien $p, q \in R^n$ mit $f(p) < 0 < f(q)$ gewählt. Nach linearem Koordinatenwechsel kann man $p = (a_1, \ldots, a_{n-1}, b)$ und $q = (a_1, \ldots, a_{n-1}, c)$ annehmen. Sei weiter $t' = (t_1, \ldots, t_{n-1})$, $F := R(t')$, und Q eine Anordnung von F, die alle $t_i - a_i$ ($i = 1, \ldots, n - 1$) unendlich klein gegenüber R macht (§10). Dann ist $f = f(t', t_n) \in F[t_n]$ indefinit über F bezüglich Q; denn mit $\mathfrak{o} := \mathfrak{o}_Q(F/R)$ gilt $t_i \equiv a_i \bmod \mathfrak{m}_\mathfrak{o}$ ($i = 1, \ldots, n-1$), also $f(t', b) \equiv f(a_1, \ldots, a_n, b) = f(p) \bmod \mathfrak{m}_\mathfrak{o}$, also $f(t', b) < 0$, und analog $f(t', c) > 0$. Gemäß dem Hilfssatz ist f irreduzibel in $F[t_n]$. Nach dem schon erledigten Fall $n = 1$ hat daher $F[t_n]/(f)$ eine Anordnung, welche Q fortsetzt, und die Einbettung $K \hookrightarrow F[t_n]/(f)$ (siehe Hilfssatz) zeigt, daß K formal reell ist. —

Beweis des Hilfssatzes: Dieser folgt unmittelbar daraus, daß mit A auch $A[u]$ faktoriell ist (eine Konsequenz des Gaußschen Lemmas, siehe etwa [LaA] V, §6 oder [JBA] vol. I, §2.16): Ist $g \in A[u]$, $h \in E[u]$ mit $g = fh$ in $E[u]$, so gibt es $0 \neq a \in A$ und $h' \in A[u]$ mit $ag = fh'$ (in $A[u]$). Da f kein Teiler von a ist, folgt $f|g$ in $A[u]$. Genauso leicht sieht man, daß f in $E[u]$ irreduzibel bleibt. $\qquad\qquad\square$

Kapitel III
Das reelle Spektrum

Das zentrale Objekt in diesem Kapitel ist das reelle Spektrum eines Rings, wie es um 1979 von M.F. Roy und M. Coste gefunden wurde, mit seinen elementaren Eigenschaften. Dabei arbeiten wir meist mit ganz allgemeinen kommutativen Ringen. Jedoch ergeben sich in der „geometrischen Situation", also für die Koordinatenringe affiner Varietäten über reell abgeschlossenen Grundkörpern, zum Teil spezielle Aspekte.

Da das reelle Spektrum viele Analogien zum üblichen Zariski-Spektrum aufweist (man betrachtet im wesentlichen Homomorphismen in reell abgeschlossene statt in algebraisch abgeschlossene Körper), und da wir die einfachsten Eigenschaften des letzteren verwenden, erschien es nicht überflüssig, in einem ersten Abschnitt einige Grundtatsachen zum Zariski-Spektrum zusammenzustellen. Sowohl Zariski- wie auch reelles Spektrum werden hier nur als topologische Räume betrachtet, wir gehen also nicht auf die Strukturgarben ein. Der Begriff der affinen Varietät wird im Sinne von A. Weil gebraucht, da Reduziertheitsfragen keine Rolle spielen werden und so der technische Aufwand geringer gehalten werden kann. Wir empfehlen jedoch jedem, der es noch nicht getan hat, sich mit der moderneren Sprache der algebraischen Geometrie anzufreunden (wie sie etwa in dem Buch [Ha] von Hartshorne entwickelt wird).

§1. Das Zariski-Spektrum. Affine Varietäten

Sei A ein Ring (das heißt stets: ein kommutativer Ring mit Eins). Wir erinnern daran, daß für jedes Ideal $\mathfrak{a}$ in A die Menge

$$\sqrt{\mathfrak{a}} = \{a \in A : a^n \in \mathfrak{a} \text{ für ein } n \in \mathbb{N}\}$$

ein Ideal in A ist, das *Radikal* von $\mathfrak{a}$. Ist $\mathfrak{a} = \sqrt{\mathfrak{a}}$, so heißt $\mathfrak{a}$ ein *Radikalideal*. Man bezeichnet $\mathrm{Nil}\, A := \sqrt{(0)}$ als das *Nilradikal* von A, und A heißt *reduziert*, wenn $\mathrm{Nil}\, A = (0)$ ist. Üblicherweise setzt man $A_{\mathrm{red}} := A/\mathrm{Nil}\, A$.

Definition 1. Das *(Zariski-) Spektrum* $\mathrm{Spec}\, A$ von A ist die Menge aller (von A verschiedenen) Primideale $\mathfrak{p}$ von A. Zu jedem $\mathfrak{p} \in \mathrm{Spec}\, A$ gehören der *Restklassenkörper*

$$\kappa_A(\mathfrak{p}) = \kappa(\mathfrak{p}) = \mathrm{Quot}\, A/\mathfrak{p}$$

und der *Auswertungs-Homomorphismus*

$$\rho_{A,\mathfrak{p}} = \rho_{\mathfrak{p}} \colon A \to \kappa(\mathfrak{p}), \quad f \mapsto f \bmod \mathfrak{p}.$$

Dabei schreiben wir $f(\mathfrak{p})$ für $\rho_{\mathfrak{p}}(f) = f \bmod \mathfrak{p}$.

Bemerkungen.

1. Ist A der Nullring, so ist $\operatorname{Spec} A = \emptyset$. Für jeden anderen Ring ist $\operatorname{Spec} A \neq \emptyset$.

2. Es ist oft nützlich, die folgende Vorstellung von $\operatorname{Spec} A$ im Kopf zu behalten: Man denkt sich die Elemente $f \in A$ als „Funktionen" auf der Menge (bzw. dem topologischen Raum, siehe Definition 2) $\operatorname{Spec} A$. Jedem Punkt $\mathfrak{p} \in \operatorname{Spec} A$ wird unter f der Funktionswert $f(\mathfrak{p}) = f \bmod \mathfrak{p} \in \kappa(\mathfrak{p})$ zugeordnet. (Man beachte, daß die Funktionswerte in jedem Punkt in einem anderen Körper liegen!) Formal gesprochen betrachtet man also den Ringhomomorphismus

$$\rho \colon A \to \prod_{\mathfrak{p} \in \operatorname{Spec} A} \kappa(\mathfrak{p}), \quad \rho(f) = \big(f(\mathfrak{p})\big)_{\mathfrak{p} \in \operatorname{Spec} A}.$$

Dieser hat den Kern $\bigcap\limits_{\mathfrak{p} \in \operatorname{Spec} A} \mathfrak{p} = \operatorname{Nil} A$ (siehe Satz 3), ist also genau dann injektiv, wenn A reduziert ist. In diesem Fall kann man A via ρ als einen Teilring von $\prod\limits_{\mathfrak{p}} \kappa(\mathfrak{p})$ auffassen.

Im allgemeinen lassen sich die Funktionswerte von f in verschiedenen Punkten $\mathfrak{p}$ nicht vergleichen, da sie in verschiedenen Körpern liegen. Aber man kann z.B. sinnvoll von der Nullstellenmenge von f sprechen (das ist also $\{\mathfrak{p} \in \operatorname{Spec} A\colon f \in \mathfrak{p}\}$). Die Idee bei der Definition der Zariski-Topologie ist es, diese Nullstellenmengen von Funktionen $f \in A$ als Erzeuger für die abgeschlossenen Mengen zu nehmen:

Definition 2. a) Für $f \in A$ setzt man

$$D_A(f) := \{\mathfrak{p} \in \operatorname{Spec} A\colon f(\mathfrak{p}) \neq 0\} = \{\mathfrak{p} \in \operatorname{Spec} A\colon f \notin \mathfrak{p}\},$$
$$\mathcal{V}_A(f) := \{\mathfrak{p} \in \operatorname{Spec} A\colon f(\mathfrak{p}) = 0\} = \{\mathfrak{p} \in \operatorname{Spec} A\colon f \in \mathfrak{p}\},$$

und allgemeiner für Teilmengen T von A

$$D_A(T) := \bigcap_{f \in T} D_A(f), \quad \mathcal{V}_A(T) := \bigcap_{f \in T} \mathcal{V}_A(f)$$

(die Indizes A werden wir häufig weglassen).

b) Die *Zariski-Topologie* auf $\operatorname{Spec} A$ hat $\{D_A(f)\colon f \in A\}$ als Subbasis offener Mengen.

Wir fassen $\operatorname{Spec} A$ stets als topologischen Raum auf. Man beachte, daß die Subbasis $\{D(f)\colon f \in A\}$ sogar eine Basis der Topologie bildet, denn für $f, g \in A$ ist $D(f) \cap D(g) = D(fg)$. Nach Definition sind alle Mengen $\mathcal{V}(T)$ $(T \subseteq A)$ abgeschlossen.

Satz 1.

   a) *Für $T \subseteq A$ ist $\mathcal{V}(T) = \mathcal{V}(\sqrt{\mathfrak{a}})$, wobei $\mathfrak{a} := \sum_{t \in T} At$ das von T erzeugte Ideal ist.*

   b) *Jede abgeschlossene Teilmenge von $\operatorname{Spec} A$ hat die Form $\mathcal{V}(\mathfrak{a})$ für ein (Radikal-) Ideal $\mathfrak{a}$ von A.*

Beweis. a) Wegen $T \subseteq \sqrt{\mathfrak{a}}$ ist „$\supseteq$" trivial. Umgekehrt sei $\mathfrak{p} \in \mathcal{V}(T)$ und $f \in \sqrt{\mathfrak{a}}$. Dann gibt es $r, n \in \mathbb{N}$ und $t_i \in T$, $a_i \in A$ $(i = 1, \ldots, r)$ mit $f^n = a_1 t_1 + \cdots + a_r t_r$. Wegen $t_i \in \mathfrak{p}$ $(i = 1, \ldots, r)$ folgt $f \in \mathfrak{p}$, also $\mathfrak{p} \in \mathcal{V}(f)$. — b) folgt aus a) und daraus, daß jede offene Teilmenge Vereinigung von Mengen $D(f)$ mit $f \in A$ ist. $\square$

Definition 3. Für eine Teilmenge Y von $\mathrm{Spec}\,A$ bezeichnet

$$\mathcal{I}(Y) := \{f \in A\colon f|Y \equiv 0\} = \bigcap_{\mathfrak{p} \in Y} \mathfrak{p}$$

das (Radikal-) Ideal der auf Y verschwindenden Funktionen.

Satz 2. *Für jede Teilmenge Y von $\mathrm{Spec}\,A$ ist $\overline{Y} = \mathcal{V}\big(\mathcal{I}(Y)\big)$.*

Beweis. „$\subseteq$" wegen $Y \subseteq \mathcal{V}\big(\mathcal{I}(Y)\big)$ und der Abgeschlossenheit von $\mathcal{V}\big(\mathcal{I}(Y)\big)$. Umgekehrt sei $\mathfrak{a}$ ein Ideal in A mit $\overline{Y} = \mathcal{V}(\mathfrak{a})$ (Satz 1). Dann ist $\mathfrak{a} \subseteq \mathcal{I}(\overline{Y}) \subseteq \mathcal{I}(Y)$, also $\overline{Y} = \mathcal{V}(\mathfrak{a}) \supseteq \mathcal{V}\big(\mathcal{I}(Y)\big)$. $\qquad\Box$

Korollar 1. *Die abgeschlossenen Punkte von $\mathrm{Spec}\,A$ sind genau die maximalen Ideale von A.* $\qquad\Box$

In der Regel ist die Zariski-Topologie also sehr schwach und nicht einmal eine T_1-Topologie. Das T_0-Trennungsaxiom ist allerdings stets erfüllt (Übung).[1]

Lemma. *Sei S eine multiplikative Teilmenge von A (d.h. es gelte $SS \subseteq S$ und $1 \in S$). Dann ist jedes bezüglich $\mathfrak{a} \cap S = \emptyset$ maximale Ideal $\mathfrak{a}$ von A ein Primideal.*

Beweis: Übung, oder ein beliebiges Buch über elementare kommutative Algebra. $\qquad\Box$

Satz 3 (Abstrakter oder Schwacher Nullstellensatz). *Ist $\mathfrak{a}$ ein Ideal von A, so gilt* $\mathcal{I}(\mathcal{V}(\mathfrak{a})) = \sqrt{\mathfrak{a}}$.

Korollar 2. *Für je zwei Ideale $\mathfrak{a}, \mathfrak{b}$ von A gilt:* $\quad \mathcal{V}(\mathfrak{a}) \subseteq \mathcal{V}(\mathfrak{b}) \iff \sqrt{\mathfrak{a}} \supseteq \sqrt{\mathfrak{b}}$.

Beweis von Satz 3. Man muß zeigen, daß $\sqrt{\mathfrak{a}} = \cap\{\mathfrak{p} \in \mathrm{Spec}\,A\colon \mathfrak{a} \subseteq \mathfrak{p}\}$ ist, wobei $\subseteq$ klar ist. Sei also $f \in A$, $f \notin \sqrt{\mathfrak{a}}$. Es gibt ein $\mathfrak{a}$ umfassendes Ideal $\mathfrak{p}$, welches maximal unter $\mathfrak{p} \cap \{1, f, f^2, \ldots\} = \emptyset$ ist (Zornsches Lemma). Nach dem Lemma ist $\mathfrak{p}$ ein Primideal, und es ist $f \notin \mathfrak{p}$. $\qquad\Box$

Für $\mathfrak{a} = 0$ besagt Satz 3, daß $\mathrm{Nil}\,A$ der Durchschnitt aller Primideale von A ist. Wir sehen insbesondere, daß A und A_{red} „dasselbe" Zariski-Spektrum besitzen (genauer: $A \to A_{\mathrm{red}}$ induziert einen Homöomorphismus $\mathrm{Spec}\,A_{\mathrm{red}} \to \mathrm{Spec}\,A$).

Definition 4. Ein topologischer Raum X heißt *irreduzibel*, wenn er nicht Vereinigung von zwei echten abgeschlossenen Teilräumen ist. Ein Punkt $x \in X$ heißt ein *generischer Punkt* von X, falls $X = \overline{\{x\}}$ ist.

Besitzt X einen generischen Punkt, so ist X irreduzibel. Häufig interessiert man sich für die Umkehrung. Man beachte, daß X höchstens einen generischen Punkt haben kann, falls X ein T_0-Raum ist (also z.B. Teilraum eines $\mathrm{Spec}\,A$).

---

[1]Ein topologischer Raum X heißt bekanntlich ein T_0-Raum, wenn für je zwei verschiedene Punkte $x, y \in X$ gilt: $x \notin \overline{\{y\}}$ oder $y \notin \overline{\{x\}}$. Ersetzt man „oder" durch „und", so erhält man das T_1-Axiom.

Satz 4. *Jeder nicht-leere abgeschlossene irreduzible Teilraum von* $\operatorname{Spec} A$ *besitzt (genau) einen generischen Punkt. Die nicht-leeren abgeschlossenen irreduziblen Teilmengen von* $\operatorname{Spec} A$ *sind also genau die* $\mathcal{V}(\mathfrak{p})$, $\mathfrak{p} \in \operatorname{Spec} A$.

Beweis. Sei $\emptyset \neq Y \subseteq \operatorname{Spec} A$ abgeschlossen und irreduzibel, und sei $\mathfrak{a} := \mathcal{I}(Y)$. Nach Satz 2 ist zu zeigen, daß $\mathfrak{a}$ ein Primideal ist. Wegen $Y \neq \emptyset$ ist $\mathfrak{a} \neq A$. Sind $f, g \in A$ mit $fg \in \mathfrak{a}$, so ist $Y \subseteq \mathcal{V}(f) \cup \mathcal{V}(g)$, also o.E. etwa $Y \subseteq \mathcal{V}(f)$ wegen der Irreduzibilität von Y, und insbesondere $f \in \mathfrak{a}$. $\qquad\square$

Satz 5. *Für jedes* $f \in A$ *ist* $D(f)$ *quasikompakt.*[2] *Insbesondere ist* $\operatorname{Spec} A = D(1)$ *quasikompakt.*

Beweis. Für jede Teilmenge T von A gilt:

$$D(f) \subseteq \bigcup_{g \in T} D(g)$$

$$\Longleftrightarrow \quad \mathcal{V}(f) \supseteq \mathcal{V}(T)$$

$$\Longleftrightarrow \quad f \in \sqrt{\sum_{g \in T} Ag} \qquad \text{(Korollar 2)}$$

$$\Longleftrightarrow \quad f \in \sqrt{\sum_{g \in T'} Ag} \qquad \text{für ein endliches } T' \subseteq T$$

$$\Longleftrightarrow \quad D(f) \subseteq \bigcup_{g \in T'} D(g) \quad \text{für ein endliches } T' \subseteq T. \qquad\square$$

Bemerkung 3. Mit $\mathring{\mathcal{K}}(\operatorname{Spec} A)$ bezeichnen wir die Menge aller endlichen Vereinigungen $D(f_1) \cup \cdots \cup D(f_r)$ $(r \geq 1,\, f_i \in A)$. Wegen Satz 5 besteht $\mathring{\mathcal{K}}(\operatorname{Spec} A)$ genau aus den offenen quasikompakten Teilmengen von $\operatorname{Spec} A$. Insbesondere ist $\mathring{\mathcal{K}}(\operatorname{Spec} A)$ allein durch den topologischen Raum $\operatorname{Spec} A$ bestimmt, während dies für die offene Basis $\{D(f) : f \in A\}$ i.a. nicht richtig ist. (Vergleiche auch §4.)

Nun zum funktoriellen Verhalten des Zariski-Spektrums. Sei $\varphi \colon A \to B$ ein Homomorphismus von Ringen (mit $1 \mapsto 1$, wie stets). Für jedes $\mathfrak{q} \in \operatorname{Spec} B$ ist $\varphi^{-1}(\mathfrak{q})$ ein Primideal in A. Daher induziert φ eine Abbildung

$$\operatorname{Spec} B \to \operatorname{Spec} A, \quad \mathfrak{q} \mapsto \varphi^{-1}(\mathfrak{q})$$

der Spektren (in umgekehrter Richtung), die mit $\operatorname{Spec} \varphi$ oder φ^* bezeichnet wird. Wegen $(\operatorname{Spec} \varphi)^{-1}\big(D_A(f)\big) = D_B(\varphi(f))$ für $f \in A$ ist diese stetig; Spec ist also ein Funktor von der Kategorie der kommutativen Ringe in die Kategorie der topologischen Räume.

---

[2] Wie üblich bezeichnen wir einen topologischen Raum nur dann als kompakt, wenn er quasikompakt ist und das Hausdorffsche Trennungsaxiom erfüllt.

Weiter induziert φ Einbettungen der Restklassenkörper: Ist $\mathfrak{q} \in \operatorname{Spec} B$, so wird durch die Einbettung $A/\varphi^{-1}(\mathfrak{q}) \hookrightarrow B/\mathfrak{q}$ eine Körpereinbettung $\varphi_{\mathfrak{q}} \colon \kappa_A(\varphi^*\mathfrak{q}) \hookrightarrow \kappa_B(\mathfrak{q})$ induziert. Es kommutiert also

$$
\begin{array}{ccc}
A & \xrightarrow{\ \varphi\ } & B \\
{\scriptstyle \rho_{A,\varphi^*\mathfrak{q}}}\downarrow & & \downarrow{\scriptstyle \rho_{B,\mathfrak{q}}} \\
\kappa_A(\varphi^*\mathfrak{q}) & \xrightarrow[\ \varphi_{\mathfrak{q}}\ ]{} & \kappa_B(\mathfrak{q})
\end{array}
$$

Dies zeigt: Faßt man (wie in Bemerkung 2 erklärt) die Ringe als Ringe von Funktionen auf ihren Spektren auf, so ist $\varphi \colon A \to B$ nichts anderes als Zurückziehen von Funktionen auf $\operatorname{Spec} A$ mittels $\varphi^* \colon \operatorname{Spec} B \to \operatorname{Spec} A$ und mittels der Einbettungen $\varphi_{\mathfrak{q}}$ der Restklassenkörper.

Wir betrachten zwei Spezialfälle etwas näher. Sei zunächst S eine multiplikative Teilmenge von A und $i_S \colon A \to S^{-1}A$ der kanonische Homomorphismus $a \mapsto a/1$.

Satz 6. $\operatorname{Spec}(i_S) = i_S^* \colon \operatorname{Spec} S^{-1}A \to \operatorname{Spec} A$ *ist ein Homöomorphismus von* $\operatorname{Spec} S^{-1}A$ *auf den Teilraum* $D_A(S)$ *von* $\operatorname{Spec} A$. *Alle Restklassenhomomorphismen* $(i_S)_{\mathfrak{q}}$ *für* $\mathfrak{q} \in \operatorname{Spec} S^{-1}A$ *sind Isomorphismen.*

Beweis. Zu i_S^* invers ist die Abbildung

$$
D_A(S) \to \operatorname{Spec} S^{-1}A, \quad \mathfrak{p} \mapsto S^{-1}\mathfrak{p} := (S^{-1}A) \cdot i_S(\mathfrak{p}) = \Big\{ \frac{a}{s} \colon\ a \in \mathfrak{p},\ s \in S \Big\}.
$$

Da für $\frac{a}{s} \in S^{-1}A$ gilt: $i_S^*\big(D_{S^{-1}A}(\frac{a}{s})\big) = D_A(a) \cap D_A(S)$, ist i_S^* offen aufs Bild, also ein Homöomorphismus. Für die zweite Behauptung sei $\mathfrak{q} \in \operatorname{Spec} S^{-1}A$ und $\mathfrak{p} := i_S^*(\mathfrak{q}) = i_S^{-1}(\mathfrak{q})$ (also $\mathfrak{q} = S^{-1}\mathfrak{p}$). Zu zeigen ist, daß die Einbettung $A/\mathfrak{p} \hookrightarrow (S^{-1}A)/(S^{-1}\mathfrak{p})$ einen Isomorphismus der Quotientenkörper induziert. Aber das ist unmittelbar klar. $\qquad\square$

Wegen Satz 6 kann man $\operatorname{Spec} S^{-1}A$ mit dem Teilraum $D_A(S) = \{\mathfrak{p} \in \operatorname{Spec} A \colon \mathfrak{p} \cap S = \emptyset\}$ von $\operatorname{Spec} A$ identifizieren. Insbesondere kann jede basische offene Menge $D_A(f)$ als Zariski-Spektrum eines Ringes interpretiert werden, nämlich von $f^{-\infty}A$ (wobei wir $f^{-\infty}A := S^{-1}A$ für $S := \{1, f, f^2, \ldots\}$ gesetzt haben).

Nun sei $\mathfrak{a} \subseteq A$ ein Ideal und $\varphi \colon A \to A/\mathfrak{a}$ der Restklassenhomomorphismus.

Satz 7. $\varphi^* \colon \operatorname{Spec} A/\mathfrak{a} \to \operatorname{Spec} A$ *ist ein Homöomorphismus von* $\operatorname{Spec} A/\mathfrak{a}$ *auf den abgeschlossenen Teilraum* $V_A(\mathfrak{a})$ *von* $\operatorname{Spec} A$. *Alle Einbettungen* $\varphi_{\mathfrak{q}}$ ($\mathfrak{q} \in \operatorname{Spec} A/\mathfrak{a}$) *der Restklassenkörper sind Isomorphismen.*

Beweis. Analog wie bei Satz 6. Hier ist $\varphi^*\big(D_{A/\mathfrak{a}}(f + \mathfrak{a})\big) = D_A(f) \cap V_A(\mathfrak{a})$ für $f \in A$. $\qquad\square$

Für die Ringe $A/\mathfrak{a}$ gilt mutatis mutandis das eben für $S^{-1}A$ gesagte. Auch die abgeschlossenen Teilräume von $\operatorname{Spec} A$ sind also Spektren von Ringen.

Zum Schluß soll nun noch erklärt werden, was wir unter affinen Varietäten über einem Körper verstehen wollen. Dabei nehmen wir im wesentlichen den Weilschen Standpunkt ein (alle Varietäten sind also reduziert) und zeigen, wie man durch Betrachtung der zugehörigen Funktionenalgebren eine koordinatenfreie Darstellung gewinnt.

Sei k stets ein Körper mit algebraischem Abschluß $\bar{k}$. Ist $K \supseteq k$ ein Oberkörper, T eine Teilmenge von $k[t_1, \ldots, t_n]$ und V eine Teilmenge von K^n, so schreiben wir

$$Z_K(T) := \{x \in K^n \colon f(x) = 0 \text{ für alle } f \in T\}$$

und

$$I_k(V) := \{f \in k[t_1, \ldots, t_n] \colon f(x) = 0 \text{ für alle } x \in V\}.$$

Definition 5. Eine *affine k-Varietät* ist eine Teilmenge V von $\bar{k}^n$ der Form $V = Z_{\bar{k}}(\mathfrak{a})$, für ein Ideal $\mathfrak{a} \subseteq k[t_1, \ldots, t_n]$. Ist $k \subseteq K \subseteq \bar{k}$ ein Zwischenkörper, so nennt man die Elemente von $V(K) := V \cap K^n$ die *K-rationalen Punkte* von V. Sind $V \subseteq \bar{k}^m$ und $W \subseteq \bar{k}^n$ affine k-Varietäten, so heißt eine Abbildung $\varphi \colon V \to W$ ein *k-Morphismus* von V nach W, wenn Polynome $f_1, \ldots, f_n \in k[t_1, \ldots, t_m]$ mit $\varphi(x) = \big(f_1(x), \ldots, f_n(x)\big)$ $(x \in V)$ existieren.

Bemerkungen.
4. Es genügt nicht, nur die k-rationalen Punkte $V(k)$ von V zu betrachten, da sie i.a. zu wenig Information über V enthalten. Zum Beispiel kann $V(k)$ leer sein, ohne daß V die leere Varietät ist (etwa für die durch $1 + t_1^2 + t_2^2 = 0$ definierte $\mathbb{R}$-Varietät in der Ebene).
5. Ist $V \subseteq \bar{k}^n$ eine k-Varietät, so ist offensichtlich $I_k(V)$ das größte Ideal $\mathfrak{a}$ in $k[t_1, \ldots, t_n]$ mit $V = Z_{\bar{k}}(\mathfrak{a})$.
6. Die gegebene Definition ist abhängig von der Wahl von Koordinaten, was in vielfacher Hinsicht unbefriedigend ist. Wir werden gleich sehen, wie man affine k-Varietäten koordinatenfrei beschreiben kann.

Dazu sei weiterhin $V \subseteq \bar{k}^n$ eine affine k-Varietät. Wir setzen

$$k[V] := k[t_1, \ldots, t_n]/I_k(V)$$

und nennen $k[V]$ die *affine $(k$-$)Algebra von V*. Offenbar ist $k[V]$ eine affine (d.h. endlich erzeugte) reduzierte k-Algebra, die man als die Algebra der k-Morphismen $V \to \bar{k}$ interpretieren kann. Ist $\varphi \colon V \to W$ ein k-Morphismus affiner k-Varietäten, so induziert φ einen Homomorphismus $\varphi^* \colon k[W] \to k[V]$ von k-Algebren durch „Zurückziehen".

Wir wollen nun einsehen, daß V und $k[V]$ bis auf Isomorphie „dasselbe" sind, genauer: V ist dasselbe wie $k[V]$ plus Wahl von Koordinaten. Dazu beobachten wir, daß für jeden Oberkörper K von k eine kanonische Bijektion

$$\mathrm{Hom}_k\big(k[V], K\big) \xrightarrow{\approx} Z_K(I_k(V)), \quad x \longmapsto \big(x(\overline{t_1}), \ldots, x(\overline{t_n})\big)$$

besteht[3] (wobei $\overline{t_i} := t_i + I_k(V) \in k[V]$), insbesondere für $K = \bar{k}$ also eine Bijektion $\mathrm{Hom}_k\big(k[V], \bar{k}\big) \to V$. Daher definieren wir:

---

[3] $\mathrm{Hom}_k(\cdot, \cdot)$ meint stets die Homomorphismen von k-Algebren.

Definition 6. Ist A eine affine k-Algebra und K ein Oberkörper von k, so setzen wir $V_A(K) := \mathrm{Hom}_k(A, K)$. Speziell heißt $V_A := V_A(\bar{k}) = \mathrm{Hom}_k(A, \bar{k})$ die (abstrakte) *Varietät von* A. Zu jedem Homomorphismus $\varphi: A \to B$ affiner k-Algebren gehört eine Abbildung $\varphi_K^*: V_B(K) \to V_A(K)$, nämlich $y \mapsto y \circ \varphi$. Insbesondere induziert φ eine Abbildung $\varphi^*: V_B \to V_A$ der Varietäten.

Ähnlich wie beim Zariski-Spektrum fassen wir die Elemente $f \in A$ als Funktionen (mit Werten in $\bar{k}$) auf der Varietät V_A auf, indem wir setzen $f(x) := x(f)$ $(x \in V_A)$.

Wählt man ein System $u_1, \ldots, u_n$ von Erzeugern von A, so kann man V_A mit einer affinen k-Varietät im Sinn von Definition 5 identifizieren, denn die Auswertungsabbildung $V_A \to \bar{k}^n$, $x \mapsto \big(u_1(x), \ldots, u_n(x)\big)$ ist eine Bijektion von V_A auf die k-Varietät $Z_{\bar{k}}(\mathfrak{a}) \subseteq \bar{k}^n$ ($\mathfrak{a} :=$ Kern des Homomorphismus $k[t_1, \ldots, t_n] \to A$, $t_i \mapsto u_i$). Ein anderes Erzeugendensystem von A gibt eine dazu k-isomorphe k-Varietät. Wir haben der k-Algebra A also mit V_A eine $(k\text{-})$ Isomorphieklasse von affinen k-Varietäten zugeordnet; die Wahl eines Repräsentanten dieser Isomorphieklasse entspricht der Wahl von Erzeugern von A.

Weiter ist klar, daß für jeden Homomorphismus $\varphi: A \to B$ affiner k-Algebren die Abbildung $\varphi^*: V_B \to V_A$ ein k-Morphismus der k-Varietäten (Definition 5) ist (für jede Wahl von Koordinaten).

Wir wollen einsehen, daß die beiden Zuordnungen $V \mapsto k[V]$ und $A \mapsto V_A$ invers zueinander sind, wenn wir uns bei der zweiten auf *reduzierte* k-Algebren beschränken. Zunächst sei $V \subseteq \bar{k}^n$ eine affine k-Varietät, und sei $A := k[V] = k[t_1, \ldots, t_n]/I_k(V)$. Wählt man als Erzeuger von $A = k[V]$ gerade die $\overline{t_i} = t_i + I_k(V)$ $(i = 1, \ldots, n)$, so gibt die Auswertungsabbildung von $V_A = \mathrm{Hom}_k(A, \bar{k})$ nach $\bar{k}^n$ eine Bijektion von V_A auf $Z_{\bar{k}}\big(I_k(V)\big) = V$. Die k-Varietät V_A kann daher in kanonischer Weise mit V identifiziert werden.

Um für reduziertes A umgekehrt einzusehen, daß $k[V_A]$ zu A isomorph ist, braucht man einen fundamentalen Satz der algebraischen Geometrie, den wir hier nicht beweisen wollen:

Theorem (Hilberts Nullstellensatz). *Ist A eine affine k-Algebra, so ist* $\mathrm{Nil}\, A$ *der Durchschnitt aller maximalen Ideale* $\mathfrak{m}$ *von A, und für jedes solche* $\mathfrak{m}$ *ist der Körpergrad* $[A/\mathfrak{m} : k]$ *endlich.*

Die wesentliche Arbeit besteht darin, zu zeigen, daß $A/\mathfrak{m}$ eine endliche Körpererweiterung von k ist für jedes maximale Ideal $\mathfrak{m}$ einer endlich erzeugten k-Algebra A. Häufig wird auch nur diese Aussage als Hilbertscher Nullstellensatz bezeichnet. Durch Lokalisieren folgert man daraus leicht, daß die abgeschlossenen Punkte von $\mathrm{Spec}\, A$ in $\mathrm{Spec}\, A$ dicht liegen, woraus wegen dem schwachen Nullstellensatz (Satz 3) das Theorem folgt. Für einen Beweis von Hilberts Nullstellensatz siehe z.B. [Ku], [BAC, ch. V, §3.3].

Ist nun A eine affine reduzierte k-Algebra, so besagt Hilberts Nullstellensatz gerade, daß zu jedem $0 \neq f \in A$ ein $x \in V_A$ mit $f(x) \neq 0$ existiert. Das aber heißt, daß der kanonische Homomorphismus $A \to k[V_A] = A/\bigcap_{x \in V_A} \mathrm{kern}(x)$ ein Isomorphismus ist.

Zusammenfassung: Wir haben gesehen, daß eine affine k-Varietät $V \subseteq \bar{k}^n$ „dasselbe" ist wie eine affine reduzierte k-Algebra A zusammen mit einem System von Erzeugern von A. Wir werden daher in Zukunft unter einer affinen k-Varietät meist eine affine reduzierte k-Algebra A zusammen mit der Menge $V_A = \mathrm{Hom}_k(A, \bar{k})$ verstehen, was den Vorteil der Koordinatenfreiheit hat.

Bemerkung 7. Die Beschränkung auf *reduzierte* affine k-Algebren ist künstlich, wie schon Grothendieck erkannte. Um nicht-reduzierte k-Algebren geometrisch zu verstehen, muß man den Standpunkt aufgeben, eine algebraische Funktion $V \to \bar{k}$ (auf einer k-Varietät $V \subseteq \bar{k}^n$) sei schon durch ihre Werte in den Punkten von V bestimmt. Hierfür, sowie für das Studium nicht-affiner Varietäten, ist der Garbenbegriff das geeignete Hilfsmittel. Für unsere Zwecke jedoch genügt die vorgestellte „naive" Interpretation von Varietäten.

Wir bemerken abschließend, daß die k-rationalen Punkte einer affinen k-Varietät in kanonischer Weise als Teilmenge des Zariski-Spektrums aufgefaßt werden können. Ist nämlich A eine affine k-Algebra, so ist

$$V_A(k) \to \mathrm{Spec}\, A, \quad x \mapsto \mathrm{kern}\, x$$

eine Bijektion von $V_A(k) = \mathrm{Hom}_k(A, k)$ auf die Menge aller maximalen Ideale $\mathfrak{m}$ von A, für die $k \to A \to A/\mathfrak{m}$ ein Isomorphismus (d.h. $A = \mathfrak{m} + k \cdot 1$) ist. Die von $\mathrm{Spec}\, A$ auf $V_A(k)$ induzierte Topologie wird auch als die Zariski-Topologie auf $V_A(k)$ bezeichnet. Dagegen läßt sich (für $k \neq \bar{k}$) die Varietät $V_A = V_A(\bar{k})$ von A i.a. nicht in $\mathrm{Spec}\, A$ hineinzwängen: Ist $\mathfrak{m} \in \mathrm{Spec}\, A$ ein abgeschlossener Punkt, so gibt es i.a. mehrere k-Einbettungen $A/\mathfrak{m} \hookrightarrow \bar{k}$, und entsprechend mehrere zu $\mathfrak{m}$ gehörende Punkte in V_A.

Ist jedoch $k = \bar{k}$ algebraisch abgeschlossen, so ist $x \mapsto \mathrm{kern}\, x$ eine Bijektion von V_A auf den Raum der abgeschlossenen Punkte in $\mathrm{Spec}\, A$. Man nennt daher die durch $V_A \hookrightarrow \mathrm{Spec}\, A$ auf V_A induzierte Topologie auch die Zariski-Topologie der Varietät V_A. Historisch gesehen war es freilich umgekehrt, denn O. Zariski studierte die nach ihm benannte Topologie auf k-Varietäten $V \subseteq \bar{k}^n$ schon lange, bevor der Begriff des Spektrums in den 1950er Jahren geprägt wurde.

§2. Realität in kommutativen Ringen

A sei stets ein (kommutativer) Ring. Wie schon früher bezeichnet $\Sigma A^2 := \{a_1^2 + \cdots + a_n^2 : n \geq 1, a_i \in A\}$ den kleinsten in A enthaltenen Halbring.

Will man den Begriff der (formalen) Realität von Körpern auf beliebige Ringe übertragen, so führen die beiden über Körpern äquivalenten Bedingungen bei allgemeinen Ringen zu verschiedenen Konzepten. Daher unterscheiden wir reelle und halbreelle Ringe.

Definition 1.

a) A heißt *halbreell*, falls $-1 \notin \Sigma A^2$ ist. Ist A nicht halbreell (d.h. gibt es $a_1, \ldots, a_n \in A$ mit $1 + a_1^2 + \cdots + a_n^2 = 0$), so nennen wir A *unreell*.

b) A heißt *reell* (oder auch *formal reell*), falls für $a_1, \ldots, a_n \in A$ gilt: $a_1^2 + \cdots + a_n^2 = 0 \Rightarrow a_1 = \cdots = a_n = 0$.

c) Ein Ideal $\mathfrak{a} \subseteq A$ heißt *halbreell* bzw. *reell*, falls der Ring $A/\mathfrak{a}$ halbreell bzw. reell ist.

In der Literatur sind die Bezeichnungen für diese Eigenschaften leider uneinheitlich. Wir folgen einem Vorschlag von T.Y. Lam [LRA], der sich gut zu bewähren scheint.

Bemerkungen.

1. Der Nullring ist reell, aber nicht halbreell. Jeder andere reelle Ring ist auch halbreell. Der Ring $\mathbb{R}[x,y]/(x^2 + y^2)$ ist halbreell (Bemerkung 5), aber nicht reell.

2. Ist A reell, so auch reduziert, und jeder Teilring ist auch reell.

3. Ein nullteilerfreier Ring $A \neq \{0\}$ ist genau dann reell, wenn sein Quotientenkörper dies ist. Ein Körper K ist genau dann (halb-)reell, wenn er eine Anordnung besitzt (I, §1).

4. Ein Bewertungsring A ist genau dann reell, wenn er halbreell ist. Dies ist z.B. der Fall, wenn A residuell reell ist (II, §7), aber i.a. nicht umgekehrt. (Beweis: Sei A halbreell und $a_1^2 + \cdots + a_n^2 = 0$ mit $a_i \in A$, $a_i \neq 0$. Man kann $v(a_1) \leq \cdots \leq v(a_n) < \infty$ annehmen, und es folgt für $b_i := a_i/a_1 \in A$ $(i = 1, \ldots, n)$: $1 + b_2^2 + \cdots + b_n^2 = 0$, Widerspruch. — Der Zusatz aus Bemerkung 5.)

5. Ist $\varphi : A \to B$ ein Homomorphismus und ist B halbreell, so auch A.

6. Ist $\varphi : A \to B$ ein Homomorphismus und $\mathfrak{b} \subseteq B$ ein reelles bzw. halbreelles Ideal, so ist auch $\varphi^{-1}(\mathfrak{b})$ reell bzw. halbreell. Ist φ surjektiv, so ist $\mathfrak{b}$ genau dann (halb-)reell, wenn $\varphi^{-1}(\mathfrak{b})$ dies ist.

7. Ein direktes Produkt $A = A_1 \times \cdots \times A_r$ (mit $A_i \neq 0$) ist genau dann (halb-)reell, wenn alle Faktoren dies sind.

8. Ist $S \subseteq A$ eine multiplikative Teilmenge mit $0 \notin S$, so gilt:
$$A \text{ reell} \implies S^{-1}A \text{ reell} \implies S^{-1}A \text{ halbreell} \implies A \text{ halbreell},$$
aber i.a. keine der Umkehrungen. (Beweis der ersten Implikation: Aus $\sum_i (a_i/s_i)^2 = 0$ in $S^{-1}A$ folgt $\sum_i (a_i t_i)^2 = 0$ in A für geeignete $t_i \in S$. Ist A reell, so folgt also $a_i t_i = 0$ und damit $a_i/s_i = 0$ für alle i.)

Bezeichnung. Es sei $(\operatorname{Spec} A)_{\mathrm{re}}$ die Menge aller *reellen* Primideale von A, d.h.
$$(\operatorname{Spec} A)_{\mathrm{re}} := \{\mathfrak{p} \in \operatorname{Spec} A : \kappa(\mathfrak{p}) \text{ ist reell}\}.$$

Wir können nun die reellen Ringe auch auf andere Weise charakterisieren:

Satz 1. *Für einen Ring A sind äquivalent:*
 (i) *A ist reell;*
 (ii) *A ist reduziert, und alle minimalen Primideale von A sind reell;*
 (iii) *A ist reduziert, und $(\operatorname{Spec} A)_{\mathrm{re}}$ ist dicht in $\operatorname{Spec} A$;*
 (iv) *der Durchschnitt aller $\mathfrak{p} \in (\operatorname{Spec} A)_{\mathrm{re}}$ ist $\{0\}$.*

Beweis. (i) $\Rightarrow$ (ii) Für jedes Primideal $\mathfrak{p}$ von A ist $A_{\mathfrak{p}}$ reell (Bemerkung 8), also auch reduziert (Bemerkung 2). Ist $\mathfrak{p}$ minimal, so ist $\mathfrak{p} A_{\mathfrak{p}}$ das einzige Primideal von $A_{\mathfrak{p}}$. Folglich ist $\mathfrak{p} A_{\mathfrak{p}} = 0$ und somit $A_{\mathfrak{p}} = \kappa(\mathfrak{p})$, d.h. $\mathfrak{p}$ ist reell.
(ii) $\Rightarrow$ (iii) ist klar (in jedem Ring A ist die Menge der minimalen Primideale dicht in $\operatorname{Spec} A$).
(iii) $\Rightarrow$ (iv) Da $(\operatorname{Spec} A)_{\mathrm{re}}$ dicht in $\operatorname{Spec} A$ ist, ist $\bigcap\{\mathfrak{p}\colon \mathfrak{p} \in (\operatorname{Spec} A)_{\mathrm{re}}\} = \bigcap\{\mathfrak{p}\colon \mathfrak{p} \in \operatorname{Spec} A\} = \operatorname{Nil} A$ (§1, Satz 3), also gleich (0), da A reduziert ist.
(iv) $\Rightarrow$ (i) Seien $a_1, \dots, a_r \in A - \{0\}$. Nach Voraussetzung (iv) gibt es ein $\mathfrak{p} \in (\operatorname{Spec} A)_{\mathrm{re}}$ mit $a_1 \notin \mathfrak{p}$. Da $\mathfrak{p}$ reell ist, ist $a_1^2 + \cdots + a_r^2 \notin \mathfrak{p}$, also insbesondere $\neq 0$. $\qquad\square$

Korollar 1. *Die reellen Ringe sind genau die Teilringe von (i.a. unendlichen) direkten Produkten formal reeller Körper.* $\qquad\square$

Um auch die halbreellen Ringe zu charakterisieren, führen wir folgende Sprechweise ein: Ein Ideal $\mathfrak{a} \in A$ heißt *maximal reell*, wenn $\mathfrak{a}$ reell, $\mathfrak{a} \neq A$ und $\mathfrak{a}$ maximal unter diesen Eigenschaften ist (d.h. aus $\mathfrak{a} \subseteq \mathfrak{a}'$ und $\mathfrak{a}'$ reell folgt $\mathfrak{a}' = \mathfrak{a}$ oder $\mathfrak{a}' = A$). Analog wird *maximal halbreell* definiert.

Satz 2. *Ein Ideal von A ist genau dann maximal reell, wenn es maximal halbreell ist. Die maximal (halb-) reellen Ideale sind genau die bezüglich $\mathfrak{p} \cap (1 + \Sigma A^2) = \emptyset$ maximalen (Prim-) Ideale $\mathfrak{p}$ von A.*

Beweis. Sei $S = 1 + \Sigma A^2$. Die halbreellen Ideale von A sind genau die Ideale $\mathfrak{a}$ mit $\mathfrak{a} \cap S = \emptyset$. O.E. sei $0 \notin S$, also A halbreell, da sonst nichts zu zeigen ist. Jedes echte Ideal $\mathfrak{b}$ von $S^{-1}A$ ist (in $S^{-1}A$) halbreell, denn aus $1 + \left(\frac{a_1}{s_1}\right)^2 + \cdots + \left(\frac{a_r}{s_r}\right)^2 \in \mathfrak{b}$ $(a_i \in A, s_i \in S)$ folgt $b := s^2 + a_1'^2 + \cdots + a_r'^2 \in \mathfrak{b}$ für geeignete $s \in S$, $a_i' \in A$ (Hauptnenner), ein Widerspruch wegen $b \in S$. Ist nun $\mathfrak{a}$ ein maximal halbreelles Ideal von A, so ist $\mathfrak{a}$ ein Primideal (§1, Lemma). Da $S^{-1}\mathfrak{a}$ ein maximales Ideal von $S^{-1}A$ ist, ist nach dem eben Gesagten $S^{-1}A/S^{-1}\mathfrak{a}$ ein reeller Körper. Aus der Einbettung $A/\mathfrak{a} \hookrightarrow S^{-1}A/S^{-1}\mathfrak{a}$ folgt, daß $\mathfrak{a}$ reell ist. — Ist umgekehrt $\mathfrak{a}$ ein maximal reelles Ideal, so ist wegen der schon gezeigten Richtung $\mathfrak{a}$ auch maximal halbreell. $\qquad\square$

Korollar 2. *Ein Ideal $\mathfrak{a}$ von A ist genau dann halbreell, wenn es ein $\mathfrak{p} \in (\operatorname{Spec} A)_{\mathrm{re}}$ mit $\mathfrak{a} \subseteq \mathfrak{p}$ gibt. Speziell: Ein Ring A ist genau dann halbreell, wenn er ein reelles Primideal enthält (also wenn $\operatorname{Sper} A \neq \emptyset$ ist, siehe §3).*

Beweis. Ist $\mathfrak{a}$ halbreell, so ist $\mathfrak{a}$ in einem maximal halbreellen Ideal $\mathfrak{p}$ enthalten, und $\mathfrak{p} \in (\operatorname{Spec} A)_{\mathrm{re}}$ nach Satz 2. Die Umkehrung ist klar. $\qquad\square$

Auf andere — überraschende — Weise ausgedrückt heißt das:

Korollar 3. *Ist* -1 *eine Summe von Quadraten in jedem Restklassenkörper von A, so auch schon in A selbst!* $\qquad\square$

Im reellen Kontext gibt es, analog zum klassischen Fall (§1), einen schwachen und einen starken Nullstellensatz. Der schwache Nullstellensatz beschreibt den Durchschnitt aller *reellen* Primideale in einem beliebigen Ring:

Satz 3 (Schwacher reeller Nullstellensatz). *Ist $\mathfrak{a} \subseteq A$ ein Ideal, so sind für $f \in A$ äquivalent:*

(i) $f \in \mathfrak{p}$ *für alle reellen Primideale* $\mathfrak{p} \supseteq \mathfrak{a}$;
(ii) *es gibt* $N \in \mathbb{N}$ *und* $a_1, \ldots, a_r \in A$ *mit* $f^{2N} + a_1^2 + \cdots + a_r^2 \in \mathfrak{a}$.

Beweis. Indem man zu dem Ring $A/\mathfrak{a}$ übergeht, kann man $\mathfrak{a} = (0)$ annehmen.
(i) $\Rightarrow$ (ii) Die Voraussetzung besagt $D_A(f) \cap (\operatorname{Spec} A)_{\mathrm{re}} = \emptyset$, also $(\operatorname{Spec} f^{-\infty} A)_{\mathrm{re}} = \emptyset$. Nach Satz 2 besteht in $f^{-\infty} A$ eine Gleichung

$$1 + \left(\frac{a_1}{f^n}\right)^2 + \cdots + \left(\frac{a_r}{f^n}\right)^2 = 0\,.$$

Es folgt $f^{2m}(f^{2n} + a_1^2 + \cdots + a_r^2) = 0$ in A für ein $m \geq 0$, also (ii).
(ii) $\Rightarrow$ (i) Für $\mathfrak{p} \in (\operatorname{Spec} A)_{\mathrm{re}}$ folgt aus (ii) $f^{2N} \in \mathfrak{p}$, also $f \in \mathfrak{p}$. $\qquad\square$

Definition 2. Ist $\mathfrak{a} \subseteq A$ ein Ideal, so ist das *reelle Radikal* $\sqrt[\mathrm{re}]{\mathfrak{a}}$ von $\mathfrak{a}$ definiert als der Durchschnitt aller reellen Primideale $\mathfrak{p} \supseteq \mathfrak{a}$.

Bemerkungen.
9. Ein Ring ist genau dann reell, wenn $\sqrt[\mathrm{re}]{(0)} = (0)$ ist (Satz 1), also wenn er „reell reduziert" ist.
10. Nach Satz 3 ist
$$\sqrt[\mathrm{re}]{\mathfrak{a}} = \{f \in A \colon \exists\, N \in \mathbb{N}, \exists\, a_1, \ldots, a_r \in A \text{ mit } f^{2N} + a_1^2 + \cdots + a_r^2 \in \mathfrak{a}\}.$$
Will man direkt einsehen, daß die rechte Seite ein Ideal bildet, so bereitet die Abgeschlossenheit unter der Addition Mühe. Man kann so vorgehen: Es gelte $f^{2M} + a_1^2 + \cdots + a_r^2 \in \mathfrak{a}$, $g^{2N} + b_1^2 + \cdots + b_s^2 \in \mathfrak{a}$. Man kann dabei $M = N$ annehmen. Nun ist $(f+g)^{4N} + (f-g)^{4N}$ Summe von Elementen der Form $f^{2m} g^{2n}$ mit $m + n = 2N$. In jedem solchen Term ist also $m \geq N$ oder $n \geq N$. Daher ist $-f^{2m} g^{2n}$ modulo $\mathfrak{a}$ eine Summe von Quadraten, woraus man eine Darstellung $(f + g)^{4N} + c_1^2 + \cdots + c_t^2 \in \mathfrak{a}$ gewinnt.

Sei jetzt R ein reell abgeschlossener Körper, $C = R(\sqrt{-1})$, und A eine affine R-Algebra, sowie $V_A = \operatorname{Hom}_R(A, C)$ die Varietät zu A. Wir interpretieren wieder $V_A(R) = \operatorname{Hom}_R(A, R)$ als Teilraum von $\operatorname{Spec} A$ (§1), tatsächlich sogar von $(\operatorname{Spec} A)_{\mathrm{re}}$, und geben neue Formulierungen der in Kapitel II bewiesenen Sätze von Artin und Lang:

Theorem 4 (Stellensatz). *Eine affine R-Algebra A ist genau dann halbreell, wenn die Varietät V_A reelle Punkte besitzt, d.h. wenn $V_A(R) \neq \emptyset$ ist.*

Beweis. Eine Richtung ist klar. Sei daher A halbreell. Dann gibt es $\mathfrak{p} \in (\operatorname{Spec} A)_{\mathrm{re}}$ (Korollar 2), und $K := \kappa(\mathfrak{p})$ ist ein reeller Funktionenkörper über R. Seien $f_1, \ldots, f_r$

Erzeuger von A und $\overline{f_1}, \ldots, \overline{f_r}$ ihre Bilder in K. Nach II, §11, Theorem 2 gibt es eine Stelle $\lambda\colon K \to R \cup \infty$ über R mit $\lambda(\overline{f_i}) \neq \infty$, $i = 1, \ldots, r$. Die Komposition $\lambda \circ \rho_{\mathfrak{p}}$ ist ein Element aus $V_A(R)$. $\qquad\qquad\square$

Tatsächlich gilt sogar die folgende stärkere Aussage:

Korollar 4. *Für jede affine R-Algebra A ist $V_A(R)$ Zariski-dicht in* $(\operatorname{Spec} A)_{\mathrm{re}}$.

Beweis. Sei $f \in A$ mit $D_A(f) \cap (\operatorname{Spec} A)_{\mathrm{re}} \neq \emptyset$. Dann ist $f^{-\infty}A$ eine halbreelle affine R-Algebra, also $\operatorname{Hom}_R(f^{-\infty}A, R) \neq \emptyset$ nach Theorem 4. Jedes Element darin gibt (durch Komposition mit $A \to f^{-\infty}A$) ein Element in $D_A(f) \cap V_A(R)$. $\qquad\square$

Der folgende (starke) reelle Nullstellensatz ist daher eine Kombination aus schwachem reellem Nullstellensatz und dem Satz von Artin–Lang:

Theorem 5 (Reeller Nullstellensatz, D.W. Dubois, J.-J. Risler 1969/70).
Sei A eine affine R-Algebra und $f \in A$. Genau dann verschwindet f auf $V_A(R)$, wenn es $N \in \mathbb{N}$ und $a_1, \ldots, a_r \in A$ gibt mit $f^{2N} + a_1^2 + \cdots + a_r^2 = 0$.

Beweis. f verschwindet auf $V_A(R) \iff f \in \mathcal{I}\big(V_A(R)\big)$. Nach Korollar 4 ist $\mathcal{I}\big(V_A(R)\big) = \mathcal{I}\big((\operatorname{Spec} A)_{\mathrm{re}}\big)$, und die zweite Menge wird in Satz 3 beschrieben. $\qquad\square$

§3. Definition des reellen Spektrums

Sei A ein Ring.

Definition 1 (M. Coste, M.-F. Roy, 1979).
a) Das *reelle Spektrum*[1] Sper A *von* A ist die Menge aller Paare $\alpha = (\mathfrak{p}, T)$, wo $\mathfrak{p} \in \operatorname{Spec} A$ und T eine Anordnung des Körpers $\kappa(\mathfrak{p}) = \operatorname{Quot} A/\mathfrak{p}$ ist. Man bezeichnet $\mathfrak{p}$ als den *Träger* von α, i.Z. $\mathfrak{p} = \operatorname{supp} \alpha$.
b) Für $\alpha = (\mathfrak{p}, T) \in \operatorname{Sper} A$ bezeichnet $k(\alpha)$ den reellen Abschluß von $\kappa(\mathfrak{p})$ bezüglich T. Es besteht ein kanonischer Homomorphismus

$$r_\alpha \colon A \xrightarrow{\rho_\mathfrak{p}} \kappa(\mathfrak{p}) \hookrightarrow k(\alpha) \, ;$$

statt $r_\alpha(f)$ schreiben wir $f(\alpha)$ für $f \in A$. Relationen wie „$f(\alpha) \geq 0$" beziehen sich stets auf die eindeutige Anordnung von $k(\alpha)$.
c) Für Teilmengen T von A setzen wir

$$\mathring{H}_A(T) := \{\alpha \in \operatorname{Sper} A \colon f(\alpha) > 0 \text{ für alle } f \in T\} \, ,$$
$$\bar{H}_A(T) := \{\alpha \in \operatorname{Sper} A \colon f(\alpha) \geq 0 \text{ für alle } f \in T\} \, ,$$
$$Z_A(T) := \{\alpha \in \operatorname{Sper} A \colon f(\alpha) = 0 \text{ für alle } f \in T\}$$

(den Index A werden wir häufig unterdrücken). Ist $T = \{f_1, \ldots, f_r\}$ endlich, so schreiben wir natürlich $\mathring{H}_A(f_1, \ldots, f_r)$ etc. anstelle von $\mathring{H}_A(\{f_1, \ldots, f_r\})$ etc.
d) Die *Harrison-Topologie* auf $\operatorname{Sper} A$ ist die von $\mathcal{H}_A := \{\mathring{H}_A(f) \colon f \in A\}$ als Subbasis offener Mengen erzeugte Topologie; $\mathcal{H}_A$ wird als die *Harrison-Subbasis* bezeichnet. Wir fassen $\operatorname{Sper} A$ stets als topologischen Raum auf.

Bemerkungen.
1. Anders als beim Zariski-Spektrum bildet die Harrison-Subbasis i.a. keine offene Basis; eine solche ist etwa $\{\mathring{H}(f_1, \ldots, f_r) \colon r \geq 1, f_i \in A\}$. Man beachte $Z(f) = \bar{H}(-f^2)$ und $Z(f_1, \ldots, f_r) = Z(f_1^2 + \cdots + f_r^2) = \bar{H}(-f_1^2 - \cdots - f_r^2)$. Alle Mengen $\bar{H}(T)$ und $Z(T)$ ($T \subseteq A$ beliebig) sind abgeschlossen.
2. Die Schreibweise $f(\alpha)$ für $r_\alpha(f)$ signalisiert, daß wir die Elemente $f \in A$ wieder als „Funktionen" auf $\operatorname{Sper} A$ auffassen, analog wie beim Zariski-Spektrum erläutert (§1). Auch hier variieren also die Wertekörper $k(\alpha)$ von Punkt zu Punkt. Diese Interpretation ist „treu" (d.h. $r = (r_\alpha) \colon A \to \prod_{\alpha \in \operatorname{Sper} A} k(\alpha)$ ist injektiv) genau dann, wenn A reell ist (§2, Satz 1).
3. Jeder Homomorphismus $\varphi \colon A \to K$ in einen angeordneten Körper (K, P) definiert ein Element α_φ in $\operatorname{Sper} A$, nämlich $\alpha_\varphi := (\ker \varphi, P')$, wo P' die durch P auf $\kappa(\ker \varphi)$ induzierte Anordnung ist. Man kann $\operatorname{Sper} A$ daher auch definieren als die Menge aller Homomorphismen von A in angeordnete (oder: reell abgeschlossene) Körper, modulo einer geeigneten Äquivalenzrelation. Wir gehen nicht näher darauf ein (vgl. [BCR, §7.1]).
4. Ist speziell $A = k$ ein Körper, so ist $\operatorname{Sper} k$ der Raum aller Anordnungen von k. Da

---

[1] Es sind auch die Notationen $\operatorname{Spec}_r A$ oder $\operatorname{Spec}_R A$ im Gebrauch. Für eine Motivation unserer Bezeichnung siehe §6.

$\bar{H}_k(f) = \mathring{H}_k(f)$ für alle $f \in k^*$ gilt, sind alle Mengen der Harrison-Subbasis offen und abgeschlossen. Insbesondere ist $\mathrm{Sper}\, k$ ein total unzusammenhängender Hausdorff-Raum. (Da $\mathrm{Sper}\, A$ stets quasikompakt ist — das wird in §4 gezeigt —, ist $\mathrm{Sper}\, k$ ein Boolescher Raum, also kompakt und total unzusammenhängend.) Harrison hat diese Topologie (im Fall von Körpern) um 1970 gefunden, daher unsere Bezeichnung „Harrison-Topologie" auch im allgemeinen Fall.

5. Ein Ring A ist genau dann halbreell, wenn $\mathrm{Sper}\, A \neq \emptyset$ ist. Das folgt aus §2, Korollar 2.

Satz 1. *Die Abbildung* $\mathrm{supp}\colon \mathrm{Sper}\, A \to \mathrm{Spec}\, A$ *ist stetig und hat als Bild den Teilraum* $(\mathrm{Spec}\, A)_{\mathrm{re}}$ *der reellen Primideale.*

Beweis: $\mathrm{supp}^{-1}\big(D_A(f)\big) = \mathring{H}_A(f^2)$. Die zweite Behauptung ist klar.   □

Da eine Anordnung T von $\kappa(\mathfrak{p})$ durch $T \cap (A/\mathfrak{p})$, also durch $\rho_{\mathfrak{p}}^{-1}(T)$, bestimmt ist, kann man die Elemente von $\mathrm{Sper}\, A$ auch als gewisse Teilmengen von A interpretieren. Für $\alpha = (\mathfrak{p}, T) \in \mathrm{Sper}\, A$ sei $P_\alpha := \rho_{\mathfrak{p}}^{-1}(T) = \{f \in A\colon f(\alpha) \geq 0\}$. Dann gilt für $P = P_\alpha$:

    (1) $P + P \subseteq P,\ PP \subseteq P$;

    (2) $P \cup (-P) = A$;

    (3) $\mathrm{supp}\, P := P \cap (-P)$ ist ein Primideal von A.

Da (1) und (2) schon implizieren, daß $\mathrm{supp}\, P$ ein Ideal in A ist, kann man (3) ersetzen durch

    (3′) $a \notin P,\ b \notin P \Rightarrow -ab \notin P \ (a, b \in A)$.

Man sieht leicht, daß jede Teilmenge $P \subseteq A$ mit (1) – (3) ein Element $\alpha_P \in \mathrm{Sper}\, A$ definiert, nämlich $\alpha_P = (\mathfrak{p}, \bar{P})$, wobei $\mathfrak{p} := \mathrm{supp}\, P$ und $\bar{P}$ die von P auf $\kappa(\mathfrak{p})$ induzierte Anordnung ist (für $a, b \in A, b \notin \mathfrak{p}$ gilt: $\rho_{\mathfrak{p}}(a)/\rho_{\mathfrak{p}}(b) \in \bar{P} \iff ab \in P$). Daher

Definition 2. Eine *Ordnung* von A (engl.: ordering, cone, prime cone) ist eine Teilmenge P von A, welche (1) – (3) erfüllt.

Wir haben also gesehen:

Satz 2. $\mathrm{Sper}\, A$ *kann auch als die Menge aller Ordnungen von* A *interpretiert werden. Die Topologie wird durch die offene Subbasis* $\{\mathring{H}_A(f)\colon f \in A\}$ *erzeugt, wobei* $\mathring{H}_A(f)$ *die Menge aller Ordnungen* P *von* A *mit* $-f \notin P$ *ist.*   □

Uns stehen daher für die Punkte von $\mathrm{Sper}\, A$ zwei mögliche Deutungen zur Wahl. Ist $P \subseteq A$ eine Ordnung, so schreiben wir wieder $k(P)$ für den reellen Abschluß von $\kappa(\mathrm{supp}\, P)$ unter $\bar{P}$, $f(P)$ für das Bild von $f \in A$ in $k(P)$, usw.

Definition 3. Sei X ein topologischer Raum und seien $x, y \in X$. Ist $y \in \overline{\{x\}}$, so heißt y eine *Spezialisierung* von x und x eine *Generalisierung* von y, i.Z. $x \succ y$. Ist X ein T_0-Raum, so ist durch $x \leq y \iff x \succ y$ eine (partielle) Ordnung auf X definiert.

Ist $X = \mathrm{Spec}\, A$, so gilt für $\mathfrak{p}, \mathfrak{q} \in X$: $\mathfrak{p} \succ \mathfrak{q} \iff \mathfrak{p} \subseteq \mathfrak{q}$, d.h. die Spezialisierungsrelation ist die Enthaltensrelation. Ähnliches gilt auch im reellen Spektrum:

Satz 3. *Sind $P, Q \in \operatorname{Sper} A$ Ordnungen von A, so ist $P \succ Q$ (in $\operatorname{Sper} A$) äquivalent zu $P \subseteq Q$.*

Beweis.

$$P \succ Q$$
$$\Longleftrightarrow \quad \text{für } f \in A \text{ mit } Q \in \mathring{H}(f) \text{ ist } P \in \mathring{H}(f)$$
$$\Longleftrightarrow \quad \text{für } g \in A \text{ mit } g \in P \text{ ist } g \in Q$$
$$\Longleftrightarrow \quad P \subseteq Q. \qquad \qquad \qquad \square$$

Korollar 1. $\operatorname{Sper} A$ *ist ein* T_0-*Raum.* $\qquad \qquad \square$

Korollar 2. *Ist* $\alpha \in \operatorname{Sper} A$ *und* $\operatorname{supp}(\alpha)$ *ein maximales Ideal von* A, *so ist* α *ein abgeschlossener Punkt in* $\operatorname{Sper} A$. $\qquad \qquad \square$

(Die Umkehrung ist falsch, siehe Beispiele 2 weiter unten.)

Bevor wir einige Beispiele näher betrachten, kommen wir noch zum funktoriellen Verhalten von Sper. Hier ist die Situation ähnlich wie beim Zariski-Spektrum.

Ist $\varphi \colon A \to B$ ein Ringhomomorphismus und $Q \subseteq B$ eine Ordnung von B, so ist $\varphi^{-1}(Q)$ eine Ordnung von A. Daher induziert φ eine Abbildung

$$\operatorname{Sper} \varphi = \varphi^* \colon \ \operatorname{Sper} B \to \operatorname{Sper} A, \quad Q \mapsto \varphi^{-1}(Q).$$

$\operatorname{Sper} \varphi$ ist stetig wegen $(\operatorname{Sper} \varphi)^{-1}\big(\mathring{H}_A(f)\big) = \mathring{H}_B\big(\varphi(f)\big)$. Auch Sper ist also ein Funktor von kommutativen Ringen zu topologischen Räumen. (Wegen $\operatorname{supp}_A \circ (\operatorname{Sper} \varphi) = (\operatorname{Spec} \varphi) \circ \operatorname{supp}_B$ ist überdies supp ein Morphismus Sper $\to$ Spec von Funktoren.) Durch φ werden des weiteren Einbettungen der reell abgeschlossenen Körper induziert: Für $\beta \in \operatorname{Sper} B$ und $\alpha = \varphi^*(\beta) \in \operatorname{Sper} A$ induziert φ eine (bezüglich α, β) ordnungstreue Einbettung $\varphi_{\operatorname{supp} \beta} \colon \kappa(\operatorname{supp} \alpha) \hookrightarrow \kappa(\operatorname{supp} \beta)$, also auch $\varphi_\beta \colon k(\alpha) \hookrightarrow k(\beta)$ (I, §11). Es kommutiert also ($\mathfrak{p} := \operatorname{supp} \alpha$, $\mathfrak{q} := \operatorname{supp} \beta$)

$$
\begin{array}{ccc}
\kappa(\mathfrak{p}) & \xrightarrow{\ \varphi_{\mathfrak{q}}\ } & \kappa(\mathfrak{q}) \\
\nwarrow{\scriptstyle \rho_{\mathfrak{p}}} \quad {\scriptstyle \rho_{\mathfrak{q}}}\nearrow & & \\
\downarrow \quad A \xrightarrow{\ \varphi\ } B \quad \downarrow & & \\
\swarrow{\scriptstyle r_\alpha} \quad {\scriptstyle r_\beta}\searrow & & \\
k(\alpha) & \xrightarrow[\ \varphi_\beta\ ]{} & k(\beta)
\end{array}
$$

Wieder kann man φ als Zurückziehen der auf $\operatorname{Sper} B$ definierten „Funktionen" $g \in B$ mittels $\operatorname{Sper} \varphi$ (und mittels der Einbettungen φ_β) deuten, wie beim Zariski-Spektrum.

Satz 4. *Sei $S \subseteq A$ eine multiplikative Teilmenge und $i_S \colon A \to S^{-1}A$ der kanonische Homomorphismus. Dann ist $\operatorname{Sper}(i_S)$ ein Homöomorphismus von $\operatorname{Sper} S^{-1}A$ auf den Teilraum $\{\alpha \in \operatorname{Sper} A \colon S \cap \operatorname{supp} \alpha = \emptyset\} = \bigcap_{s \in S} \mathring{H}_A(s^2)$ von $\operatorname{Sper} A$. Für $\beta \in \operatorname{Sper} S^{-1}A$ und $\alpha = (\operatorname{Sper} i_S)(\beta)$ ist $\varphi_\beta \colon k(\alpha) \to k(\beta)$ ein Isomorphismus.*

Satz 5. *Sei* $\mathfrak{a} \subseteq A$ *ein Ideal und* $\pi: A \to A/\mathfrak{a}$ *die Restklassenabbildung. Dann ist* $\operatorname{Sper}\pi$ *ein Homöomorphismus von* $\operatorname{Sper} A/\mathfrak{a}$ *auf den abgeschlossenen Teilraum* $Z_A(\mathfrak{a}) = \{\alpha \in \operatorname{Sper} A: \mathfrak{a} \subseteq \operatorname{supp}\alpha\}$ *von* $\operatorname{Sper} A$. *Für* $\beta \in \operatorname{Sper} A/\mathfrak{a}$ *und* $\alpha = (\operatorname{Sper}\pi)(\beta)$ *ist* $\varphi_\beta: k(\alpha) \to k(\beta)$ *ein Isomorphismus.*

Beweis von Satz 4 (Satz 5 geht ähnlich): Sei $X := \bigcap_{s \in S} \mathring{H}_A(s^2)$. Die Inverse $X \to \operatorname{Sper} S^{-1}A$ von $\operatorname{Sper}(i_S)$ ist $P \mapsto S^{-2}P := \{f/s^2: f \in P, s \in S\}$ $(P \in X)$. Die Homöomorphie folgt aus

$$(\operatorname{Sper} i_S)\, \mathring{H}_{S^{-1}A}\left(\frac{f_1}{s_1}, \dots, \frac{f_r}{s_r}\right) = X \cap \mathring{H}_A(s_1 f_1, \dots, s_r f_r)\,.$$

Da $\varphi_{\operatorname{supp}\beta}$ ein Isomorphismus ist (§1) und ordnungstreu ist, ist auch φ_β ein Isomorphismus. $\qquad\qquad\square$

Korollar 4. *Für* $\mathfrak{p} \in \operatorname{Spec} A$ *besteht ein natürlicher Homöomorphismus* $\operatorname{Sper}\kappa(\mathfrak{p}) \to \{\alpha \in \operatorname{Sper} A: \operatorname{supp}\alpha = \mathfrak{p}\}$, *induziert durch* $\rho_\mathfrak{p}: A \to \kappa(\mathfrak{p})$. $\qquad\square$

Beispiele.
1. Sei R ein reell abgeschlossener Körper und $A = R[[t]]$ der Ring der formalen Potenzreihen über R. In A gibt es nur die Primideale (0) und $\mathfrak{m}_A = (t)$, und es ist $\kappa(A) = A/\mathfrak{m}_A \cong R$. Nach II, §9 besteht $\operatorname{Sper} A$ folglich aus drei Ordnungen P_0, P_-, P_+ von A, wobei $\operatorname{supp} P_0 = \mathfrak{m}_A$ und $\operatorname{supp} P_- = \operatorname{supp} P_+ = (0)$ ist. Wegen $P_- \cup P_+ \subseteq P_0$ ist P_0 abgeschlossen und hat P_- und P_+ als Generalisierungen (in den folgenden symbolischen Diagrammen sind Spezialisierungen durch Pfeile dargestellt):

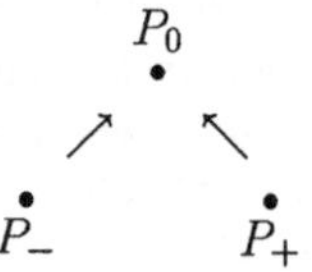

2. Sei weiter R reell abgeschlossen und $A = R[t]$. Die reellen Primideale von $R[t]$ sind (0) und alle $(t - c)$, $c \in R$. Die Anordnungen von $R(t)$ wurden in II, §9 bestimmt. Die Punkte in $\operatorname{Sper} R[t]$ sind daher genau die folgenden:
   1. zu jedem $c \in R$ ein abgeschlossener Punkt P_c sowie zwei Generalisierungen $P_{c,-}$ und $P_{c,+}$ von P_c (wir schreiben kurz c, c_-, c_+);
   2. abgeschlossene Punkte $P_{-\infty}$, $P_{+\infty}$ mit Träger (0) (kurz: $-\infty$, $+\infty$);
   3. zu jedem freien Dedekindschnitt ξ von R ein abgeschlossener Punkt P_ξ (kurz: ξ) mit Träger (0).
Dabei existieren die Punkte vom Typ 3 nur für $R \neq \mathbb{R}$.

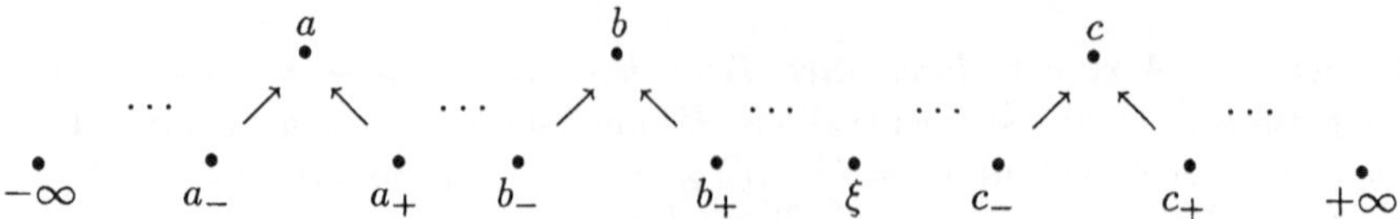

Das Bild zeigt, daß man auf Sper $R[t]$ eine natürliche lineare Ordnung „$\leq$" hat, welche die Anordnung von R fortsetzt. Die Topologie von Sper $R[t]$ hat alle offenen Intervalle $]a,b[$, sowie die $[-\infty,b[$, $]a,\infty]$ $(a,b \in R)$ als offene Basis (wobei z.B. $]a,b[\ := \{\alpha \in$ Sper $R[t]: a < \alpha < b\}$ die Punkte a_+, b_- enthält, die Punkte a_-, a, b, b_+ dagegen nicht). Man kann sich an diesem konkreten Beispiel leicht klarmachen, daß Sper $R[t]$ quasikompakt ist und daß die auf $R \subset$ Sper $R[t]$ induzierte Teilraumtopologie gerade die starke Topologie von R ist. Dies ist ein ganz allgemeines Phänomen, wie wir jetzt sehen werden.

Sei R ein reell abgeschlossener Körper, $C = R(\sqrt{-1})$, A eine affine R-Algebra und $V := V_A = \mathrm{Hom}_R(A,C)$ ihre Varietät, sowie $V(R) := V_A(R)$ die Menge ihrer reellen Punkte. Durch Identifikation von $x \in V(R)$ mit $\mathfrak{m}_x := \ker(x)$ hatten wir $V(R)$ als Teilmenge von Spec A aufgefaßt (§1). Da $\kappa(\mathfrak{m}_x) = R$ genau eine Anordnung trägt, kann man $V(R)$ auch mit einer Teilmenge von Sper A identifizieren, d.h. es gibt eine kanonische Injektion

$$V(R) \hookrightarrow \mathrm{Sper}\, A, \quad x \mapsto P_x := \{f \in A: f(x) \geq 0\}$$

(deren Bild aus allen $P \in$ Sper A besteht, für die $R \to A \xrightarrow{r_P} k(P)$ ein Isomorphismus ist). Nach Korollar 2 besteht dabei $V(R)$ aus abgeschlossenen Punkten von Sper A.

Seien $u_1, \ldots, u_n$ Erzeuger von A und sei $j: V(R) \hookrightarrow R^n$ die zugehörige Einbettung, also $j(x) = \big(u_1(x), \ldots, u_n(x)\big)$. Die starke Topologie auf R^n (II, §6) induziert via j auf $V(R)$ eine Topologie, die wir ebenfalls die *starke Topologie* nennen. (Wir werden sogleich sehen, daß sie nicht von der Einbettung j abhängt.) Die folgende Tatsache ist ein Indiz für die Nützlichkeit des reellen Spektrums beim Studium der Geometrie reeller Varietäten:

Satz 6. *Die Relativtopologie von $V_A(R)$ in Sper A stimmt mit der starken Topologie auf $V_A(R)$ überein. Insbesondere ist die letztere unabhängig von der Wahl einer Einbettung $V_A(R) \hookrightarrow R^n$.*

Beweis. Eine Basis für die starke Topologie auf $V(R)$ ist gegeben durch das System aller Mengen $\{x \in V(R): f_1(x) > 0, \ldots, f_r(x) > 0\}$ $(r \geq 1, f_i \in A)$. Aber diese Menge ist gerade $V(R) \cap \mathring{H}_A(f_1, \ldots, f_r)$ (wobei $V(R)$ mit seinem Bild in Sper A identifiziert wurde).
$\square$

Bemerkung 6. Die reellen Punkte von V, versehen mit der starken Topologie, bilden also einen Teilraum von Sper A, d.h. beim Übergang zu Sper A hat man keine Information über $V(R)$ eingebüßt. Zudem hat aber Sper A gegenüber $V(R)$ einen großen Vorteil: Während $V(R)$ für $R \neq \mathbb{R}$ topologisch schlechte Eigenschaften hat (total unzusammenhängend, fast nie (lokal) kompakt), ist Sper A quasikompakt und hat (das zeigen wir hier nicht, siehe etwa [BCR, §7.5] und [HRA]) nur endlich viele Zusammenhangskomponenten, was die Definition eines nicht-trivialen Zusammenhangsbegriffs auch für $R \neq \mathbb{R}$ ermöglicht[2]. Durch die Hinzunahme „idealer" Punkte hat man also einen sehr viel geometrischeren Raum gewonnen. Es läßt sich schon am Beispiel der affinen Geraden $(A = R[t]$, s.o.) sehr gut beobachten, wie die zusätzlichen Punkte in Sper A „die Löcher schließen" (für $R \neq \mathbb{R}$) und den Raum quasikompakt machen.

---

[2]Einen anderen Zugang ohne Verwendung des reellen Spektrums findet man in [DK1].

Tatsächlich ist $V(R)$ als Teilraum von Sper A dicht! Das ist eine unmittelbare Folgerung aus dem Satz von Artin – Lang:

Theorem 7. $V_A(R)$ *ist ein dichter Teilraum von* Sper A.

Beweis. Seien $f_1,\ldots,f_r \in A$ mit $\mathring{H}(f_1,\ldots,f_r) \neq \emptyset$, etwa mit $\alpha = (\mathfrak{p},T) \in \mathring{H}(f_1,\ldots,f_r)$. Dann ist $\kappa(\mathfrak{p})$ ein Funktionenkörper über R und T eine Anordnung von diesem, unter welcher $\overline{f_1},\ldots,\overline{f_r} > 0$ sind $\left(\overline{f_i} := \rho_{\mathfrak{p}}(f_i) \in \kappa(\mathfrak{p})\right)$. Nach II, §11, Theorem 3 gibt es einen R-Homomorphismus $\varphi\colon A/\mathfrak{p} \to R$ mit $\varphi(\overline{f_i}) > 0$, $i = 1,\ldots,r$. Die Komposition $x\colon A \to A/\mathfrak{p} \xrightarrow{\varphi} R$ ist ein Punkt in $V(R) \cap \mathring{H}(f_1,\ldots,f_r)$. $\qquad\square$

In §5 (Theorem 1) wird diese Aussage noch wesentlich verallgemeinert werden.

§4. Konstruierbare Teilmengen und spektrale Räume

A sei stets ein Ring.

Es wird jetzt auf Sper A eine zweite Topologie eingeführt, die sich vielfach als nützlich erweist. Dennoch betrachten wir die Harrison-Topologie als die „eigentliche" Topologie von Sper A, während der „konstruierbaren Topologie" eher eine Hilfsfunktion zukommt. Wird daher in topologischen Aussagen über Sper A die Topologie nicht präzisiert, so ist *stets* die Harrison-Topologie gemeint.

Definition 1.

a) Eine partiell geordnete Menge $(L, \leq)$ heißt ein *Verband* (mit 0 und 1), falls jede endliche Teilmenge $X \subseteq L$ eine größte untere Schranke $\inf X$ und eine kleinste obere Schranke $\sup X$ in L hat. Insbesondere existieren $0 := \sup \emptyset = \inf L$ und $1 := \inf \emptyset = \sup L$. Man schreibt für $x, y \in L$ kurz

$$x \wedge y := \inf\{x, y\}, \quad x \vee y := \sup\{x, y\}.$$

b) Ein *Boolescher Verband* ist ein Verband $(L, \leq)$ mit folgenden Eigenschaften:
    (1) $x \wedge (y \vee z) = (x \wedge y) \vee (x \wedge z)$ $(x, y, z \in L)$ (Distributivität);
    (2) für $x \in L$ existiert $x' \in L$ mit $x \wedge x' = 0$ und $x \vee x' = 1$ (Komplement).

Bemerkungen (siehe etwa [Gr]).

1. In Booleschen Verbänden ist das Komplement x' von x eindeutig bestimmt, und es gilt auch die zu (1) duale Identität (bei der die Zeichen $\wedge$ und $\vee$ vertauscht sind).
2. Boolesche Verbände kann man auch als diejenigen $\mathbf{Z}/2\mathbf{Z}$-Algebren B definieren, welche $x^2 = x$ für alle $x \in B$ erfüllen (*Boolesche Algebren*). Ein Boolescher Verband L bildet nämlich mit

$$x + y := (x \wedge y') \vee (x' \wedge y) \quad \text{und} \quad xy := x \wedge y$$

eine solche Algebra, und umgekehrt jede Boolesche Algebra durch

$$x \wedge y := xy, \quad x \vee y := x + y + xy, \quad x' := 1 + x$$

einen Booleschen Verband.

Definition 2.

a) Mit $\mathcal{K}(\mathrm{Sper}\, A)$ wird der von der Harrison-Subbasis $\overset{\circ}{\mathcal{H}}_A$ von Sper A in der Potenzmenge $2^{\mathrm{Sper}\, A}$ erzeugte Boolesche Teilverband bezeichnet. Die Elemente aus $\mathcal{K}(\mathrm{Sper}\, A)$ heißen die *konstruierbaren Teilmengen* von Sper A. Wir setzen

$$\overset{\circ}{\mathcal{K}}(\mathrm{Sper}\, A) := \{Y \in \mathcal{K}(\mathrm{Sper}\, A) : Y \text{ ist offen}\},$$
$$\bar{\mathcal{K}}(\mathrm{Sper}\, A) := \{Y \in \mathcal{K}(\mathrm{Sper}\, A) : Y \text{ ist abgeschlossen}\}.$$

b) Die *konstruierbare Topologie* auf Sper A ist die von $\mathcal{K}(\mathrm{Sper}\, A)$ als offener Basis erzeugte Topologie.

Bemerkungen.

3. $\mathcal{K}(\mathrm{Sper}\,A)$ ist die kleinste Teilmenge $\mathcal{K}$ von $2^{\mathrm{Sper}\,A}$ mit $\mathring{\mathcal{H}}_A \subseteq \mathcal{K}$, welche unter Bildung von endlichen Durchschnitten und von Komplementen stabil ist. $\mathcal{K}(\mathrm{Sper}\,A)$ besteht genau aus den endlichen Vereinigungen von Mengen der Form

$$\mathring{H}_A(f_1,\ldots,f_r) \cap \bar{H}_A(g_1,\ldots,g_s) \quad (f_i, g_j \in A),$$

oder aus solchen der Form

$$\mathring{H}_A(f_1,\ldots,f_r) \cap Z_A(g) \quad (f_i, g \in A),$$

oder aus solchen der Form

$$\{\alpha \in \mathrm{Sper}\,A\colon \mathrm{sgn}\, f_1(\alpha) = \varepsilon_1,\ldots,\mathrm{sgn}\, f_r(\alpha) = \varepsilon_r\} \quad (f_i \in A, \varepsilon_i \in \{-1,0,1\}).$$

4. Die konstruierbare Topologie ist feiner als die Harrisonsche. Ist $A = k$ ein Körper, so stimmen beide überein, da die Harrison-Subbasis komplementstabil ist $((\mathrm{Sper}\,k) - \mathring{H}_k(f) = \mathring{H}_k(-f)$, für $f \in K^*)$.

Wir werden jetzt sehen, daß die konstruierbare Topologie dennoch grob genug ist, um angenehme Eigenschaften zu besitzen. Der Beweis von Theorem 1 hat primär mit reeller Algebra gar nichts zu tun und gehört eigentlich in die Modelltheorie.

Theorem 1. *Sper A, versehen mit der konstruierbaren Topologie, ist ein total unzusammenhängender kompakter (Hausdorff-) Raum. Die konstruierbaren Teilmengen sind genau die darin offenen und abgeschlossenen Mengen.*

Beweis. Zunächst zur letzten Aussage: Sper A trage die konstruierbare Topologie. Nach Definition sind alle $Y \in \mathcal{K}(\mathrm{Sper}\,A)$ offen und abgeschlossen. Ist umgekehrt $Y \subseteq \mathrm{Sper}\,A$ offen und abgeschlossen, so ist Y wegen der (noch zu zeigenden) Kompaktheit von Sper A Vereinigung von *endlich* vielen konstruierbaren Mengen und daher selbst konstruierbar.

Für den Kompaktheitsbeweis sei $Z = \prod_{f\in A}\{0,1\}$, versehen mit der Produkttopologie. Z ist total unzusammenhängend und, nach Tykhonov, kompakt. Wir identifizieren ein Element $(\varepsilon_f)_{f\in A}$ mit der Teilmenge $\{f \in A\colon \varepsilon_f = 1\}$ von A, also Z mit der Potenzmenge von A. Daher definiert $j(\alpha) := \{f \in A\colon f(\alpha) \geq 0\} = P_\alpha$ eine Injektion $j\colon \mathrm{Sper}\,A \hookrightarrow Z$, und die durch Z (via j) auf Sper A induzierte Topologie ist genau die konstruierbare Topologie (Bemerkung 3). Wir haben also die Abgeschlossenheit von $j(\mathrm{Sper}\,A)$ in Z zu zeigen, bzw. die Offenheit von $Z - j(\mathrm{Sper}\,A)$. Dazu sei $S \subseteq A$ eine Teilmenge mit $S \notin j(\mathrm{Sper}\,A)$, d.h. S sei *keine* Ordnung von A. Eines der folgenden Axiome ist dann verletzt (§3):

    (1) $S + S \subseteq S$,
    (2) $SS \subseteq S$,
    (3) $S \cup (-S) = A$,
    (4) $a \notin S, b \notin S \Rightarrow -ab \notin S$ $(a, b \in A)$.

Damit aber ist das betreffende Axiom auch in einer Umgebung von S in Z verletzt! Wir zeigen dies am Beispiel von (4): Es gebe $a, b \in A - S$ mit $-ab \in S$. Dann ist $U := \{T \subseteq A\colon a \notin T, b \notin T, -ab \in T\}$ eine Umgebung von S in Z, und für alle $T \in U$ ist (4) aus demselben Grund verletzt, wie es für S der Fall war. $\qquad\square$

Korollar 1. *Die Harrison-Topologie auf* Sper A *ist quasikompakt.*

(Denn sie ist gröber als die konstruierbare.) $\qquad\qquad\square$

Sei $\varphi\colon A \to B$ ein Ringhomomorphismus. Dann ist Sper $\varphi\colon$ Sper $B \to$ Sper A auch stetig in den konstruierbaren Topologien, denn $(\mathrm{Sper}\,\varphi)^{-1}\big(\mathring{H}_A(f)\big) = \mathring{H}_B\big(\varphi(f)\big)$ $(f \in A)$, und Urbildnehmen vertauscht mit den Booleschen Operationen. Jedoch ist das Bild einer konstruierbaren Menge i.a. nicht mehr konstruierbar (der Leser zeige dies für $R[t] \hookrightarrow R(t)$ und die Menge Sper $R(t)$). Daher ist es vielfach notwendig, allgemeinere Teilräume zu betrachten.

Definition 3. Eine Teilmenge Y von Sper A heißt *prokonstruierbar*, wenn Y Durchschnitt von (beliebig vielen) konstruierbaren Teilmengen von Sper A ist, oder äquivalent, wenn Y abgeschlossen in der konstruierbaren Topologie ist.

Bemerkungen.
5. Die Äquivalenz folgt daraus, daß das Komplement einer Teilmenge Y, welche abgeschlossen in der konstruierbaren Topologie ist, Vereinigung von konstruierbaren Teilmengen von Sper A ist.
6. Beispiele prokonstruierbarer Teilräume von Sper A sind Sper $S^{-1}A$ und Sper $A/\mathfrak{a}$. Sind S (als Halbgruppe) bzw. $\mathfrak{a}$ (als Ideal) endlich erzeugt, so sind diese konstruierbar. Je ein weiteres Beispiel bilden die Mengen $\mathring{H}_A(T)$ und $\bar{H}_A(T)$ $(T \subseteq A$ beliebig).

Satz 2. *Für jeden Homomorphismus* $\varphi\colon A \to B$ *ist* Sper φ *stetig in den konstruierbaren Topologien. Urbilder und Bilder prokonstruierbarer Teilmengen sind wieder prokonstruierbar.*

Beweis. Die erste Aussage wurde schon bemerkt. Ist $Y \subseteq$ Sper B prokonstruierbar, so ist Y kompakt in der konstruierbaren Topologie. Dasselbe gilt also auch für $(\mathrm{Sper}\,\varphi)(Y)$, d.h. $(\mathrm{Sper}\,\varphi)(Y)$ ist abgeschlossen in Sper A in der konstruierbaren Topologie. $\qquad\square$

Korollar 2 (zu Theorem 1).
  a) *Ist Y eine prokonstruierbare Teilmenge von* Sper A, *so hat jede Überdeckung von Y durch konstruierbare Teilmengen von* Sper A *eine endliche Teilüberdeckung.*
  b) *Hat eine Familie prokonstruierbarer Teilmengen von* Sper A *leeren Durchschnitt, so gilt dies auch schon für eine endliche Teilfamilie.* $\qquad\square$

Zum Beispiel ist eine offene Teilmenge von Sper A genau dann prokonstruierbar, wenn sie quasikompakt, also konstruierbar (d.h. in $\mathring{\mathcal{K}}(\mathrm{Sper}\,A)$) ist. Diese Mengen sind demnach genau die endlichen Vereinigungen von Mengen der Form $\mathring{H}(f_1,\dots,f_r)$.
  Eine sehr wichtige Konsequenz ist auch

Satz 3. *Für jede prokonstruierbare Teilmenge Y von* Sper A *ist* $\overline{Y} = \bigcup_{y \in Y} \overline{\{y\}}$ *(bezüglich der Harrison-Topologie).*

Korollar 3. *Eine prokonstruierbare Teilmenge von* $\operatorname{Sper} A$ *ist genau dann (Harrison-) abgeschlossen, wenn sie stabil unter Spezialisierung (in* $\operatorname{Sper} A$*) ist. Eine konstruierbare Teilmenge ist genau dann offen, wenn sie stabil unter Generalisierung ist.*

Beweis von Satz 3. Nur „$\subseteq$" ist nicht trivial. Sei $z \in \overline{Y}$, und sei $\{U_i : i \in I\}$ die Familie der offenen konstruierbaren Umgebungen von z in $\operatorname{Sper} A$. Für alle i ist $Y \cap U_i \neq \emptyset$, und demnach $Y \cap \bigcap_{i \in I} U_i \neq \emptyset$ nach Korollar 2. Für $y \in Y \cap \bigcap_{i \in I} U_i$ ist $z \in \overline{\{y\}}$. $\qquad\square$

Während der Abschluß prokonstruierbarer Mengen trivialerweise wieder prokonstruierbar ist, gibt es Fälle, in denen der Abschluß einer konstruierbaren Menge nicht mehr konstruierbar ist. Dies kann allerdings in den reellen Spektren von affinen Algebren über Körpern (allgemeiner: von exzellenten Ringen) nicht passieren. Vergleiche hierzu [ABR, Theorem 3.1].

Korollar 4. *Ist Y eine abgeschlossene irreduzible Teilmenge von* $\operatorname{Sper} A$ *und $Y \neq \emptyset$, so besitzt Y (genau) einen generischen Punkt.*

Beweis. Sei Z der Durchschnitt von Y mit allen $U \in \mathring{\mathcal{K}}(\operatorname{Sper} A)$, für die $Y \cap U \neq \emptyset$ ist. Da Y irreduzibel ist, trifft Y den Durchschnitt von je endlich vielen solcher U, es ist also $Z \neq \emptyset$ nach Korollar 2. Für $z \in Z$ ist $Y = \overline{\{z\}}$, denn gäbe es $y \in Y - \overline{\{z\}}$, so hätte y eine Umgebung V mit $z \notin V$, Widerspruch. $\qquad\square$

Bemerkungen

7. Ist A ein noetherscher Ring, etwa eine affine Algebra über einem Körper, so hat $X = \operatorname{Spec} A$ nur endlich viele irreduzible Komponenten (d.h. A hat nur endlich viele minimale Primideale), welche in der algebraischen Geometrie eine wichtige Rolle spielen. Im Gegensatz dazu haben die Räume $X = \operatorname{Sper} A$, auch in der „geometrischen" Situation, fast immer unendlich viele minimale Punkte, weshalb hier der Begriff der irreduziblen Komponenten nicht so nützlich sein dürfte.

Wir verlassen nun (vorübergehend) die reelle Algebra und unternehmen einen Exkurs in die mengentheoretische Topologie. Den nun zu definierenden spektralen Räumen kommen alle topologischen Eigenschaften zu, die wir bisher für Zariski-Spektrum und reelles Spektrum fanden. Auf diese Weise wird die Grenze zwischen reell-algebraischen und rein topologischen Argumenten verdeutlicht. Außerdem erhält man die gemachten Aussagen sogleich für eine Vielzahl neuer Räume, die beim Studium der Spektren in natürlicher Weise auftreten (z.B. sind prokonstruierbare Teilräume selbst spektral). Neben den reellen Spektren sind vor allem die Zariski-Spektren die Hauptbeispiele für spektrale Räume; tatsächlich sind es sogar *alle* Beispiele, wie Hochster [Ho] gezeigt hat.

Definition 4.

a) Ein *spektraler Raum* ist ein topologischer Raum X mit folgenden Eigenschaften:

    (1) X ist ein quasikompakter T_0-Raum;

    (2) der Durchschnitt von je zwei offenen quasikompakten Teilmengen von X ist wieder quasikompakt;

    (3) die offenen quasikompakten Mengen bilden eine Basis der Topologie von X;

(4) jeder nicht-leere abgeschlossene irreduzible Teilraum von X hat (genau) einen generischen Punkt.

b) Eine *spektrale Abbildung* $f\colon X \to Y$ zwischen spektralen Räumen X, Y ist eine Abbildung, bei der für alle $V \subseteq Y$ gilt: Ist V offen und quasikompakt, so auch $f^{-1}(V)$. (Insbesondere ist f stetig.)

Definition 5. Sei X ein spektraler Raum.

a) $\mathcal{K}(X)$ bezeichnet den von den offenen quasikompakten Teilmengen von X (in 2^X) erzeugten Booleschen Verband. Die Elemente aus $\mathcal{K}(X)$ heißen die *konstruierbaren Teilmengen* von X; $\overset{\circ}{\mathcal{K}}(X)$ bzw. $\bar{\mathcal{K}}(X)$ bezeichnen das System der offenen bzw. der abgeschlossenen konstruierbaren Mengen.

b) Die *konstruierbare Topologie* auf X hat $\mathcal{K}(X)$ als offene Basis. Den mit dieser Topologie versehenen Raum X bezeichnen wir mit X_{con} und nennen die originale Topologie von X zur Unterscheidung manchmal auch die *spektrale Topologie* von X.

Beispiele

1. Die spektralen Abbildungen sind diejenigen stetigen Abbildungen $X \to Y$, für die auch $X_{\mathrm{con}} \to Y_{\mathrm{con}}$ stetig ist.

2. Sper A ist ein spektraler Raum, und die Definition der konstruierbaren Teilmengen stimmt mit der früheren überein. Sper φ ist eine spektrale Abbildung. Ebenso ist Spec A ein spektraler Raum und Spec φ eine spektrale Abbildung (φ ein Ringhomomorphismus).

3. Jeder *Boolesche* (d.h. kompakte und total unzusammenhängende) *Raum* ist spektral. Die konstruierbaren Mengen sind genau die offen-abgeschlossenen Mengen, weshalb hier spektrale und konstruierbare Topologie übereinstimmen. Die Booleschen Räume sind genau die Hausdorffschen spektralen Räume.

Satz 4. *Sei X ein spektraler Raum. Dann ist X_{con} kompakt und total unzusammenhängend. Die identische Abbildung $X_{\mathrm{con}} \to X$ ist spektral, und $(X_{\mathrm{con}})_{\mathrm{con}} = X_{\mathrm{con}}$.*

Beweis. Der Beweis ist komplizierter als bei Theorem 1, da uns die „Modelltheorie" fehlt. Einzig nicht-trivial ist die Quasikompaktheit von X_{con}, d.h. die endliche Durchschnitts-Eigenschaft für $\mathcal{K}(X)$. Da jedes konstruierbare $Y \subseteq X$ endliche Vereinigung von Mengen der Form $U - V$ mit U, V offen quasikompakt ist, genügt es, zu zeigen: Ist $\mathcal{Y} = \{Y_i : i \in I\}$ eine Familie von offen-quasikompakten oder abgeschlossenen Mengen in X mit $\bigcap_{j \in J} Y_j \neq \emptyset$ für alle endlichen $J \subseteq I$, so ist $\bigcap_{i \in I} Y_i \neq \emptyset$.

O.E. sei $\mathcal{Y}$ unter der angegebenen Eigenschaft maximal (Zorn). Ist Z der Durchschnitt der abgeschlossenen Mengen in $\mathcal{Y}$, so ist $Z \neq \emptyset$ (da X quasikompakt ist), also auch $Z \in \mathcal{Y}$. Wir zeigen, daß Z irreduzibel ist. Wäre $Z = Z_1 \cup Z_2$ mit abgeschlossenen $Z_i \subsetneq Z$, so gäbe es wegen $Z_i \notin \mathcal{Y}$ offene $U_1, U_2 \in \mathcal{Y}$ mit $U_i \cap Z_i = \emptyset$ $(i = 1, 2)$, insbesondere mit $(U_1 \cap U_2) \cap Z = \emptyset$. Aber $U_1 \cap U_2 \in \mathcal{Y}$ wegen der Maximalität von $\mathcal{Y}$, Widerspruch. Nun ist klar, daß der generische Punkt von Z in $\bigcap_i Y_i$ liegt.　　□

Korollar 5. $\overset{\circ}{\mathcal{K}}(X)$ *besteht genau aus den offenen quasikompakten Teilmengen von X.*　□

Definition 6. Sei X ein spektraler Raum. Eine Teilmenge Y von X heißt *prokonstruierbar*, wenn Y Durchschnitt konstruierbarer Teilräume ist (äquivalent: wenn Y in X_{con} abgeschlossen ist).

Wie früher ergibt sich

Korollar 6. *Sei X ein spektraler Raum.*
  a) *Jede Überdeckung einer prokonstruierbaren Menge durch konstruierbare Mengen hat eine endliche Teilüberdeckung.*
  b) *Hat eine Familie prokonstruierbarer Mengen in X leeren Durchschnitt, so gilt dies schon für eine endliche Teilfamilie.*
  c) *Für jede prokonstruierbare Teilmenge Y von X ist $\overline{Y} = \bigcup\limits_{y \in Y} \overline{\{y\}}$.* $\square$

Ebenso gilt Korollar 3 ganz entsprechend.

Satz 5. *Sei X ein spektraler Raum und Y ein Teilraum von X.*
  a) *Y ist genau dann prokonstruierbar in X, wenn Y selbst ein spektraler Raum und die Inklusion $Y \hookrightarrow X$ spektral ist.*
  b) *Sei Y prokonstruierbar. Dann gelten*

$$\mathcal{K}(Y) = Y \cap \mathcal{K}(X), \quad \overset{\circ}{\mathcal{K}}(Y) = Y \cap \overset{\circ}{\mathcal{K}}(X), \quad \bar{\mathcal{K}}(Y) = Y \cap \bar{\mathcal{K}}(X)$$

(hier schreiben wir $Y \cap \mathcal{K}(X)$ für $\{Y \cap K : K \in \mathcal{K}(X)\}$, usw.). Die konstruierbare Topologie auf Y ist die Spurtopologie der konstruierbaren Topologie von X.

Beweis. Dies folgt leicht mit Hilfe von Satz 4. Die Einzelheiten seien dem Leser überlassen.
$$\square$$

Zum Abschluß sei noch ein oft nützliches Konzept vorgestellt:

Definition 7. Sei X ein spektraler Raum. Mit X^* bezeichnen wir die Menge X, versehen mit der durch $\bar{\mathcal{K}}(X)$ als offener Basis erzeugten Topologie, und nennen X^* den zu X *inversen spektralen Raum.*

Die Bezeichnung wird gerechtfertigt durch

Satz 6. *Sei X ein spektraler Raum. Dann ist auch X^* ein spektraler Raum, und für $x, y \in X$ gilt: $x \succ y$ in $X \iff y \succ x$ in X^*. Es ist $\mathcal{K}(X^*) = \mathcal{K}(X)$, $\overset{\circ}{\mathcal{K}}(X^*) = \bar{\mathcal{K}}(X)$, $\bar{\mathcal{K}}(X^*) = \overset{\circ}{\mathcal{K}}(X)$, also auch $(X^*)_{\mathrm{con}} = X_{\mathrm{con}}$ und $X^{**} = X$.*

Beweis. Für $x, y \in X$ gilt: $x \succ y$ in $X \iff$ für alle $Y \in \bar{\mathcal{K}}(X)$ mit $x \in Y$ ist $y \in Y \iff y \succ x$ in X^*. Somit ist X^* ein T_0-Raum. Weiter besteht $\bar{\mathcal{K}}(X)$ genau aus den in X^* offenen und quasikompakten Mengen, denn jedes $Y \in \bar{\mathcal{K}}(X)$ ist wegen der Kompaktheit von X_{con} quasikompakt in X^*. Damit sind die Eigenschaften (1) – (3) eines spektralen Raums für X^* schon klar. Zu (4): Sei $\emptyset \neq Y \subseteq X$, abgeschlossen und irreduzibel in X^*, und sei $\mathcal{Z} := \{Z \in \bar{\mathcal{K}}(X) : Y \cap Z \neq \emptyset\}$. Für je endlich viele $Z_i \in \mathcal{Z}$ ist $Y \cap Z_1 \cap \cdots \cap Z_r \neq \emptyset$ (Irreduzibilität), außerdem ist Y ein Durchschnitt von Mengen aus $\overset{\circ}{\mathcal{K}}(X)$, also prokonstruierbar in X. Nach Korollar 6b) gibt es also ein $y \in Y \cap \bigcap_{Z \in \mathcal{Z}} Z$, und y ist generischer Punkt für den Teilraum Y von X^*. Damit ist X^* als spektral erkannt, und die restlichen Behauptungen folgen sofort. $\square$

§5. Die geometrische Situation: Semialgebraische Mengen und Filtersätze

Mit „geometrischer Situation" ist der Fall einer affinen Varietät (bzw. einer affinen Algebra) über einem reell abgeschlossenen Körper gemeint. Hier gibt es eine recht anschauliche geometrische Interpretation von Sper A und seinen konstruierbaren Teilräumen durch semialgebraische Teilmengen von $V_A(R)$.

Sei stets R ein reell abgeschlossener Körper, A eine affine R-Algebra, $V = V_A = \mathrm{Hom}_R(A, C)$ ihre Varietät und $V(R) = V_A(R) = \mathrm{Hom}_R(A, R)$ deren reelle Punkte. Wir fassen $V(R)$, versehen mit der starken Topologie, als Teilraum von Sper A auf, wie in §3 erklärt. Für jede Teilmenge Y von Sper A kann man dann die Teilmenge $Y \cap V(R)$ von $V(R)$ betrachten.

Definition 1. a) Wir setzen

$$\mathfrak{S}\big(V(R)\big) := V(R) \cap \mathcal{K}(\mathrm{Sper}\, A) = \big\{Y \cap V(R) \colon Y \in \mathcal{K}(\mathrm{Sper}\, A)\big\}$$

und nennen die Mengen $M \in \mathfrak{S}\big(V(R)\big)$ die *semialgebraischen Teilmengen* von $V(R)$. Allgemeiner sei für $M \in \mathfrak{S}\big(V(R)\big)$

$$\mathfrak{S}(M) := M \cap \mathcal{K}(\mathrm{Sper}\, A) = M \cap \mathfrak{S}\big(V(R)\big) = \big\{N \in \mathfrak{S}\big(V(R)\big) \colon N \subseteq M\big\}$$

die Menge der semialgebraischen Teilmengen von M. Offensichtlich ist $\mathfrak{S}(M)$ ein Boolescher Teilverband von 2^M.

b) Für jede semialgebraische Teilmenge M von $V(R)$ sei

$$\overset{\circ}{\mathfrak{S}}(M) := \big\{N \in \mathfrak{S}(M) \colon N \text{ ist offen in } M\big\},$$

$$\bar{\mathfrak{S}}(M) := \big\{N \in \mathfrak{S}(M) \colon N \text{ ist abgeschlossen in } M\big\},$$

bezogen jeweils auf die starke Topologie.

Bemerkung 1. Die semialgebraischen Teilmengen von $V(R)$ sind also genau diejenigen Teilmengen, welche sich durch endlich viele (Gleichungen und) Ungleichungen beschreiben lassen, also die endlichen Vereinigungen von Mengen der Form

$$\{x \in V(R) \colon f(x) = 0, \, g_1(x) > 0, \ldots, g_r(x) > 0\}$$

$(r \geq 0, f, g_1, \ldots, g_r \in A)$ (vgl. §4). Für $A = R[\,t\,]$ etwa, wo also $V(R) = R$ ist, handelt es sich genau um die Vereinigungen von endlich vielen (eventuell degenerierten) Intervallen.

Entscheidend ist nun, daß beim Übergang von einer konstruierbaren Teilmenge Y von Sper A zur semialgebraischen Teilmenge $Y \cap V(R)$ von $V(R)$ keine Information verloren geht, daß man also Y auch wieder zurückgewinnt! Der Grund ist wieder der Satz von Artin–Lang:

Theorem 1. *Für jede konstruierbare Teilmenge Y von* Sper A *ist* $Y \cap V(R)$ *dicht in Y bezüglich der konstruierbaren Topologie (und erst recht bezüglich der Harrison-Topologie).*

Beweis. Es genügt zu zeigen, daß für $Y \neq \emptyset$ auch $Y \cap V(R) \neq \emptyset$ ist. O.E. sei $Y = Z_A(f) \cap \overset{\circ}{H}_A(g_1, \ldots, g_r)$ $(f, g_i \in A)$. Sei $B := A/Af$ und $W(R) := V_B(R) = \mathrm{Hom}_R(B, R)$

(die reellen Punkte der Varietät von B). Zu zeigen ist $W(R) \cap \mathring{H}_B(\overline{g_1}, \ldots, \overline{g_r}) \neq \emptyset$ ($\overline{g_i} :=$ Bild von g_i in B). Nach Voraussetzung ist $\mathring{H}_B(\overline{g_1}, \ldots, \overline{g_r}) \neq \emptyset$, die Behauptung folgt also aus der Dichtheit von $W(R)$ in $\operatorname{Sper} B$ (§3, Theorem 7). $\qquad\square$

Korollar 1. *Für $x \in \operatorname{Sper} A$ ist $\{x\}$ genau dann konstruierbar, wenn $x \in V(R)$ ist.* $\qquad\square$

Korollar 2. *Durch $Y \mapsto Y \cap V(R)$ ist ein Isomorphismus $\mathcal{K}(\operatorname{Sper} A) \to \mathfrak{S}(V(R))$ der Booleschen Verbände definiert. Allgemeiner ist für jede konstruierbare Teilmenge Z von $\operatorname{Sper} A$ und für $M := Z \cap V(R)$ die Abbildung $Y \mapsto Y \cap V(R)$ ein Verbandsisomorphismus von $\mathcal{K}(Z)$ auf $\mathfrak{S}(M)$.* $\qquad\square$

Definition 2. Die zu $Y \mapsto Y \cap V(R)$ inverse Abbildung $\mathfrak{S}(V(R)) \to \mathcal{K}(\operatorname{Sper} A)$ wird mit $\sim$ (tilde) bezeichnet. Für eine semialgebraische Teilmenge M von $V(R)$ ist also $\tilde{M}$ die (eindeutig bestimmte) konstruierbare Teilmenge von $\operatorname{Sper} A$ mit $M = \tilde{M} \cap V(R)$, und zwar ist $\tilde{M}$ der Abschluß von M in $\operatorname{Sper} A$ unter der konstruierbaren Topologie.

Dabei ist folgende Tatsache sehr wichtig, die wir jedoch erst im zweiten Band [HRA] beweisen werden:

Theorem. *Seien M, N semialgebraische Teilmengen von $V(R)$ mit $N \subseteq M$. Ist N in M offen, so auch $\tilde{N}$ in $\tilde{M}$ (die Umkehrung gilt trivialerweise). Es gilt also auch $\mathring{\tilde{\mathfrak{S}}}(M) = M \cap \mathring{\mathcal{K}}(\operatorname{Sper} A)$ und $\bar{\tilde{\mathfrak{S}}}(M) = M \cap \bar{\mathcal{K}}(\operatorname{Sper} A)$.*

Eine äquivalente Formulierung ist

Theorem ′ (Endlichkeitssatz). *Seien $U, M \subseteq V(R)$ semialgebraisch mit $U \subseteq M$, und sei U offen in M. Dann ist U Vereinigung von endlich vielen Mengen der Form $\{x \in M: f_1(x) > 0, \ldots, f_r(x) > 0\}$ $(r \in \mathbb{N}, f_1, \ldots, f_r \in A)$.*

Beispiel 1. Sei $A = R[t]$, also $V(R) = R$. Eine explizite Beschreibung von $\operatorname{Sper} A$ findet sich in §3; wir verwenden die natürliche totale Ordnung $\leq$ auf $\operatorname{Sper} R[t]$. Die Abbildung $\sim: \mathfrak{S}(V(R)) \to \mathcal{K}(\operatorname{Sper} R[t])$ hat auf den Intervallen $M \subseteq R$ folgende Gestalt:

$$
\begin{array}{llll}
\text{für} & M = [a, b] & \text{ist} & \tilde{M} = [a, b], \\
\text{für} & M = [a, b[& \text{ist} & \tilde{M} = [a, b[= [a, b_-], \\
\text{für} & M =]a, b[& \text{ist} & \tilde{M} =]a, b[= [a_+, b_-] \\
\text{für} & M =]-\infty, a[& \text{ist} & \tilde{M} = [-\infty, a_-] = [-\infty, a[, \quad \text{usw.}
\end{array}
$$

(die Intervalle $\tilde{M}$ beziehen sich natürlich auf $\operatorname{Sper} R[t]$ und die Ordnung $\leq$ dort). Man beachte, daß stets noch andere, *nicht* konstruierbare Teilmengen $Y \neq \tilde{M}$ von $\operatorname{Sper} R[t]$ mit $M = V(R) \cap Y$ existieren (z.B. ist $Y := [a_-, b_+]$ eine solche Menge für $M = [a, b]$, welche sogar ebenfalls abgeschlossen ist). Eine Bijektion erhält man also nur, wenn man sich auf konstruierbare Teilräume von $\operatorname{Sper} A$ beschränkt.

Für das Weitere werden einige Begriffe gebraucht. Sei X eine Menge und L ein Teilverband von 2^X (d.h. es ist $\{\emptyset, X\} \subseteq L$, und L ist unter endlichen Durchschnitten und Vereinigungen abgeschlossen).

Definition 3. Sei L ein Teilverband von 2^X.
a) Ein *Filter* in L ist eine nicht-leere Teilmenge F von L mit $\emptyset \notin F$, für die gelten:
   (1) $A, B \in F \Rightarrow A \cap B \in F$;
   (2) $A \in F, B \in L, A \subseteq B \Rightarrow B \in F$.
b) Ein Filter F heißt *Primfilter* von L, wenn für alle $A, B \in L$ gilt:

$$A \cup B \in F \quad \Rightarrow \quad A \in F \text{ oder } B \in F.$$

c) Die maximalen Filter von L heißen *Ultrafilter*.
d) Die Mengen der Filter, Primfilter, Ultrafilter auf L bezeichnen wir mit $\mathrm{Filt}(L), \mathrm{Prim}(L)$, $\mathrm{Ultra}(L)$.

Bemerkungen.
2. Ist E eine Teilmenge von L mit $\bigcap_{A \in E'} A \neq \emptyset$ für alle endlichen $E' \subseteq E$, so ist E in einem Filter von L enthalten. Der kleinste solche ist

$$\left\{ B \in L : \text{ es gibt eine endliche Teilmenge } E' \subseteq E \text{ mit } \bigcap_{A \in E'} A \subseteq B \right\}.$$

Ein Filter F ist also genau dann ultra, wenn für alle $B \in L - F$ ein $A \in F$ mit $A \cap B = \emptyset$ existiert. Jeder Ultrafilter ist ein Primfilter.
3. Ist L ein *Boolescher* Teilverband von 2^X (d.h. ist mit $A \in L$ auch $X - A \in L$), so sind Prim- und Ultrafilter in L dasselbe. Es sind dies genau die Filter F mit $A \in F$ oder $X - A \in F$, für alle $A \in L$.

Die folgende Bezeichnung wurde ad hoc gewählt:

Definition 4. Ein Teilverband L von 2^X heiße *kontrollierbar*, wenn für alle Teilmengen E von L und alle $B \in L$ mit $\bigcap_{A \in E} A \subseteq B$ eine endliche Teilmenge E' von E mit $\bigcap_{A \in E'} A \subseteq B$ existiert. Mit

$$\text{pro-}L := \left\{ Y \subseteq X : \text{ es gibt } E \subseteq L \text{ mit } Y = \bigcap_{A \in E} A \right\}$$

bezeichnen wir den Verband der *pro-L-Mengen* in X.

Beispiel 2. Ist X ein spektraler Raum, etwa $X = \mathrm{Sper}\, A$, so sind $\mathcal{K}(X), \mathring{\mathcal{K}}(X), \bar{\mathcal{K}}(X)$ kontrollierbare Teilverbände von 2^X; zudem ist $\mathcal{K}(X)$ Boolesch. Wir werden gleich sehen, daß die Filter dieser Verbände eine andere Möglichkeit der Beschreibung von X bieten.

Lemma. *Sei X eine Menge und L ein kontrollierbarer Teilverband von 2^X. Dann ist die Abbildung*

$$\mathrm{Filt}(L) \ \to \ (\text{pro-}L) - \{\emptyset\}, \quad F \mapsto \bigcap_{A \in F} A,$$

eine inklusionsumkehrende Bijektion. Die Umkehrabbildung ist

$$Y \mapsto F_Y := \{ B \in L : Y \subseteq B \}.$$

Beweis. Klar ist, daß F_Y ein Filter in L ist für $\emptyset \neq Y \subseteq X$. Ist $F \in \mathrm{Filt}(L)$ und $Y = \bigcap_{A \in F} A$, so ist $F_Y = F$ zu zeigen, wobei „$\supseteq$" trivial ist. Die umgekehrte Inklusion folgt aus der Kontrollierbarkeit von L. $\qquad\qquad\square$

Hieraus folgt unmittelbar

Korollar 3. *Sei L ein kontrollierbarer Teilverband von* 2^X. *Unter obiger Bijektion* $\mathrm{Filt}(L) \to (\mathrm{pro}\text{-}L) - \{\emptyset\}$ *entsprechen*
a) *die Primfilter von L den* $\mathrm{pro}\text{-}L\text{-}Mengen$ $\emptyset \neq Y \subseteq X$ *mit:*

$$A, B \in L, Y \subseteq A \cup B \quad \Rightarrow \quad Y \subseteq A \text{ oder } Y \subseteq B\,;$$

b) *die Ultrafilter von L den minimalen nicht-leeren* $\mathrm{pro}\text{-}L\text{-}Mengen.$ $\qquad\square$

Sei jetzt X ein spektraler Raum. Bevor wir zur angekündigten Beschreibung von X durch Filter auf Verbänden konstruierbarer Teilmengen kommen, noch eine

Definition 5. Ist X ein spektraler Raum, so setzen wir

$$X^{\max} := \{x \in X : y \in \overline{\{x\}} \Rightarrow y = x\}, \quad X^{\min} := \{x \in X : x \in \overline{\{y\}} \Rightarrow y = x\}.$$

Es handelt sich also um die bezüglich der Spezialisierungsrelation maximalen bzw. minimalen Punkte. Man beachte, daß $X^{\max}$ genau die Teilmenge der abgeschlossenen Punkte von X ist, und daß $X^{\min} = (X^*)^{\max}$ und $X^{\max} = (X^*)^{\min}$ gelten ($X^* =$ zu X inverser spektraler Raum, §4).

Satz 2. *Sei X ein spektraler Raum.*
a) *Es besteht eine kanonische inklusionsumkehrende Bijektion*

$$\mathrm{Filt}\,\bar{\mathcal{K}}(X) \to \{Y \subseteq X : Y \text{ ist abgeschlossen und } Y \neq \emptyset\}\,,$$

nämlich $F \mapsto \bigcap_{A \in F} A$. Die Inverse ist $Y \mapsto F_Y = \{A \in \bar{\mathcal{K}}(X) : Y \subseteq A\}$.
b) *Es besteht eine kanonische Bijektion*

$$X \to \mathrm{Prim}\,\bar{\mathcal{K}}(X), \quad x \mapsto \dot{F}_x = \{A \in \bar{\mathcal{K}}(X) : x \in A\}.$$

c) *Die Abbildung aus b) induziert eine Bijektion*

$$X^{\max} \to \mathrm{Ultra}\,\bar{\mathcal{K}}(X), \quad x \mapsto F_x\,.$$

Beweis. a) folgt aus dem Lemma wegen $\mathrm{pro}\text{-}\bar{\mathcal{K}}(X) = \{Y \subseteq X : Y \text{ abgeschlossen}\}$. Aus Korollar 3 folgt, daß unter der Bijektion a) $\mathrm{Prim}\,\bar{\mathcal{K}}(X)$ den abgeschlossenen irreduziblen Teilmengen $Y \neq \emptyset$ von X entspricht; indem wir Y mit seinem generischen Punkt identifizieren, erhalten wir b) und c). $\qquad\square$

Durch Interpretation von $\mathring{\mathcal{K}}(X)$ als $\bar{\mathcal{K}}(X^*)$ und von $\mathcal{K}(X)$ als $\bar{\mathcal{K}}(X_{\mathrm{con}})$ gewinnt man weitere derartige Aussagen:

Satz 3. *Sei X ein spektraler Raum. Dann besteht eine Bijektion*

$$X \to \operatorname{Prim}\mathring{\mathcal{K}}(X), \quad x \mapsto F_x = \{A \in \mathring{\mathcal{K}}(X): x \in A\},$$

welche eine Bijektion $X^{\min} \to \operatorname{Ultra}\mathring{\mathcal{K}}(X)$ induziert. $\qquad\qquad\square$

Satz 4. *Sei X ein spektraler Raum. Es besteht eine Bijektion*

$$\operatorname{Filt}\mathcal{K}(X) \to \{Y \subseteq X: Y \text{ ist prokonstruierbar und } Y \neq \emptyset\},$$

nämlich $F \mapsto \bigcap_{A \in F} A$, mit Inverser $Y \mapsto F_Y = \{A \in \mathcal{K}(X): Y \subseteq A\}$. Diese induziert eine Bijektion $\quad X \to \operatorname{Prim}\mathcal{K}(X) = \operatorname{Ultra}\mathcal{K}(X), \quad x \mapsto F_x = \{A \in \mathcal{K}(X): x \in A\}$. $\quad\square$

Vor allem der letzte Satz wird häufig in der geometrischen Situation benutzt:

Korollar 4. *Sei R reell abgeschlossen, A eine affine R-Algebra und $V(R)$ die Menge der reellen Punkte der Varietät $V = V_A$ von A.*
a) *(Ultrafiltersatz, L. Bröcker 1981) Es besteht eine Bijektion*

$$\operatorname{Sper} A \to \operatorname{Ultra}\mathfrak{S}\big(V(R)\big), \quad x \mapsto F_x = \{M: x \in \tilde{M}\}$$

mit Inverser $F \mapsto \bigcap_{M \in F} \tilde{M}$.
b) *Es besteht eine Bijektion von $\operatorname{Filt}\mathfrak{S}\big(V(R)\big)$ auf die Menge der nicht-leeren prokonstruierbaren Teilmengen von $\operatorname{Sper} A$, nämlich $F \mapsto \bigcap_{M \in F} \tilde{M}$.* $\qquad\square$

Sei weiterhin A eine affine Algebra über einem reell abgeschlossenen Körper R und $V = V_A$ die zugehörige Varietät. Wir geben im folgenden einige Beispiele, die die Entsprechung zwischen reellem Spektrum und Ultrafiltern illustrieren sollen. Für $x \in \operatorname{Sper} A$ sei stets $F_x = \{M \in \mathfrak{S}\big(V(R)\big): x \in \tilde{M}\}$ der zugehörige Ultrafilter. Unter Identifikation von $\operatorname{Sper} A$ mit $\operatorname{Ultra}\mathfrak{S}\big(V(R)\big)$ ist also $\tilde{M} = \{F: M \in F\}$, für semialgebraisches $M \subseteq V(R)$.

Beispiel 3. Sei $A = R[t]$, also $V(R) = R$ (siehe §3, Beispiel 2). Die Korrespondenz $\operatorname{Sper} A \to \operatorname{Ultra}\mathfrak{S}(R)$ sieht wie folgt aus:

für $x \in \operatorname{Sper} A$	besteht F_x aus allen M mit	
$x = c \in R$	$c \in M$	
$x = c_-\ (c \in R)$	$]c - \varepsilon, c[\ \subseteq M$ für ein $\varepsilon > 0$	
$x = c_+\ (c \in R)$	$]c, c + \varepsilon[\ \subseteq M$ für ein $\varepsilon > 0$	
$x = -\infty$	$]-\infty, a[\ \subseteq M$ für ein $a \in R$	
$x = +\infty$	$]a, \infty[\ \subseteq M$ für ein $a \in R$	
$x = \xi$ (freier Schnitt)	$\exists\, a, b$ mit $a < \xi < b$ und $]a, b[\ \subseteq M$	

Beispiel 4. Betrachten wir die Elemente von Sper A als Ultrafilter auf $\mathfrak{S}\big(V(R)\big)$, so lassen sich die zugehörigen Ordnungen von A leicht angeben. Für $x \in \operatorname{Sper} A$ und $f \in A$ gilt

$$f(x) \geq 0 \quad \Longleftrightarrow \quad \text{es gibt } M \in F_x \text{ mit } f|M \geq 0\,,$$
$$f(x) > 0 \quad \Longleftrightarrow \quad \text{es gibt } M \in F_x \text{ mit } f|M > 0\,, \text{ usw.}$$

Der Träger $\mathfrak{p} = \operatorname{supp}(x)$ von x läßt sich so beschreiben: Die zu $\mathfrak{p}$ gehörende Untervarietät $W := V_{A/\mathfrak{p}}$ von V ist die kleinste abgeschlossene Untervarietät von V mit $W(R) \in F_x$; also $W(R) = \bigcap_{W'} W'(R)$, Durchschnitt über alle abgeschlossenen Untervarietäten W' von V mit $W'(R) \in F_x$.

Beispiel 5. Für $x, y \in \operatorname{Sper} A$ gilt:

$$x \succ y \;(\text{d.h. } y \in \overline{\{x\}}) \Longleftrightarrow F_x \cap \bar{\mathfrak{S}}\big(V(R)\big) \subseteq F_y \Longleftrightarrow F_y \cap \mathring{\mathfrak{S}}\big(V(R)\big) \subseteq F_x\,.$$

Ist $M \subseteq V(R)$ semialgebraisch und $x \in \tilde{M}$, so ist genau dann $x \in \tilde{M}^{\max}$, wenn es für jedes $N \in \mathfrak{S}(M)$ mit $N \in F_x$ ein in M abgeschlossenes $N' \in F_x$ gibt mit $N' \subseteq N$.

Beispiel 6. Sei $A = R[x, y]$. Betrachte die Homomorphismen

$$\varphi_0 \colon A \to R \qquad\quad ,\quad f \mapsto f(0,0)$$
$$\varphi_1 \colon A \to R(x) \quad\;\; ,\quad f \mapsto f(x,0)$$
$$\varphi_2 \colon A \hookrightarrow R(x,y) \;,\quad f \mapsto f\,.$$

Sei $R(x, y)$ so angeordnet, daß x gegenüber R und y gegenüber $R(x)$ jeweils unendlich klein und positiv sind; $R(x)$ trage die induzierte Anordnung. Sei $\alpha_i \in \operatorname{Sper} A$ der durch φ_i (und diese Anordnungen) definierte Punkt, $i = 0, 1, 2$ (§3, Bemerkung 3). Es ist $\operatorname{supp}(\alpha_2) = (0) \subseteq \operatorname{supp}(\alpha_1) = (y) \subseteq \operatorname{supp}(\alpha_0) = (x, y)$, und man überzeugt sich leicht, daß $\alpha_2 \succ \alpha_1 \succ \alpha_0$ in Sper A gilt. Die zugehörigen Ultrafilter lassen sich wie folgt beschreiben. Für semialgebraisches $M \subseteq R^2$ gilt

$$\alpha_0 \in \tilde{M} \;\Longleftrightarrow\; \alpha_0 = (0,0) \in M\,;$$
$$\alpha_1 \in \tilde{M} \;\Longleftrightarrow\; \exists \varepsilon > 0 \text{ mit }]0, \varepsilon[\times \{0\} \subseteq M\,;$$
$$\alpha_2 \in \tilde{M} \;\Longleftrightarrow\; \exists \varepsilon > 0,\, \exists g \in R[t] \text{ mit } g(t) > 0 \text{ für } t \in]0, \varepsilon[\,,$$
$$\text{so daß } \{(a,b) \in R^2 \colon 0 < a < \varepsilon,\, 0 < b < g(a)\} \subseteq M\,.$$

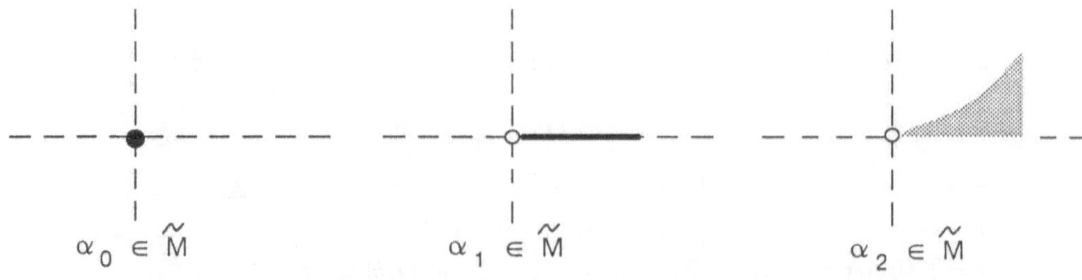

(Die Verifikation bereitet nur bei α_2 Mühe. Da $\alpha_2 \in (\operatorname{Sper} A)^{\min}$ ist, gilt: $\alpha_2 \in \tilde{M} \iff$ es gibt $f_1, \ldots, f_n \in A$ mit $\alpha_2 \in \mathring{H}_A(f_1, \ldots, f_n)$ und $\bigcap_i \{x \in R^2 \colon f_i(x) > 0\} \subseteq M$. Man muß sich nun überlegen, daß für jedes $f \in A$ mit $f(\alpha_2) > 0$ die Menge $\{x \in R^2 \colon f(x) > 0\}$ eine Menge der oben angegebenen Form enthält.)

Man kann sich also α_1 als den Keim des positiven Astes der x-Achse im Ursprung vorstellen, und α_2 als den Keim des „oberen Ufers" der durch die positive x-Achse halbierten rechten Halbebene. Wir sehen daher, daß $\alpha_0 = (0,0)$ eine Generalisierungskette der (maximal möglichen) Länge 2 hat. Man kann leicht zeigen (§7, Beispiel 2), daß jeder Punkt $x \in R^n$ in $\widetilde{R^n}$ eine Generalisierungskette der Länge n hat. (Allgemeiner gilt die analoge Aussage für glatte R-Varietäten.)

Beispiel 7. Sei A nullteilerfrei und $K = \operatorname{Quot} A$. Die Anordnungen von K kann man wie folgt in $V(R)$ „sichtbar" machen. Wir nennen eine semialgebraische Teilmenge $M \subseteq V(R)$ *dünn*, wenn M in $\operatorname{Spec} A$ nicht Zariski-dicht ist.[1] Für $x \in \operatorname{Sper} A$ ist genau dann $\operatorname{supp}(x) = 0$ (d.h. $x \in \operatorname{Sper} K \subseteq \operatorname{Sper} A$), wenn F_x keine dünnen Mengen enthält. Man kann das auch so ausdrücken: Auf $\mathfrak{S}(V(R))$ wird durch

$$M \sim N \iff M \triangle N := (M - N) \cup (N - M) \text{ ist dünn}$$

eine Äquivalenzrelation definiert, und die Quotientenmenge $\mathfrak{S}(V(R))/\sim$ trägt eine von $\mathfrak{S}(V(R))$ induzierte Verbandsstruktur. Dabei entsprechen die Ultrafilter von $\mathfrak{S}(V(R))/\sim$ genau den Ultrafiltern von $\mathfrak{S}(V(R))$, welche keine dünnen Mengen enthalten. Es gilt also

Satz (G.W. Brumfiel). *Es besteht eine kanonische Bijektion*

$$\operatorname{Sper} K \to \operatorname{Ultra}\left(\mathfrak{S}(V(R))/\sim\right). \qquad \qquad \square$$

Anmerkung. Wir haben gezeigt, daß für jeden spektralen Raum X eine natürliche Bijektion $X \to \operatorname{Prim} \mathring{\mathcal{K}}(X)$ existiert. Man kann also die Menge X aus dem Verband $\mathring{\mathcal{K}}(X)$ wieder „erkennen". Tatsächlich geht die Beziehung viel weiter, denn da man aus $\mathring{\mathcal{K}}(X)$ auch wieder die Topologie von X erhält, sind (der topologische Raum) X und (der distributive Verband) $\mathring{\mathcal{K}}(X)$ im wesentlichen dasselbe. Diese Dualität sei hier (ohne Beweis) kurz skizziert.

Ist L ein distributiver Verband (mit 0 und 1), so trägt die Menge $\operatorname{Prim} L$ eine natürliche Topologie, bei der die $U_x := \{F \in \operatorname{Prim} L \colon x \in F\}$ $(x \in L)$ eine offene Basis bilden. Dieser topologische Raum heißt der Stone-Raum $\operatorname{St}(L)$ von L. Er ist ein spektraler Raum, und L ist (via $x \mapsto U_x$) kanonisch zu $\mathring{\mathcal{K}}(\operatorname{St}(L))$ isomorph. Ist umgekehrt X ein spektraler Raum, so ist X kanonisch zu $\operatorname{St} \mathring{\mathcal{K}}(X)$ homöomorph (die Bijektion haben wir beschrieben). Es gilt (siehe etwa [Gr, p. 103], [Jo, p. 65 f.]) die

Stone-Dualität. *Die Zuordnungen $X \mapsto \mathring{\mathcal{K}}(X)$ und $L \mapsto \operatorname{St} L$ liefern eine Dualität (= Anti-Äquivalenz) zwischen der Kategorie der spektralen Räume (und spektralen Abbildungen) und der Kategorie der distributiven Verbände.*

---

[1]Definiert man die Dimension einer semialgebraischen Teilmenge als Dimension ihres Zariski-Abschlusses in $\operatorname{Spec} A$, so ist M genau dann dünn, wenn $\dim M < \dim A = \operatorname{tr.deg.}(K/R) = \dim V$ ist.

§6. Der Raum der abgeschlossenen Punkte

Erstmals begegnen wir nun Eigenschaften der reellen Spektren, welche für allgemeine spektrale Räume ganz falsch sind. Sei A stets ein Ring.

Satz 1. *Ist X ein quasikompakter T_0-Raum und $X^{\max}$ der Teilraum seiner abgeschlossenen Punkte, so ist $X^{\max}$ quasikompakt, und für alle $x \in X$ ist $\overline{\{x\}} \cap X^{\max} \neq \emptyset$.*

Beweis. Es genügt, $\overline{\{x\}} \cap X^{\max} \neq \emptyset$ für $x \in X$ zu zeigen, denn daraus folgt, daß X die einzige Umgebung von $X^{\max}$ in X ist. Sei also $x \in X$ und $Y := \overline{\{x\}}$. Dann ist Y durch $y \leq y' \iff y \succ y'$ geordnet. Ist M eine total geordnete Teilmenge von Y, so ist $\bigcap_{y \in M} \overline{\{y\}} \neq \emptyset$, da Y quasikompakt ist. Nach Zorn enthält Y ein maximales Element. $\quad\square$

Bemerkungen.

1. Ist X spektral, so folgt die Aussage schon aus §5, Satz 2. Durch Übergang zum inversen spektralen Raum X^* sieht man, daß $X = \bigcup_{x \in X^{\min}} \overline{\{x\}}$ ist (aber $X^{\min}$ ist i.a. nicht quasikompakt!).

2. Wegen §4, Korollar 6c) ist der Teilraum $X^{\max}$ eines spektralen Raums X genau dann prokonstruierbar, wenn er abgeschlossen ist. Das braucht aber in der Regel nicht der Fall zu sein. Ist etwa A eine affine R-Algebra mit Varietät V (R reell abgeschlossen) , so ist nach §5 sogar schon $V(R)$ dicht in Sper A, erst recht also (Sper $A)^{\max}$.

3. Sei R reell abgeschlossen und $X = $ Sper $R[\,t\,]$. Dann besteht $X^{\max}$ aus $R \cup \{-\infty, +\infty\}$ und allen freien Dedekindschnitten von R. Ist speziell $R = \mathbb{R}$, so ist $X^{\max} = \mathbb{R} \cup \{\pm\infty\}$ die natürliche Kompaktifizierung (mit zwei Enden) von $\mathbb{R}$!

Wie schon angekündigt, kommen wir jetzt an eine Stelle, wo die reellen Spektren von Ringen speziellere Eigenschaften als allgemeine spektrale Räume aufweisen. So einfach das nächste Lemma ist, so weit reichen seine Konsequenzen!

Lemma. *Seien P und Q Ordnungen von A. Dann sind äquivalent:*

 (i) *$P \nsubseteq Q$ und $Q \nsubseteq P$ (d.h. bezüglich Spezialisierung sind P und Q unvergleichbar);*
 (ii) *es gibt $f \in A$ mit $P \in \mathring{H}_A(f)$ und $Q \in \mathring{H}_A(-f)$;*
 (iii) *es gibt offene $U, V \subseteq$ Sper A mit $U \cap V = \emptyset$ und $P \in U$, $Q \in V$.*

Beweis. (i) $\Rightarrow$ (ii). Wähle $a \in P - Q$ und $b \in Q - P$. Dann leistet $f := a - b$ das Verlangte: Wäre nämlich $-f \in P$, so auch $b = a - f \in P$; wäre $f \in Q$, so auch $a = b + f \in Q$; beides ein Widerspruch. — (ii) $\Rightarrow$ (iii) $\Rightarrow$ (i) ist trivial. $\quad\square$

Theorem 2. *Sei X ein prokonstruierbarer Teilraum von Sper A. Dann ist $X^{\max}$ Hausdorff, also kompakt.*

Beweis. Unmittelbar aus dem Lemma und Satz 1. $\quad\square$

Bemerkungen.

4. Die Aussage von Theorem 2 ist für das Zariski-Spektrum i.a. völlig falsch: Ist A eine affine $\mathbf{C}$-Algebra mit Varietät $V = V(\mathbf{C})$, so trägt (Spec $A)^{\max} = V(\mathbf{C})$ die (induzierte) Zariski-Topologie, welche hochgradig nicht-Hausdorff ist, falls nur dim $A > 0$ ist.

5. Sei R reell abgeschlossen und A eine affine R-Algebra mit Varietät $V = V_A$. Da

$V(R)$ in $(\operatorname{Sper} A)^{\max}$ dicht liegt, ist $(\operatorname{Sper} A)^{\max}$ eine natürliche Kompaktifizierung von $V(R)$. Ist $x_1, \ldots, x_n$ ein Erzeugendensystem von A und $\alpha \in (\operatorname{Sper} A)^{\max}$, so ist, wie wir noch einsehen werden, genau dann $k(\alpha)$ archimedisch über R, wenn es ein $c \in R$ mit $x_1(\alpha)^2 + \cdots + x_n(\alpha)^2 < c$ gibt. (Die Bedingung ist offenbar äquivalent zur Archimedizität von $A/\operatorname{supp}(\alpha)$ über R; in §7 werden wir sehen, daß $k(\alpha)$ über $A/\operatorname{supp}(\alpha)$ archimedisch ist für alle $\alpha \in (\operatorname{Sper} A)^{\max}$.) Die $\alpha \in (\operatorname{Sper} A)^{\max}$ mit $k(\alpha)/R$ archimedisch nennen wir die *endlichen Punkte*, alle übrigen $\alpha \in (\operatorname{Sper} A)^{\max}$ die *unendlich fernen Punkte* von $(\operatorname{Sper} A)^{\max}$. Die Menge der endlichen Punkte bildet also einen *offenen* dichten Teilraum von $(\operatorname{Sper} A)^{\max}$ (sie ist gleich $(\operatorname{Sper} A)^{\max} \cap \bigcup_{c \in R} \mathring{H}_A(c - x_1^2 - \cdots - x_n^2)$). Das ist besonders im Fall $R = \mathbb{R}$ interessant, da hier die Menge der endlichen Punkte gerade $V(\mathbb{R})$ ist (II, §1). Wir sehen also, daß $V(\mathbb{R})$ als offener dichter Teilraum in seiner Kompaktifizierung $(\operatorname{Sper} A)^{\max}$ enthalten ist. Diese Tatsache ist von G.W. Brumfiel für eine Interpretation der Thurstonschen Kompaktifizierung von Teichmüller-Räumen mit Hilfe des reellen Spektrums benutzt worden [Bru4].

Eine weitere, mindestens ebenso fundamentale Konsequenz ist

Theorem 3. *Für jedes $x \in \operatorname{Sper} A$ bildet $\overline{\{x\}}$ bezüglich Spezialisierung eine Kette, d.h. für $y, z \in \operatorname{Sper} A$ gilt:*

$$ x \succ y \quad und \quad x \succ z \quad \Rightarrow \quad y \succ z \quad oder \quad z \succ y . $$

Korollar. *Sei $X \subseteq \operatorname{Sper} A$ prokonstruierbar. Für alle $x \in X$ enthält $\overline{\{x\}} \cap X^{\max}$ genau ein Element.* $\qquad\square$

Beweis des Theorems. Für jede Umgebung U von y und V von z ist $x \in U \cap V$. Nun das Lemma. $\qquad\square$

Bemerkungen.
6. Für jedes $x \in \operatorname{Sper} A$ kann man sich $\overline{\{x\}}$ als „Speer" vorstellen, mit der abgeschlossenen Spezialisierung von x als Spitze. Die Bezeichnung Sper für das reelle Spektrum spielt darauf an, ebenso auf den französischen Terminus „spectre réel".
7. Auch Theorem 3 ist für Zariski-Spektren i.a. ganz falsch. Man sieht insbesondere, daß nur ganz spezielle spektrale Räume zu reellen Spektren homöomorph sein können (im Gegensatz zu Zariski-Spektren). Ob etwa die Eigenschaft aus Theorem 3 die reellen Spektren unter den spektralen Räumen charakterisiert, scheint nicht bekannt zu sein.
8. In §5 wurde erwähnt, und in §7 wird gezeigt, daß es zu jedem Punkt $x_0 \in R^n$ einen Speer $x_n \succ x_{n-1} \succ \cdots \succ x_1 \succ x_0$ ($x_i \neq x_{i-1}$, $i = 1, \ldots, n$) der Länge n in $\widetilde{R^n} = \operatorname{Sper} R[t_1, \ldots, t_n]$ gibt, der in x_0 endet. Geht man umgekehrt von einem beliebigen Punkt $\alpha \in \operatorname{Sper} R[t_1, \ldots, t_n]$ mit $\operatorname{supp}(\alpha) = (0)$ aus, so folgt aus Sätzen der kommutativen Algebra und aus Theorem 3 leicht, daß α höchstens n verschiedene Spezialisierungen hat. (Man betrachte die Trägerideale der Spezialisierungen: Sie bilden eine Kette.) In der Tat kann aber der Speer $\overline{\{\alpha\}}$ *kürzer* sein, und zwar aus zwei Gründen: Erstens braucht die abgeschlossene Spezialisierung von α nicht in R^n zu liegen (z.B. $\alpha = \pm\infty$ in $\tilde{R}$). Und zweitens kann der Speer „Lücken" haben. Dies sei an folgendem Beispiel im $\mathbb{R}^2$ erläutert.

Sei $P := \{f \in \mathbb{R}[x,y]: \exists\ \varepsilon > 0 \text{ mit } f(t, e^t - 1) \geq 0 \text{ für } 0 < t < \varepsilon\}$. Dann ist P eine Ordnung von $\mathbb{R}[x,y]$ mit $\operatorname{supp}(P) = P \cap (-P) = (0)$, und es ist klar, daß $(0,0) \in \mathbb{R}^2$ die abgeschlossene Spezialisierung von P in Sper $\mathbb{R}[x,y]$ ist. Man kann sich nun überlegen, daß $\mathbb{R}(x,y)$ nur *einen* nicht-trivialen konvexen Teilring (bezüglich der durch P induzierten Anordnung) besitzt, nämlich die konvexe Hülle $\mathfrak{o}\big(\mathbb{R}(x,y)/\mathbb{R}\big)$ von $\mathbb{R}$. Dies impliziert (wie in §7 gezeigt wird), daß P tatsächlich nur *eine* echte Spezialisierung hat. Heuristisch gesehen ist das ziemlich klar, denn hätte P eine eindimensionale Spezialisierung, so könnte deren Träger nur die Kurve $y + 1 = e^x$ sein — aber diese ist nicht algebraisch.

Satz 4 („Normalität" von Sper A). *Sind Y, Z abgeschlossene disjunkte Teilmengen von Sper A, so gibt es offene quasikompakte Umgebungen U von Y und V von Z mit $U \cap V = \emptyset$.*

Beweis. Ist $X \subseteq$ Sper A abgeschlossen und $y \in$ Sper A mit $\overline{\{y\}} \cap X = \emptyset$, so hat jedes $x \in X$ eine offene quasikompakte Umgebung U_x mit $\overline{\{y\}} \cap U_x = \emptyset$. Da X quasikompakt ist, wird X von endlich vielen U_x überdeckt, es gibt also $U \subseteq$ Sper A, offen quasikompakt, mit $X \subseteq U$ und $\overline{\{y\}} \cap U = \emptyset$. Seien nun $\{U_i: i \in I\}$ bzw. $\{V_j: j \in J\}$ die Systeme der offenen quasikompakten Umgebungen von Y bzw. Z. Nach dem eben Gesagten ist $\bigcap_i U_i = \{x \in$ Sper $A: \overline{\{x\}} \cap Y \neq \emptyset\}$, analog für die V_j. Folglich ist

$$\bigcap_{i \in I} U_i \cap \bigcap_{j \in J} V_j = \emptyset,$$

denn für x in dem Durchschnitt, mit abgeschlossener Spezialisierung $\bar{x}$, wäre $\bar{x} \in Y \cap Z$. Nach §4 (Korollar 2) gibt es endliche $I' \subseteq I$, $J' \subseteq J$, so daß für $U := \bigcap_{i \in I'} U_i$ und $V := \bigcap_{j \in J'} V_j$ schon $U \cap V = \emptyset$ ist. $\qquad\square$

Bemerkung 9. Der Beweis zeigt, daß ein spektraler Raum X die Normalitätseigenschaft aus Satz 4 hat, wenn nur $|\overline{\{x\}} \cap X^{\max}| = 1$ für alle $x \in X$ erfüllt ist. Hiervon gilt auch die Umkehrung [CC]. Ebenso bleiben die Sätze 5 und 6 für diese sogenannten *normalen spektralen Räume* richtig. Man beachte aber, daß die (für Sper A stets erfüllte) Eigenschaft aus Theorem 3 noch spezieller ist.

Definition. Sei $X \subseteq$ Sper A prokonstruierbar. Mit $\rho = \rho_X: X \to X^{\max}$ wird die durch $\rho(x) \in \overline{\{x\}} \cap X^{\max}$ ($x \in X$) eindeutig bestimmte Abbildung bezeichnet. Es ist $\rho^2 = \rho$, wir bezeichnen ρ als die *kanonische Retraktion* von X auf $X^{\max}$.

Satz 5. *Sei $X \subseteq$ Sper A prokonstruierbar. Die kanonische Retraktion $\rho: X \to X^{\max}$ ist eine stetige und abgeschlossene Abbildung.*

Beweis. Für abgeschlossenes $Y \subseteq X$ ist $\rho(Y) = Y \cap X^{\max}$ abgeschlossen in $X^{\max}$. Zur Stetigkeit: Sei $Y' \subseteq X^{\max}$ abgeschlossen in $X^{\max}$, etwa $Y' = Y \cap X^{\max}$ für abgeschlossenes $Y \subseteq X$. Dann ist

$$\rho^{-1}(Y') = \{x \in X: \overline{\{x\}} \cap Y \neq \emptyset\} = \bigcap_{i \in I} U_i,$$

Durchschnitt über alle quasikompakten offenen Umgebungen von Y (siehe Beweis von Satz 4). Insbesondere ist $\rho^{-1}(Y')$ prokonstruierbar, und somit abgeschlossen, da $\rho^{-1}(Y')$ unter Spezialisierung stabil ist. $\qquad\square$

Satz 6. *Sei $X \subseteq \operatorname{Sper} A$ prokonstruierbar. Dann ist $Y \mapsto \rho(Y)$ eine Bijektion von der Menge der Zusammenhangskomponenten Y von X auf die Menge der Zusammenhangskomponenten Y' von $X^{\max}$. Die Inverse ist $Y' \mapsto \rho^{-1}(Y')$.*

Beweis. Es genügt zu zeigen, daß jedes abgeschlossene $Y \subseteq X$, für das $\rho(Y)$ zusammenhängend ist, selbst zusammenhängend ist. Sei $Y = Y_1 \cup Y_2$ mit Y_1, Y_2 abgeschlossen, $Y_1 \cap Y_2 = \emptyset$. Dann ist auch $\rho(Y_1) \cap \rho(Y_2) = \emptyset$, und $\rho(Y_1), \rho(Y_2)$ sind abgeschlossen in $X^{\max}$ (Satz 5). Daraus die Behauptung. $\qquad\square$

Man erkennt also, daß die Räume $X^{\max}$ ($X \subseteq \operatorname{Sper} A$ prokonstruierbar) nicht nur wegen ihrer Kompaktheit topologisch angenehm sind, sondern auch, weil sie noch einige Informationen über den Raum X enthalten. So kann man z.B. ρ dazu benutzen, die Kohomologie von X auf jene von $X^{\max}$ zurückzuführen; beide haben isomorphe Kohomologie [CC]. In der geometrischen Situation scheint es wichtig zu sein, $\tilde{M}^{\max}$ als natürliche Kompaktifizierung von $M \subseteq V(R)$ zu betrachten. Trotz all dem dürfte jedoch $\operatorname{Sper} A$ das zentrale Objekt und $(\operatorname{Sper} A)^{\max}$ eher ein nützlicher Hilfsraum sein.

§7. Spezialisierungen und konvexe Ideale

A sei stets ein beliebiger Ring.

Sei $P \subseteq A$ eine Ordnung von A und $\mathfrak{p} := \mathrm{supp}\,(P)$. Wir bezeichnen mit $\pi\colon A \to A/\mathfrak{p}$ den natürlichen Homomorphismus und mit $\bar{P} \subseteq \kappa(\mathfrak{p})$ die durch P induzierte Anordnung von $\kappa(\mathfrak{p})$. Will man die bezüglich $\bar{P}$ konvexen Ideale von $A/\mathfrak{p}$ studieren, gelangt man zu folgender

Definition 1. Ein Ideal $\mathfrak{a}$ von A heißt *P-konvex*, wenn für alle $f, g \in P$ gilt:

$$f + g \in \mathfrak{a} \Rightarrow f, g \in \mathfrak{a}.$$

Lemma 1. *Durch* $\mathfrak{a} \mapsto \pi(\mathfrak{a})$ *ist eine Bijektion von der Menge der P-konvexen Ideale von A auf die Menge der (in $A/\mathfrak{p}$) bezüglich $\bar{P}$ konvexen Ideale von $A/\mathfrak{p}$ gegeben. Die Inverse ist* $\bar{\mathfrak{a}} \mapsto \pi^{-1}(\bar{\mathfrak{a}})$.

Beweis. $A/\mathfrak{p}$ sei mit der durch $\bar{P}$ induzierten totalen Anordnung versehen. Da $f \in P$ und $-f \in P$ für jedes $f \in \mathfrak{p}$ gilt, ist $\mathfrak{p}$ in jedem P-konvexen Ideal enthalten, weshalb die beiden Zuordnungen invers zueinander sind. Ist $\mathfrak{a} \subseteq A$ ein P-konvexes Ideal, so ist $\pi(\mathfrak{a})$ in $A/\mathfrak{p}$ konvex, denn sind $a \in \mathfrak{a}$, $f \in A$ mit $0 \le \pi(f) \le \pi(a)$, so $f \in P$ und $a - f \in P$, also $f \in \mathfrak{a}$ nach Voraussetzung. Ist umgekehrt $\bar{\mathfrak{a}} \subseteq A/\mathfrak{p}$ ein konvexes Ideal und sind $f, g \in P$ mit $f + g \in \mathfrak{a} := \pi^{-1}(\bar{\mathfrak{a}})$, so ist $0 \le \pi(f) \le \pi(f + g) \in \bar{\mathfrak{a}}$, also auch $\pi(f) \in \bar{\mathfrak{a}}$. $\square$

Korollar 1.

a) *Die P-konvexen Ideale bilden eine Kette, und* $\mathfrak{p} = \mathrm{supp}\,(P)$ *ist das kleinste unter ihnen.*

b) *Für jedes P-konvexe Ideal* $\mathfrak{a}$ *von A ist $P + \mathfrak{a} = P \cup \mathfrak{a}$.*

Beweis. a) II, §1, Bemerkung 4. — b) Seien $p \in P$ und $a \in \mathfrak{a}$. Ist $p + a \notin P$, so ist $-(p + a) \in P$, und aus $-a = p - (p + a) \in \mathfrak{a}$ folgt $p + a \in \mathfrak{a}$. $\square$

Theorem 2. *Sei $P \in \mathrm{Sper}\,A$ eine Ordnung von A und $\mathfrak{p} = \mathrm{supp}\,(P)$. Dann stehen folgende Mengen zueinander in kanonischer Bijektion:*
(1) $\overline{\{P\}}$ *(die Menge der Spezialisierungen Q von P in $\mathrm{Sper}\,A$);*
(2) die Menge der P-konvexen Primideale $\mathfrak{q}$ von A;
(3) die Menge der bezüglich $\bar{P}$ konvexen Primideale $\bar{\mathfrak{q}}$ von $A/\mathfrak{p}$.
Die Bijektion (1) $\to$ (2) ist durch $Q \mapsto \mathrm{supp}\,(Q)$ gegeben, die Umkehrabbildung durch $\mathfrak{q} \mapsto P + \mathfrak{q} = P \cup \mathfrak{q}$. Die Bijektion zwischen (2) und (3) ist durch $\mathfrak{q} \mapsto \pi(\mathfrak{q})$ bzw. $\bar{\mathfrak{q}} \mapsto \pi^{-1}(\bar{\mathfrak{q}})$ gegeben.

Beweis. Die Bijektion zwischen (2) und (3) wurde im Lemma gezeigt. Sei $Q \supseteq P$ eine Ordnung von A und $\mathfrak{q} := Q \cap (-Q)$. Seien $f, g \in P$ mit $f + g \in \mathfrak{q}$. Wegen $-f = g - (f + g) \in Q$ folgt daraus $f \in \mathfrak{q}$. Also ist $\mathfrak{q}$ P-konvex, und es ist auch wieder $Q = P \cup \mathfrak{q}$ ($\subseteq$: ist $f \in Q - \mathfrak{q}$, so ist $-f \notin Q$, also $-f \notin P$, also $f \in P$). Umgekehrt sei $\mathfrak{q}$ ein P-konvexes Primideal. Dann ist $Q := P + \mathfrak{q} = P \cup \mathfrak{q}$ eine Ordnung von A mit Träger $\mathfrak{q}$; denn $Q \cap (-Q) = (P \cap -P) \cup (P \cap \mathfrak{q}) \cup (\mathfrak{q} \cap -P) \cup \mathfrak{q} = \mathfrak{q}$ ist ein Primideal. $\square$.

Wir sehen erneut, daß $\overline{\{P\}}$ stets eine Kette bildet.

Beispiel 1. Sei $\lambda \colon K \to L \cup \infty$ eine surjektive Stelle mit Bewertungsring $B = \mathfrak{o}_\lambda$. Identifizieren wir Sper K bzw. Sper L mit denjenigen Punkten von Sper B, welche Träger (0) bzw. $\mathfrak{m}_B$ haben, so gilt für $x \in$ Sper K: Genau dann ist λ mit x verträglich, wenn x eine Spezialisierung y mit Träger $\mathfrak{m}_B$ hat; ist dies der Fall, so ist y die von x auf $L \cong B/\mathfrak{m}_B$ induzierte Anordnung im Sinne von II, §2. Den Satz von Baer – Krull (II, §7) können wir daher so formulieren: Ist Γ die Wertegruppe von λ und $y \in$ Sper B mit $\mathrm{supp}(y) = \mathfrak{m}_B$, so operiert $(\Gamma/2\Gamma)^\frown$ transitiv und frei auf der (nicht-leeren) Menge der Generalisierungen von y mit Träger (0). Ist also etwa $\Gamma \cong \mathbf{Z}^n_{\mathrm{lex}}$ und sind $(0) = \mathfrak{p}_0 \subset \cdots \subset \mathfrak{p}_n = \mathfrak{m}_B$ die Primideale von B, so besitzt jedes $y \in$ Sper B mit $\mathrm{supp}(y) = \mathfrak{m}_B$ genau 2^{n-i} Generalisierungen mit Träger $\mathfrak{p}_i$ $(i = 0, \ldots, n)$.

Definition 2. Ist B ein Bewertungsring und A ein Teilring von B, so wird das Primideal $A \cap \mathfrak{m}_B$ von A als das *Zentrum von B auf A* bezeichnet. Analog nennt man für eine Stelle $\lambda \colon K \to L \cup \infty$ und einen Teilring A von K, auf dem λ endlich ist, den Kern des Homomorphismus $\lambda|A \colon A \to L$ das *Zentrum von λ auf A*.

Beispiel 2. Sei $\lambda \colon K \to L \cup \infty$ eine Stelle und A ein Teilring von K, auf dem λ endlich ist und das Zentrum $\mathfrak{p}$ hat. Induziert durch die Homomorphismen $A \subseteq \mathfrak{o}_\lambda \overset{\bar\lambda}{\longrightarrow} L$ hat man Abbildungen Sper $L \to$ Sper $\mathfrak{o}_\lambda \to$ Sper A; diese Komposition sei mit λ^* bezeichnet. Dann folgt aus Beispiel 1: Für jedes $z \in$ Sper L hat das Element $\lambda^*(z) \in$ Sper A (mit Träger $\mathfrak{p}$) eine Generalisierung mit Träger (0) in Sper A.

Sei allgemeiner $\lambda = \lambda_n \circ \cdots \circ \lambda_1 \colon K \to L \cup \infty$ eine Komposition von Stellen, die auf $A \subseteq K$ endlich ist und Zentrum $\mathfrak{p}$ hat, und sei $\mathfrak{p}_i$ das Zentrum von $\lambda_i \circ \cdots \circ \lambda_1$ auf A $(i = 0, \ldots, n)$. Dann ist $(0) = \mathfrak{p}_0 \subseteq \mathfrak{p}_1 \subseteq \cdots \subseteq \mathfrak{p}_n = \mathfrak{p}$, und für jedes $z \in$ Sper L hat $\lambda^*(z)$ eine Generalisierungskette mit den $\mathfrak{p}_i$ als Trägern, d.h. es gibt $y_0, \ldots, y_n \in$ Sper A mit $\mathrm{supp}(y_i) = \mathfrak{p}_i$, so daß $y_0 \succ y_1 \succ \cdots \succ y_n = \lambda^*(z)$ gilt.

Dies zeigt beispielsweise, daß für einen reell abgeschlossenen Körper R jeder Punkt $a \in R^n$ in Sper $R[t_1, \ldots, t_n]$ Generalisierungsketten der Länge n hat: In II, §10 wurde nämlich eine Stelle $\lambda = \lambda_n \circ \cdots \circ \lambda_1 \colon R(t_1, \ldots, t_n) \to R \cup \infty$ über R konstruiert, für die $\lambda_i \circ \cdots \circ \lambda_1$ auf $R[t_1, \ldots, t_n]$ das Zentrum $(t_n - a_n, \ldots, t_{n-i+1} - a_{n-i+1})$ hat $(i = 0, \ldots, n)$.

Definition 3. Ein Bewertungsring B heißt *reell abgeschlossen*, wenn Quot B ein reell abgeschlossener Körper und B residuell reell ist (zur zweiten Bedingung äquivalent ist: B ist konvex in Quot B — II, §5).

Satz 3. *Ist B ein reell abgeschlossener Bewertungsring, so ist* $\mathrm{supp} \colon$ Sper $B \to$ Spec B *ein Homöomorphismus, und für alle* $\mathfrak{p} \in$ Spec B *ist* $\kappa(\mathfrak{p})$ *reell abgeschlossen (für alle* $\alpha \in$ Sper B *ist also* $k(\alpha) = \kappa(\mathrm{supp}\,\alpha))$.

Beweis. Sei $\mathfrak{p} \in$ Spec B. Mit B ist auch $B_\mathfrak{p}$ in $R := $ Quot B konvex, und folglich $\kappa(\mathfrak{p}) = B_\mathfrak{p}/\mathfrak{p}B_\mathfrak{p} = \kappa(B_\mathfrak{p})$ reell abgeschlossen (II, §5, Theorem 1). Daraus die Bijektivität von supp. Wir zeigen, daß supp auch offen ist. Sei $f \in B$. Ist $f < 0$ (in R), so ist $\mathring{H}_B(f) = \emptyset$. Andernfalls gibt es $g \in B$ mit $f = g^2$, und es folgt $\mathring{H}_B(f) = \{\alpha \in$ Sper $B \colon f(\alpha) \neq 0\}$, also $\mathrm{supp}\,\mathring{H}_B(f) = D_B(f)$. $\qquad\square$

Sei jetzt R ein reell abgeschlossener Körper und $A \subseteq R$ ein Teilring. Mit M^c bezeichnen wir die konvexe Hülle einer Teilmenge $M \subseteq R$ in R; speziell sei $B := A^c$ die konvexe Hülle von A. Sei $P_0 := \{a \in A : a \geq 0\} \in \operatorname{Sper} A$; die P_0-konvexen Ideale von A sind einfach die in A (bezüglich der von R induzierten Totalordnung) konvexen Ideale.

Für jedes Ideal $\mathfrak{a} \subseteq A$ ist $\mathfrak{a}^c$ ein Ideal von B, und genau dann ist $\mathfrak{a}$ P_0-konvex, wenn $\mathfrak{a} = A \cap \mathfrak{a}^c$ ist. Es ist also $\mathfrak{b} \mapsto A \cap \mathfrak{b}$ eine Surjektion

$$\{\text{Ideale von B}\} \longrightarrow\!\!\!\!\rightarrow \{P_0\text{-konvexe Ideale von } A\}.$$

Ist $\mathfrak{p} \subseteq A$ ein P_0-konvexes *Prim*ideal, so braucht $\mathfrak{p}^c$ nicht prim zu sein. Trotzdem gilt aber

Lemma 2. *Die Abbildung*

$$\operatorname{Spec} B \to \{P_0\text{-konvexe Primideale von } A\}, \quad \mathfrak{q} \mapsto A \cap \mathfrak{q}$$

ist surjektiv.

Beweis. Ist $\mathfrak{p}$ ein P_0-konvexes Primideal von A, so ist $\sqrt{\mathfrak{p}^c}$ ein Primideal von B (II, §4, Satz 3e), und es ist $A \cap \sqrt{\mathfrak{p}^c} = \sqrt{\mathfrak{p}} = \mathfrak{p}$. $\qquad\square$

Korollar 2. *Ist C ein konvexer Oberring von A in R, so ist $A \cap \mathfrak{m}_C$ ein P_0-konvexes Primideal von A, und die Abbildung $\operatorname{Spec} C \to \operatorname{Spec} A$ hat als Bild genau die P_0-konvexen Primideale $\mathfrak{p}$ von A mit $\mathfrak{p} \subseteq A \cap \mathfrak{m}_C$.*

Beweis. Klar, wegen $C = B_{\mathfrak{m}_C}$ (II, §2). $\qquad\square$

Wegen Theorem 2 und Satz 3 kann man diese Tatsachen auch anders formulieren (A sei jetzt ein beliebiger Ring):

Satz 4. *Sei $\varphi\colon A \to R$ ein Homomorphismus in einen reell abgeschlossenen Körper, sei B die konvexe Hülle von $\varphi(A)$ in R und $\varphi_0\colon A \to B$ der induzierte Homomorphismus. Dann besteht das Bild von $\operatorname{Sper}\varphi_0$ genau aus den Spezialisierungen von α_φ in $\operatorname{Sper} A$. Hierbei ist α_φ das durch φ definierte Element in $\operatorname{Sper} A$ (siehe §3, Bemerkung 3).*

Beweis. Für den generischen Punkt β_0 von $\operatorname{Sper} B$ ist $\alpha_\varphi = (\operatorname{Sper}\varphi_0)(\beta_0)$, woraus $\operatorname{Bild}(\operatorname{Sper}\varphi_0) \subseteq \overline{\{\alpha_\varphi\}}$ folgt. Sei $P = \varphi^{-1}[0, \infty[_R$ die zu α_φ gehörende Ordnung von A. Nach Lemma 2 und Satz 3 gibt es zu jedem P-konvexen Primideal $\mathfrak{q}$ von A ein $\beta \in \operatorname{Sper} B$ mit $\operatorname{supp}((\operatorname{Sper}\varphi_0)(\beta)) = \mathfrak{q}$. Wegen Theorem 2 folgt die Behauptung. $\qquad\square$

Satz 5. *Sei $\varphi\colon A \to B$ ein Homomorphismus in einen reell abgeschlossenen Bewertungsring B, seien β_0, β_1 generischer und abgeschlossener Punkt von $\operatorname{Sper} B$, und sei $\alpha_i = (\operatorname{Sper}\varphi)(\beta_i)$ $(i = 0,1)$. Dann ist das Bild unter $\operatorname{Sper}\varphi$ genau das „Intervall" $\{\alpha \in \operatorname{Sper} A : \alpha_0 \succ \alpha \succ \alpha_1\}$.*

Beweis. Das folgt mit Korollar 2 wie bei Satz 4. $\qquad\square$

Seien A, B beliebige Ringe. Ist $\varphi\colon A \to B$ ein *ganzer* Homomorphismus (d.h. ist B über $\varphi(A)$ ganz), so ist wohlbekannt, daß $\operatorname{Spec}\varphi$ eine abgeschlossene Abbildung ist. (Dies ist eine Umformulierung des sogenannten „Going-Up" Theorems von Cohen-Seidenberg, welches aus II, §3, Theorem 2 sofort folgt, vgl. [BAC, ch. V, §2, no. 1] oder [Ku, p. 49].) Als Anwendung des Bisherigen zeigen wir, daß dasselbe auch für $\operatorname{Sper}\varphi$ gilt:

Satz 6. *Ist $\varphi\colon A \to B$ ein ganzer Ringhomomorphismus, so ist* $\operatorname{Sper}\varphi$ *eine abgeschlossene Abbildung.*

Beweis. Sei $\varphi^* := \operatorname{Sper}\varphi$. Ist $Y \subseteq \operatorname{Sper}B$ abgeschlossen, so ist $\varphi^*(Y)$ prokonstruierbar, es reicht also, die Stabilität unter Spezialisierung zu zeigen. Sei daher $\beta \in \operatorname{Sper}B$ und $\alpha = \varphi^*(\beta)$, zu zeigen ist $\varphi^*\overline{\{\beta\}} = \overline{\{\alpha\}}$. Sei $r_\beta\colon B \to k(\beta)$, $b \mapsto b(\beta)$, der zu β gehörende Auswertungshomomorphismus, sowie C die konvexe Hülle von $r_\beta\varphi(A)$ in $k(\beta)$. Da B über A, also auch $r_\beta(B)$ über $r_\beta\varphi(A)$, ganz ist, ist auch $r_\beta(B) \subseteq C$. Definiere $\psi\colon A \to C$, $r\colon B \to C$ durch das kommutative Diagramm

$$
\begin{array}{ccc}
A & \xrightarrow{\ \varphi\ } & B \\[2pt]
\psi \downarrow\ \ \swarrow\ r & & \downarrow r_\beta \\[2pt]
C & \longrightarrow & k(\beta)
\end{array} \quad .
$$

Nach Satz 4 ist $r^*(\operatorname{Sper}C) = \overline{\{\beta\}}$ und $\psi^*(\operatorname{Sper}C) = \overline{\{\alpha\}}$, woraus $\varphi^*\overline{\{\beta\}} = \overline{\{\alpha\}}$ folgt. $\quad\Box$

Wir wollen die Aussage von Lemma 2 bzw. Satz 4 noch etwas präzisieren. Man kann Lemma 2 auch so formulieren, daß zu jedem P_0-konvexen Primideal $\mathfrak{p}$ von A ein konvexer Oberring C von A mit Zentrum $\mathfrak{p}$ auf A existiert. Genauer:

Satz 7. *Sei R ein reell abgeschlossener Körper, $A \subseteq R$ ein Teilring und $P = A \cap [0, \infty[_R$. Ist $\mathfrak{p} \subseteq A$ ein P-konvexes Primideal, so ist $C := (A_\mathfrak{p})^c$ der kleinste und $C_\mathfrak{c}$, mit $\mathfrak{c} := \sqrt{\mathfrak{p}^c}$, der größte konvexe Oberring von A in R mit Zentrum $\mathfrak{p}$ auf A.*

Beweis. Sei $B \subseteq R$ ein konvexer Oberring von A mit Zentrum $\mathfrak{p}$ auf A. Dann ist $A_\mathfrak{p} \subseteq B$, also auch $C = (A_\mathfrak{p})^c \subseteq B$, und $B = C_\mathfrak{q}$ für ein Primideal $\mathfrak{q}$ von C. Wegen $\mathfrak{p} \subseteq \mathfrak{m}_B = \mathfrak{q}$ muß auch $\mathfrak{p}^c \subseteq \mathfrak{q}$ und $\mathfrak{c} = \sqrt{\mathfrak{p}^c} \subseteq \mathfrak{q}$, d.h. $B \subseteq C_\mathfrak{c}$ sein ($\mathfrak{c}$ ist ein Primideal in C, vgl. Lemma 2). $\quad\Box$

Korollar 3. *Sei A ein beliebiger Ring. Zu $\alpha, \beta \in \operatorname{Sper}A$ mit $\alpha \succ \beta$ gibt es einen Homomorphismus $\varphi\colon A \to B$ in einen reell abgeschlossenen Bewertungsring B, so daß $\operatorname{Sper}\varphi$ als Bild genau das „Intervall" $\{\gamma \in \operatorname{Sper}A\colon \alpha \succ \gamma \succ \beta\}$ hat.*

Beweis. Sei $\mathfrak{q} := \operatorname{supp}\beta$ sowie $A' := r_\alpha(A)$ und $\mathfrak{q}' := r_\alpha(\mathfrak{q})$. Es genügt, für B die konvexe Hülle von $A'_{\mathfrak{q}'}$ in $k(\alpha)$ zu nehmen (und φ induziert durch $r_\alpha\colon A \to k(\alpha)$). $\quad\Box$

Korollar 4. *(„Konvexität" von $\operatorname{Sper}\varphi$) Sei $\varphi\colon A' \to A$ ein Homomorphismus zwischen beliebigen Ringen, und seien $\alpha, \beta \in \operatorname{Sper}A$ mit $\alpha \succ \beta$. Dann ist das Bild des Intervalls $\{\gamma \in \operatorname{Sper}A\colon \alpha \succ \gamma \succ \beta\}$ in $\operatorname{Sper}A'$ wieder ein Intervall, d.h. zu $\gamma' \in \operatorname{Sper}A'$ mit $(\operatorname{Sper}\varphi)(\alpha) \succ \gamma' \succ (\operatorname{Sper}\varphi)(\beta)$ gibt es ein Urbild γ von γ' mit $\alpha \succ \gamma \succ \beta$.*

Beweis. Direkte Folgerung aus Korollar 3 und Satz 5.   □

Korollar 5. *Sei $\alpha \in \operatorname{Sper} A$. Genau dann ist α abgeschlossen in $\operatorname{Sper} A$, wenn $k(\alpha)$ über $r_\alpha(A)$ archimedisch ist.*

Beweis. Wir können o.E. $\operatorname{supp} \alpha = (0)$, also $R := k(\alpha)$ als reellen Abschluß von $K :=$ Quot A voraussetzen. Da R über K archimedisch ist (I, §7, Satz 1), ist $C = R$ für $\mathfrak{p} = (0)$ in Satz 7, d.h. jeder von R verschiedene konvexe Oberring B von A induziert eine echte Spezialisierung von α. Genau dann also ist $\overline{\{\alpha\}} = \{\alpha\}$, wenn es keinen solchen gibt.   □

Da konvexe Bewertungsringe eines reell abgeschlossenen Körpers R und reelle Stellen $R \to S \cup \infty$ im wesentlichen dasselbe sind, lassen sich die vorangegangenen Aussagen auch in der Sprache der Stellen formulieren. Wir geben ein Beispiel.

Sind R, S reell abgeschlossene Körper, ist $\varphi\colon A \to R$ ein Homomorphismus und $\lambda\colon R \to S \cup \infty$ eine Stelle, die auf $\varphi(A)$ endlich ist, so ist das Element $\alpha_{\lambda \circ \varphi}$ eine Spezialisierung von α_φ in $\operatorname{Sper} A$, und zu jeder Spezialisierung von α_φ gibt es solch ein λ. Genauer:

Definition 4. Ein Homomorphismus $\varphi\colon A \to R$ in einen reell abgeschlossenen Körper heiße *straff*, wenn R über Quot $\varphi(A)$ archimedisch ist.

Satz 8. *Sei $\varphi\colon A \to R$ ein Homomorphismus in einen reell abgeschlossenen Körper. Zu jeder Spezialisierung β von α_φ gibt es eine surjektive, auf $\varphi(A)$ endliche Stelle $\lambda = \lambda_\beta\colon R \to S \cup \infty$ in einen reell abgeschlossenen Körper S, so daß $\lambda \circ \varphi$ straff und $\alpha_{\lambda \circ \varphi} = \beta$ ist. Ist γ eine weitere Spezialisierung von α_φ, so gilt: $\beta \succ \gamma \Longleftrightarrow \lambda_\gamma$ faktorisiert durch λ_β:*

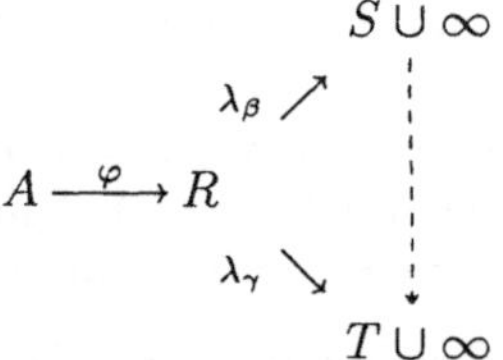

Beweis. Das ist nur eine Umformulierung der schon erzielten Ergebnisse.   □

§8. Das reelle Spektrum und der reduzierte Wittring eines Körpers

Im vorigen Abschnitt haben wir die Spezialisierungsketten — die „Speere" — im reellen Spektrum eines Rings näher untersucht. Zu diesen liegen, anschaulich gesprochen, die Fasern der Trägerabbildung supp: $\operatorname{Sper} A \to \operatorname{Spec} A$ transversal, da jeder Speer mit solch einer Faser höchstens einen Punkt gemeinsam hat. Diese Fasern sind gerade die reellen Spektren der Restklassenkörper von A (§3, Korollar 4). Um den spektralen Raum $\operatorname{Sper} A$ besser zu verstehen, liegt es daher nahe, allgemein das reelle Spektrum von Körpern eingehender zu studieren. Damit soll in diesem Abschnitt begonnen werden.

Sei im folgenden F stets ein Körper, den wir o.E. als formal reell voraussetzen. Der Kürze halber schreiben wir X_F statt $\operatorname{Sper} F$. Der spektrale Raum X_F ist Hausdorffsch, also kompakt und total unzusammenhängend, seine (Harrison-) Topologie stimmt mit der konstruierbaren Topologie überein, und die konstruierbaren Teilmengen von X_F sind genau die offen-abgeschlossenen Teilmengen (vgl. §3, Bemerkung 4, und §4). Sind $a_1, \ldots, a_n$ Elemente von F^*, so schreiben wir einfach $H_F(a_1, \ldots, a_n)$ oder $H(a_1, \ldots, a_n)$ für $\mathring{H}_F(a_1, \ldots, a_n) = \bar{H}_F(a_1, \ldots, a_n)$.

Als topologischer Raum ist also $X_F = \operatorname{Sper} F$ ziemlich uninteressant. Durch die Elemente des Körpers bzw. die durch sie gegebenen Vorzeichenverteilungen auf X_F steht jedoch eine stärkere Struktur zur Verfügung. Um diese nutzbar zu machen, kehren wir zu quadratischen Formen zurück. Es hat sich gezeigt, daß die Theorie der quadratischen Formen ein äußerst wichtiges Werkzeug für reelle Algebra und Geometrie darstellt. Dabei muß man auch quadratische Formen über allgemeineren (kommutativen) Ringen studieren, was allerdings dem zweiten Band [HRA] vorbehalten bleiben soll. Hier werden wir nur einige elementare Gesichtspunkte im Wechselspiel von quadratischen Formen und reellem Spektrum eines Körpers behandeln.

Es sei daran erinnert, daß jede Anordnung P von F einen Ringhomomorphismus $\operatorname{sign}_P \colon W(F) \to \mathbf{Z}$ definiert, die Signatur bezüglich P (I, §2).

Definition 1. Für $\varphi \in W(F)$ heißt die Abbildung

$$\operatorname{sign} \varphi \colon X_F \to \mathbf{Z}, \quad P \mapsto \operatorname{sign}_P(\varphi)$$

die *totale Signatur* von φ.

Bezeichnen wir den Ring der stetigen (= lokal konstanten) Abbildungen von X_F nach $\mathbf{Z}$ mit $C(X_F, \mathbf{Z})$, so gilt

Satz 1. *Für jedes $\varphi \in W(F)$ ist die totale Signatur von φ eine stetige Abbildung von X_F nach $\mathbf{Z}$. Die so definierte Abbildung*

$$\operatorname{sign} \colon W(F) \to C(X_F, \mathbf{Z}), \quad \varphi \mapsto \operatorname{sign} \varphi$$

(die totale Signatur von F) ist ein Ringhomomorphismus und hat als Kern genau das Nilradikal von $W(F)$.

Beweis. Da die sign_P homomorph sind, ist $\varphi \mapsto \operatorname{sign}\varphi$ ein Homomorphismus von $W(F)$ in den Ring aller Abbildungen $X_F \to \mathbf{Z}$. Für $\varphi = \langle a\rangle$ $(a \in F^*)$ ist die Stetigkeit von $\operatorname{sign}\varphi$ offensichtlich, somit ist $\operatorname{sign}\varphi$ stetig für alle $\varphi \in W(F)$. Der Kern von sign ist der Durchschnitt der Kerne aller sign_P, und diese sind genau die minimalen Primideale von $W(F)$ (I, §4), woraus die Behauptung folgt. $\qquad\qquad\square$

Definition 2. Man nennt

$$\bar{W}(F) := W(F)_{\mathrm{red}} = W(F)/\operatorname{Nil}W(F)$$

den *reduzierten Wittring* von F. Mit $\bar{I}(F) = I(F)/\operatorname{Nil}W(F)$ wird das Bild des Fundamentalideals $I(F)$ in $\bar{W}(F)$ bezeichnet.

Für $\varphi \in W(F)$ bezeichnen wir das Bild von φ in $\bar{W}(F)$ mit $\bar{\varphi}$. Nach Satz 1 kann man $\bar{W}(F)$ kanonisch mit einem Teilring von $C(X_F, \mathbf{Z})$ identifizieren, was wir auch meist tun werden; unter dieser Identifikation wird also $\bar{\varphi} = \operatorname{sign}\varphi$.

Für die zweidimensionale Form $\varphi = \langle 1, a\rangle$ $(a \in F^*)$ etwa ist $\bar{\varphi} = 2 \cdot \chi_{H(a)}$ (wir bezeichnen mit χ_Y die charakteristische Funktion einer Teilmenge $Y \subseteq X_F$). Da $I(F)$ als additive Gruppe von den Formen $\langle 1, a\rangle$ erzeugt wird (es ist $\langle 1, a\rangle \perp \langle -1, b\rangle \sim \langle a, b\rangle$!), wird $\bar{I}(F)$ in $C(X_F, \mathbf{Z})$ als additive Gruppe von den Funktionen $2 \cdot \chi_{H(a)}$ mit $a \in F^*$ erzeugt. Man beachte $\bar{W}(F) = \mathbf{Z} + \bar{I}(F)$, und somit $\bar{W}(F) \subseteq \mathbf{Z} + 2 \cdot C(X_F, \mathbf{Z})$.

Definition 3. Eine quadratische Form der Gestalt $\langle 1, a_1\rangle \otimes \cdots \otimes \langle 1, a_n\rangle$ (mit $a_i \in F^*$) heißt eine *n-fache Pfisterform* über F.

Für $\varphi = \langle 1, a_1\rangle \otimes \cdots \otimes \langle 1, a_n\rangle$ ist offensichtlich $\bar{\varphi} = 2^n \cdot \chi_{H(a_1,\ldots,a_n)}$. Da $I(F)$ von den 1-fachen Pfisterformen additiv erzeugt wird, wird die n-te Potenz $I^n(F) := I(F)^n$ von den n-fachen Pfisterformen additiv erzeugt, und somit $\bar{I}^n(F) := \bar{I}(F)^n$ von den Funktionen $2^n \cdot \chi_{H(a_1,\ldots,a_n)}$, mit $a_1,\ldots,a_n \in F^*$.

Lemma 1. *Sei Y eine konstruierbare Teilmenge von X_F. Dann gibt es eine endliche Folge $a_1,\ldots,a_n$ von Elementen in F^*, so daß Y (disjunkte) Vereinigung von Mengen der Form $H(\varepsilon_1 a_1,\ldots,\varepsilon_n a_n)$ mit $\varepsilon_i \in \{\pm 1\}$ ist.*

Beweis. Es gibt endliche Teilmengen $S_1,\ldots,S_r$ von F^*, so daß $Y = H(S_1)\cup\cdots\cup H(S_r)$ ist. Sei $\{a_1,\ldots,a_n\} := S_1\cup\cdots\cup S_r$. Da die Elemente der S_i auf jeder Menge $H(\varepsilon_1 a_1,\ldots,\varepsilon_n a_n)$ konstantes Vorzeichen haben, ist jedes $H(S_i)$ (und damit auch Y) Vereinigung von solchen Mengen. $\qquad\qquad\square$

Satz 2. *Die abelsche Gruppe $C(X_F, \mathbf{Z})/\bar{W}(F)$, also der Kokern der totalen Signatur von F, ist eine 2-primäre Torsionsgruppe.*

Beweis. Jedes Element aus $C(X_F, \mathbf{Z})$ hat eine Darstellung der Form $m_1\chi_{Y_1} + \cdots + m_r\chi_{Y_r}$ mit $r \geq 1$, $m_i \in \mathbf{Z}$ und $Y_i \subseteq X_F$ konstruierbar. Nach Lemma 1 wird also $C(X_F, \mathbf{Z})$ als additive Gruppe von den $f = \chi_{H(a_1,\ldots,a_n)}$ mit $n \geq 1$, $a_i \in F^*$ erzeugt. Für solches f ist $2^n f \in \bar{W}(F)$, woraus die Behauptung folgt. $\qquad\qquad\square$

Definition 4. Die kleinste Zahl $s \geq 0$ mit $2^s \cdot C(X_F, \mathbf{Z}) \subseteq \bar{W}(F)$ (bzw. $s = \infty$, falls es keine solche gibt) wird *Stabilitätsindex* von F genannt und mit $\mathrm{st}(F)$ bezeichnet.

Der Stabilitätsindex hat sich als eine in reeller Algebra und Geometrie sehr bedeutsame Invariante eines formal reellen Körpers erwiesen. In vielen wichtigen Fällen ist $\mathrm{st}(F)$ endlich, und häufig auch gut berechenbar.

Wegen $\bar{W}(F) \subseteq \mathbf{Z} + 2 \cdot C(X_F, \mathbf{Z})$ ist $\mathrm{st}(F) = 0$ offenbar gleichwertig dazu, daß F nur (genau) eine Anordnung besitzt. Wir charakterisieren nun die Körper mit $\mathrm{st}(F) \leq 1$.

Lemma 2. *Ist $Y \subseteq X_F$ konstruierbar, und ist $2 \cdot \chi_Y \in \bar{W}(F)$, so gibt es ein $a \in F^*$ mit $Y = H(a)$.*

Beweis. Sei $\varphi = \langle a_1, \ldots, a_{2n} \rangle$ eine Form mit $\bar{\varphi} = 2 \cdot \chi_Y$ (notwendigerweise hat φ gerade Dimension). Dann hat $a := a_1 \cdots a_{2n}$ auf Y das Vorzeichen $(-1)^{n-1}$ und auf $X_F - Y$ das Vorzeichen $(-1)^n$. Somit ist $Y = H(a)$ oder $Y = H(-a)$. $\qquad\square$

Definition 5. Der formal reelle Körper F heißt *SAP-Körper* (SAP = strong approximation property[1]), wenn zu je zwei disjunkten abgeschlossenen Teilmengen Y und Y' von X_F ein $a \in F^*$ mit $a|Y > 0$ und $a|Y' < 0$ existiert.

Satz 3. *Für einen formal reellen Körper F sind äquivalent:*
 (i) $\mathrm{st}(F) \leq 1$;
 (ii) *jede konstruierbare Teilmenge von X_F hat die Gestalt $H(a)$, $a \in F^*$;*
(iii) $\bar{W}(F) = \mathbf{Z} + 2 \cdot C(X, \mathbf{Z})$;
(iv) *F ist ein SAP-Körper.*

Beweis. (i) $\Rightarrow$ (ii) Ist $Y \subseteq X_F$ konstruierbar, so ist $2 \cdot \chi_Y \in \bar{W}(F)$ wegen (i), also $Y = H(a)$ für ein $a \in F^*$ nach Lemma 2. — (ii) $\Rightarrow$ (iii) Für jedes konstruierbare $Y \subseteq X_F$ ist $2 \cdot \chi_Y \in \bar{W}(F)$, folglich $2 \cdot C(X_F, \mathbf{Z}) \subseteq \bar{W}(F)$. — (iii) $\Rightarrow$ (i) ist trivial. — (ii) $\Leftrightarrow$ (iv) Sind $Y, Y' \subseteq X_F$ abgeschlossen und disjunkt, so gibt es eine konstruierbare Umgebung Z von Y mit $Z \cap Y' = \emptyset$. Jedes $a \in F^*$ mit $Z = H(a)$ trennt Y und Y'. Umgekehrt folgt (ii) für konstruierbares $Y \subseteq X_F$, indem man die SAP-Eigenschaft auf die Mengen Y und $Y' := X_F - Y$ anwendet. $\qquad\square$

Um ein besseres Gefühl für den Stabilitätsindex zu vermitteln, seien hier zwei Sätze angeführt, die wir erst im zweiten Band beweisen werden:

Theorem I (Spezialfall von [Brö], Satz 4.8). *Sei R ein reell abgeschlossener Körper, und sei K ein reeller n-dimensionaler Funktionenkörper über R. Dann ist $\mathrm{st}(K) = n$.*

Theorem II (Spezialfall von [BeKö], Satz 15). *Sei F formal reell und $n \in \mathbb{N}$ mit $n \geq \mathrm{st}(F)$. Zu jeder $(n+1)$-fachen Pfisterform φ über F gibt es eine (n-fache) Pfisterform ψ über F mit $\bar{\varphi} = 2\bar{\psi}$.*

---

[1]Wir vermeiden hier den Gebrauch des Terminus „starke Approximation", da dieser schon eine andere wichtige Bedeutung in der Zahlentheorie erlangt hat.

Aus Theorem II kann man unschwer neue Charakterisierungen von $\mathrm{st}(F)$ ableiten. Da wir Theorem II hier nicht bewiesen haben und das folgende Korollar im Rest dieses Bandes nicht verwenden werden, überlassen wir seinen Beweis dem Leser als Übungsaufgabe.

Korollar zu Theorem II. *Ist F formal reell, so sind für jedes $s \in \mathbb{N}$ äquivalent:*
 (i) *$\mathrm{st}(F) \leq s$;*
 (ii) *jede Menge $H(a_1, \ldots, a_N)$ mit $a_i \in F^*$ und $N \geq 1$ kann in der Form $H(b_1, \ldots, b_s)$ mit $b_j \in F^*$ geschrieben werden;*
 (iii) *für jede $(s+1)$-fache Pfisterform φ über F existiert eine $(s$-fache$)$ Pfisterform ψ über F mit $\bar{\varphi} = 2\bar{\psi}$;*
 (iv) *$\bar{I}^{s+1}(F) = 2\,\bar{I}^s(F)$.*

Die Bezeichnung Stabilitätsindex für $\mathrm{st}(F)$ erklärt sich aus der Charakterisierung (iv): $\mathrm{st}(F)$ ist der kleinste Index, von dem an die Folge $\left(\bar{I}^n(F) : n = 1, 2, \ldots\right)$ stabil im Sinne von (iv) wird.[2]

Wir wenden uns abschließend endlich erzeugten Körpererweiterungen zu. Ist $F \subseteq K$ eine Körpererweiterung, so schreiben wir $r_{K/F}$ für die Restriktionsabbildung von $X_K := \mathrm{Sper}\, K$ nach $X_F = \mathrm{Sper}\, F$. Zunächst betrachten wir endliche Körpererweiterungen:

Satz 4. *Sei $K \supseteq F$ eine Körpererweiterung vom Grad $n < \infty$. Dann gilt:*
 a) *$r := r_{K/F}\colon X_K \to X_F$ ist eine offene (und abgeschlossene) Abbildung, d.h. die Bilder konstruierbarer Mengen sind konstruierbar.*
 b) *Die Fasern $r^{-1}(x)$ $(x \in X_F)$ sind endlich, und für ihre Mächtigkeiten t gilt $t \leq n$ und $t \equiv n \bmod 2$.*
 c) *Setzt man $U_t := \{x \in X_F \colon \#r^{-1}(x) = t\}$ $(t \geq 0)$, so ist jedes U_t konstruierbar, und r ist über jedem U_t topologisch trivial (d.h. es gibt eine Zerlegung von $r^{-1}(U_t)$ in t disjunkte offene Teilmengen $W_1, \ldots, W_t$, so daß $r|W_i$ ein Homöomorphismus von W_i auf U_t ist für jedes $i = 1, \ldots, t$).*
 d) *Die Abbildung $f\colon X_F \to \mathbf{Z}$, $x \mapsto \#r^{-1}(x)$, liegt in $\bar{W}(F)$.*

Beweis. Für die Spurform $\varphi := \mathrm{tr}_*(\langle 1 \rangle_K)$ zu K/F ist $f = \bar{\varphi}$ nach Korollar 2 aus I, §12, womit d) sowie die Konstruierbarkeit der U_t gezeigt ist. Außerdem folgt sofort b) wegen $\dim \varphi = n$. Wir zeigen a): Wie jede stetige Abbildung zwischen kompakten Räumen ist r abgeschlossen. Des weiteren ist zunächst $r(X_K) = U_1 \cup \cdots \cup U_n$ konstruierbar in X_F. Sind $a_1, \ldots, a_m \in K^*$, so ist $H_K(a_1, \ldots, a_m) = r_{L/K}(X_L)$ für $L := K(\sqrt{a_1}, \ldots, \sqrt{a_m})$ (I, §3, Satz 2), und folglich ist auch $r_{K/F}\bigl(H_K(a_1, \ldots, a_m)\bigr) = r_{K/F}\bigl(r_{L/K}(X_L)\bigr) = r_{L/F}(X_L)$ konstruierbar in X_F. Da diese $H_K(a_1, \ldots, a_m)$ eine Basis der Topologie von X_K bilden, folgt a).

Es bleibt die zweite Aussage von c) zu zeigen. Sei dazu $t \geq 0$ und ein $x \in U_t$ fixiert. Ist $r^{-1}(x) = \{y_1, \ldots, y_t\}$, so gibt es paarweise disjunkte konstruierbare Umgebungen W_i' der y_i in $r^{-1}(U_t)$ $(i = 1, \ldots, t)$. Dann ist $V(x) := r(W_1') \cap \cdots \cap r(W_t')$ eine konstruierbare Umgebung von x in U_t, und die Restriktion von r auf jedes $W_i(x) := W_i' \cap r^{-1}\bigl(V(x)\bigr)$ ist ein Homöomorphismus auf $V(x)$.

---

[2]Es handelt sich hier um eine Stabilität im Sinne der K-Theorie, siehe etwa [M].

Nun überdeckt man U_t durch endlich viele $V(x_i)$ $(i = 1, \ldots, N)$ und macht diese Überdeckung durch eventuelles Verkleinern der $V(x_i)$ disjunkt. Zu jedem $1 \le i \le N$ ist $r^{-1}\big(V(x_i)\big) = \bigcup_{j=1}^{t} W_j(x_i)$ (disjunkte Vereinigung), und $r|W_j(x_i)$ ist ein Homöomorphismus von $W_j(x_i)$ auf $V(x_i)$. Setzt man also $W_j := \bigcup_{i=1}^{N} W_j(x_i)$ $(j = 1, \ldots, t)$, so leisten $W_1, \ldots, W_t$ das Verlangte. $\qquad\square$

Aussage a) aus Satz 4 können wir mit Hilfe des Zeichenwechsel Kriteriums (II, §12) auf endlich erzeugte Körpererweiterungen verallgemeinern:

Satz 5 (R. Elman, T.Y. Lam, A. Wadsworth [ELW]). *Ist $K \supseteq F$ eine endlich erzeugte Körpererweiterung, so ist $r_{K/F}\colon X_K \to X_F$ eine offene (und abgeschlossene) Abbildung.*

Beweis. Das im Beweis von Satz 4a) verwendete Argument zeigt, daß es genügt, $r_{K/F}(X_K)$ als offen in X_F nachzuweisen. Sei $\alpha_1, \ldots, \alpha_d$ eine Transzendenzbasis von K über F, und sei $\beta \in K$ derart, daß $K = F(\alpha_1, \ldots, \alpha_d, \beta)$ ist (Satz vom primitiven Element). Ist $p \in F[t_1, \ldots, t_d, t_{d+1}] = F[t]$ ein irreduzibles Polynom mit $p(\alpha_1, \ldots, \alpha_d, \beta) = 0$, so ist der Quotientenkörper von $F[t]/(p)$ über F isomorph zu K (vgl. den Hilfssatz in II, §12).

Sei $x \in r_{K/F}(X_K)$ vorgegeben, sei $k(x)$ der zugehörige reelle Abschluß von K. Nach dem Zeichenwechsel Kriterium (II, §12) gibt es $a, b \in k(x)^{d+1}$ mit $p(a) < 0 < p(b)$. Sei $L = F(a, b)$ die von den Koordinaten von a und b in $k(x)$ über F erzeugte endliche Erweiterung von F, und sei x' die Restriktion der Anordnung von $k(x)$ auf L. Es ist $x' \in H_L\big(-p(a), p(b)\big)$. Nach Satz 4 ist $Y := r_{L/F} H_L\big(-p(a), p(b)\big)$ eine konstruierbare Umgebung von x in X_F. Aus dem Zeichenwechsel Kriterium folgt nun $Y \subseteq r_{K/F}(X_K)$: Denn ist $y' \in H_L\big(-p(a), p(b)\big)$ und $y = r_{L/F}(y') \in Y$, so ist $k(y) = k(y')$ ein Oberkörper von L, und nach Wahl von y' ist p über $k(y)$ indefinit. Dies impliziert, daß y eine Fortsetzung auf K hat, wie gewünscht. $\qquad\sqcap$

Bemerkung. Unter Verwendung von modelltheoretischen Argumenten (Quantorenelimination in der Theorie der reell abgeschlossenen Körper) haben Coste und Roy in [CR] eine weitreichende Verallgemeinerung von Satz 4a) bewiesen: Ist $\varphi\colon A \to B$ ein Ringhomomorphismus von endlicher Präsentation (d.h. ist B als A-Algebra endlich erzeugt und kern φ ein endlich erzeugtes Ideal von A), so ist $\mathrm{Sper}\,\varphi\colon \mathrm{Sper}\,B \to \mathrm{Sper}\,A$ eine offene Abbildung bezüglich der konstruierbaren Topologien. Benutzt man dieses Resultat, so ergibt sich auch ein weiterer Beweis von Satz 5.

§9. Präordnungen von Ringen und Positivstellensätze

A sei stets ein Ring.

Das Ziel dieses Abschnitts ist eine Untersuchung der folgenden Frage: Sei $X \subseteq \operatorname{Sper} A$ ein Durchschnitt von Mengen der Form $\{f > 0\}$, $\{f \geq 0\}$, $\{f = 0\}$ ($f \in A$), und als solcher explizit beschrieben. Welches sind dann die auf X positiven (bzw. nicht-negativen, bzw. verschwindenden) Funktionen in A?

Definition 1. Eine *Präordnung von* A ist eine Teilmenge $T \subseteq A$ mit
    (1) $T + T \subseteq T$, $TT \subseteq T$ (T ist Teilhalbring von A);
    (2) $a^2 \in T$ für alle $a \in A$.
Gilt zusätzlich
    (3) $-1 \notin T$,
so heißt T eine *echte*, andernfalls eine *unechte* Präordnung von A.

Beispiele und Bemerkungen.
1. Ist $A = k$ ein Körper, so hatten wir früher (I, §1) als Präordnungen bezeichnet, was wir jetzt echte Präordnungen nennen. Diese Inkonsistenz sollte jedoch zu keinen Irritationen führen.
2. Die Urbilder von (echten) Präordnungen unter Homomorphismen sind wieder (echte) Präordnungen; Bilder von Präordnungen unter surjektiven Homomorphismen sind wieder Präordnungen.
3. Jede Ordnung von A ist eine echte Präordnung von A. Beliebige Durchschnitte und aufsteigend gerichtete Vereinigungen von Präordnungen sind wieder Präordnungen. Die kleinste Präordnung von A ist ΣA^2. Genau dann also besitzt A eine echte Präordnung, wenn A halbreell ist.
4. Ist $1/2 \in A$, so ist $T = A$ die einzige unechte Präordnung von A (wegen $4a = (a+1)^2 - (a-1)^2$).
5. Für eine Teilmenge $F \subseteq A$ bezeichne $P[F]$ die von F (in A) erzeugte Präordnung. $P[F]$ besteht aus den endlichen Summen von Elementen der Form $a \cdot f_1 \cdots f_n$, $a \in \Sigma A^2$, $n \geq 0$, $f_1, \ldots, f_n \in F$ (o.E. paarweise verschieden). Man beachte insbesondere, daß $\bar{H}_A(F) = \bar{H}_A(P[F])$ gilt (denn $\supseteq$ ist trivial, und $\subseteq$ folgt aus der gegebenen Beschreibung).
6. Für Körper k mit $\operatorname{char} k \neq 2$ (insbesondere für reelle Körper) ist Σk^2 der Durchschnitt aller (An-)Ordnungen von k (I, §1). Für Ringe gilt so etwas i.a. nicht — z.B. ist $A = \mathbb{R}[t_1, \ldots, t_n]$ ein reeller Ring, in dem ΣA^2 für $n \geq 2$ vom Durchschnitt aller Ordnungen verschieden ist. Ist nämlich $K = \operatorname{Quot} A$, so kann man $(\operatorname{Sper} A)^{\min}$ mit $\operatorname{Sper} K$ identifizieren (das haben wir nicht ganz gezeigt, vgl. aber §7, Beispiel 2), und der Durchschnitt der Ordnungen von A ist daher $A \cap \Sigma K^2$, besteht also aus den positiv semidefiniten Polynomen. Für $n \geq 2$ ist aber nicht jedes solche eine Summe von Quadraten in A (vgl. II, §12).

Wie bei Körpern gilt jedoch

Satz 1. *Jede echte Präordnung von A ist in einer Ordnung enthaltem.*

Beweis. Es genügt, von maximalen echten Präordnungen zu zeigen, daß sie Ordnungen sind (Zornsches Lemma). Dazu dient

Lemma. *Ist $T \subseteq A$ eine echte Präordnung und $a \in A$, so gilt*
  a) *$(aT) \cap (1 + T) = \emptyset$ oder $(-aT) \cap (1 + T) = \emptyset$;*
  b) *ist $(aT) \cap (1 + T) = \emptyset$, so ist auch $T - aT$ eine echte Präordnung von A.*

Beweis. a) Wäre $as = 1 + s'$ und $-at = 1 + t'$ mit $s, s', t, t' \in T$, so folgte $-a^2 st = 1 + s' + t' + s't'$, also $-1 = a^2 st + s' + t' + s't' \in T$, Widerspruch.
b) $-1 \in T - aT$ ist zu $aT \cap (1 + T) \neq \emptyset$ äquivalent. $\qquad\square$

Sei also T eine maximale echte Präordnung. Aus dem Lemma folgt sofort $T \cup (-T) = A$. Damit ist $\mathfrak{p} := T \cap (-T)$ ein Ideal in A. Um zu zeigen, daß $\mathfrak{p}$ ein Primideal ist, nehmen wir an, es gebe $a, b \in A - \mathfrak{p}$ mit $ab \in \mathfrak{p}$. Dann können wir auch $a, b \in T$ annehmen, also $a, b \notin -T$. Nach Teil b) des Lemmas ist $(aT) \cap (1 + T) \neq \emptyset$ und $(bT) \cap (1 + T) \neq \emptyset$, etwa

$$ as = 1 + s' \quad \text{und} \quad bt = 1 + t' \quad (s, s', t, t' \in T). $$

Durch Multiplikation folgt
$$ abst = 1 + s' + t' + s't', $$

also $-1 = (-ab)st + s' + t' + s't' \in T$, Widerspruch. $\qquad\square$

Die folgenden Sätze beschreiben die auf Mengen der Form $\bar{H}_A(F)$ positiv (semi-) definiten Funktionen:

Satz 2. *Sei F eine Teilmenge von A und $T = P[F]$ die erzeugte Präordnung. Dann sind für $a \in A$ äquivalent:*
  (i) *$a > 0$ auf $\bar{H}_A(F)$;[1]*
  (ii) *es gibt $t, t' \in T$ mit $at = 1 + t'$;*
  (iii) *es gibt $t, t' \in T$ mit $a(1 + t) = 1 + t'$.*

Beweis. (i) $\Rightarrow$ (ii) Ist $-1 \in T$, so ist $\bar{H}_A(F) = \bar{H}_A(T) = \emptyset$, und man kann $t = 0$, $t' = -1$ wählen. Daher sei $-1 \notin T$; angenommen $(aT) \cap (1 + T) = \emptyset$. Nach dem Lemma und nach Satz 1 gibt es dann eine Ordnung P von A mit $P \supseteq T - aT \supseteq T$, wegen $a(P) \leq 0$ und $P \in \bar{H}_A(F)$ ein Widerspruch.
(ii) $\Rightarrow$ (iii) Aus $at = 1 + t'$ folgt $a(1 + t') = a^2 t$, und Addition ergibt $a(1 + t + t') = 1 + (a^2 t + t')$.
(iii) $\Rightarrow$ (i) Für $\alpha \in \bar{H}_A(F)$ ist $t(\alpha) \geq 0$, $t'(\alpha) \geq 0$, also $a(\alpha) > 0$. $\qquad\square$

Korollar 1. *Ist F eine Teilmenge von A und $T = P[F]$, so sind für $a \in A$ äquivalent:*
  (i) *a verschwindet nirgends auf $\bar{H}_A(F)$;*
  (ii) *a teilt ein Element aus $1 + T$.*

Beweis. Für (i) $\Rightarrow$ (ii) kann man a durch a^2 ersetzen und Satz 2 anwenden, und (ii) $\Rightarrow$ (i) ist klar. $\qquad\square$

---

[1] gemeint ist natürlich „$a(\alpha) > 0$ für alle $\alpha \in \bar{H}_A(F)$“; analog in allen weiteren Fällen.

Korollar 2. *Sei $A = R[t_1,\ldots,t_n]$ (R ein reell abgeschlossener Körper) und $B :=$ $\{f/g\colon f,g \in A,\ g(x) \neq 0$ für alle $x \in R^n\} \subseteq \operatorname{Quot} A$ der Ring der auf R^n regulären Funktionen. Dann ist $B = S^{-1}A$, mit $S := 1 + \Sigma A^2$. (Ein analoges Resultat besteht für eine beliebige affine R-Algebra A mit $V_A(R)$ statt R^n.)*

Beweis (von $\subseteq$). Ist $g \in A$ mit $g(x) \neq 0$ auf R^n, so verschwindet g auf $\operatorname{Sper} A$ nirgends, da $Z_A(g)$ konstruierbar ist (§5, Theorem 1). Nach Korollar 1 gibt es $s \in S$ und $a \in A$ mit $ag = s$, also mit $\frac{1}{g} = \frac{a}{s}$. $\qquad\qquad\qquad\qquad\qquad\qquad\qquad\qquad\qquad\qquad$ $\square$

Satz 3. *Sei F eine Teilmenge von A und $T := P[F]$. Für $a \in A$ sind äquivalent:*
 (i) $a \geq 0$ auf $\bar{H}_A(F)$;
 (ii) *es gibt $t,t' \in T$ und $n \geq 0$ mit $at = a^{2n} + t'$;*
 (iii) *es gibt $t,t' \in T$ und $n \geq 0$ mit $a(a^{2n} + t) = a^{2n} + t'$;*
 (iv) *es gibt $t,t' \in T$ und $n \geq 0$ mit $a(a^{2n} + t) = t'$.*

Beweis. (i) $\Rightarrow$ (ii). Sei $B := a^{-\infty}A$ und $U := \{t/a^{2n}\colon n \geq 0, t \in T\}$ die von T in B erzeugte Präordnung. Wir identifizieren $\operatorname{Sper} B$ mit $\mathring{H}_A(a^2) \subseteq \operatorname{Sper} A$ (siehe §3). Da a auf $\bar{H}_B(U)$ positiv ist, gibt es (nach Satz 2) $m, n \geq 0$ und $t, t' \in T$ mit

$$a \cdot \frac{t}{a^{2m}} = 1 + \frac{t'}{a^{2n}} \quad \text{in } B.$$

Man kann o.E. $m = n$ annehmen, und es folgt

$$at = a^{2n} + t' \quad \text{in } B,$$

also

$$a \cdot a^{2N}t = a^{2(N+n)} + a^{2N}t' \quad \text{in } A$$

für ein $N \geq 0$. Das ist eine Relation der Form (ii).
(ii) $\Rightarrow$ (iii) Aus $at = a^{2n} + t'$ folgt wieder $a(a^{2n} + t') = a^2t$, also durch Addition $a(a^{2n} + t + t') = a^{2n} + (a^2t + t')$, eine Relation der Form (iii).
(iii) $\Rightarrow$ (iv) und (iv) $\Rightarrow$ (i) sind klar. $\qquad\qquad\qquad\qquad\qquad\qquad\qquad\qquad$ $\square$

Wir kommen nun zu Verallgemeinerungen dieser Sätze, die die auf X positiv (semi-) definiten Funktionen nicht nur für Mengen des Typs $X = \bar{H}_A(F)$, sondern für allgemeinere prokonstruierbare Mengen X beschreiben.
    Dazu seien $F, G, E \subseteq A$ Teilmengen und X die folgende prokonstruierbare Teilmenge von $\operatorname{Sper} A$:

$$X = \mathring{H}_A(F) \cap \bar{H}_A(G) \cap Z_A(E),$$

also

$$X = \bigl\{\alpha \in \operatorname{Sper} A\colon f(\alpha) > 0\ \forall f \in F,\ g(\alpha) \geq 0\ \forall g \in G,\ e(\alpha) = 0\ \forall e \in E\bigr\}.$$

(Wegen $Z_A(a) = \bar{H}_A(-a^2) = \bar{H}_A(a) \cap \bar{H}_A(-a)$ wäre der Anteil $Z_A(E)$ für die Beschreibung von X nicht nötig, macht aber natürlich manchmal die Darstellung einfacher.) Es sei S die von F in A erzeugte Halbgruppe (beachte $1 \in S$!), $T = P[F \cup G]$ die von F und G erzeugte Präordnung, $\mathfrak{a} = \sum_{e \in E} Ae$ das von E erzeugte Ideal.

Theorem 4 (Positivstellensatz). *Für $a \in A$ sind äquivalent:*
(i) $a > 0$ *auf* X;
(ii) $\exists s \in S,\ \exists t, t' \in T$ *mit* $at \equiv s + t' \bmod \mathfrak{a}$;
(iii) $\exists s \in S,\ \exists t, t' \in T$ *mit* $a(s + t) \equiv s + t' \bmod \mathfrak{a}$.

Theorem 5 (Nichtnegativstellensatz). *Für $a \in A$ sind äquivalent:*
(i) $a \geq 0$ *auf* X;
(ii) $\exists s \in S,\ \exists t, t' \in T,\ \exists n \geq 0$ *mit* $at \equiv a^{2n}s + t' \bmod \mathfrak{a}$;
(iii) $\exists s \in S,\ \exists t, t' \in T,\ \exists n \geq 0$ *mit* $a(a^{2n}s + t) \equiv a^{2n}s + t' \bmod \mathfrak{a}$.

Theorem 6 (Nullstellensatz). *Für $a \in A$ sind äquivalent:*
(i) *a verschwindet identisch auf* X;
(ii) $\exists s \in S,\ \exists t \in T,\ \exists n \geq 0$ *mit* $a^{2n}s + t \in \mathfrak{a}$.

Theorem 4 enthält Satz 2, Theorem 5 enthält Satz 3 und Theorem 6 enthält den schwachen reellen Nullstellensatz (§2, Satz 3) als Spezialfall.

Beweise.
Zunächst ist es eine einfache, wenn auch etwas langwierige Aufgabe, zu zeigen, daß man sich auf den Fall $\mathfrak{a} = 0$ beschränken kann. Wir überlassen sie dem Leser und setzen also o.E. $E = \emptyset$ voraus. Sei $B := S^{-1}A$ und $U = \{t/s^2 : t \in T,\ s \in S\}$ die von T in B erzeugte Präordnung. Identifizieren wir $\operatorname{Sper} B$ kanonisch mit einem Teilraum von $\operatorname{Sper} A$, so ist $X \subseteq \operatorname{Sper} B$, genauer $X = \bar{H}_B(U)$. Für alle $a \in A$ gilt also:

$$a > 0\ (\geq 0, = 0) \text{ auf } X \subseteq \operatorname{Sper} A \quad \Longleftrightarrow \quad \frac{a}{1} > 0\ (\geq 0, = 0) \text{ auf } X \subseteq \operatorname{Sper} B.$$

Man beachte, daß alle $s \in S$ auf X positiv und alle $t \in T$ auf X nicht-negativ sind.
Theorem 4.
(i) $\Rightarrow$ (ii) Sei $a > 0$ auf X. Nach Satz 2 (angewandt auf B) gibt es $s, s' \in S, t, t' \in T$ mit

$$a \cdot \frac{t}{s^2} = 1 + \frac{t'}{s'^2} \quad \text{in } B.$$

Umformung gibt die Existenz eines $s'' \in S$ mit

$$a(s's'')^2 t = (ss's'')^2 + (ss'')^2 t' \quad \text{in } A, \text{ also (ii).}$$

(ii) $\Rightarrow$ (iii) folgt mit demselben Trick wie im Beweis von Satz 2, und (iii) $\Rightarrow$ (i) ist klar.
Theorem 5.
(i) $\Rightarrow$ (ii) Sei $a \geq 0$ auf X. Nach Satz 3 gibt es $s, s' \in S,\ t, t' \in T$ und $n \geq 0$ mit

$$a \cdot \frac{t}{s^2} = a^{2n} + \frac{t'}{s'^2} \quad \text{in } B.$$

Es gibt also $s'' \in S$ mit

$$a(s's'')^2 t = a^{2n}(ss's'')^2 + (ss'')^2 t' \quad \text{in } A,$$

eine Identität der Form (ii).

(ii) $\Rightarrow$ (iii) folgt wie bei Satz 3, und (iii) $\Rightarrow$ (i) ist klar.

Theorem 6.

(i) $\Rightarrow$ (ii) Sei $a = 0$ auf X. Nach dem schon bewiesenen Theorem 5 gibt es $s_1, s_2 \in S$, $t_1, t_1', t_2, t_2' \in T$ und $m, n \geq 0$ mit

$$at_1 = a^{2m}s_1^2 + t_1' \quad \text{und} \quad -at_2 = a^{2n}s_2^2 + t_2'.$$

Multiplikation ergibt

$$-a^2 t_1 t_2 = a^{2(m+n)}(s_1 s_2)^2 + t$$

für ein $t \in T$, also eine Identität der Form (ii). Die Umkehrung ist wieder klar. $\qquad\square$

Anmerkung. Sei R ein reell abgeschlossener Körper und A eine affine R-Algebra mit Varietät V. Sind $F, G, E \subseteq A$ und alles weitere wie zuvor, so erhält man *geometrische* Stellensätze, wenn man F und G als *endlich* voraussetzt. Dann nämlich ist X konstruierbar (da A noethersch ist, spielt die Kardinalität von E keine Rolle), und in den Theoremen 4 – 6 kann man in (i) jeweils X durch $X(R) := X \cap V(R)$ ersetzen.

Beispiel. Aus Theorem 5 kann man die Lösung des 17. Hilbertschen Problems ableiten: Ist $A = R[t_1, \ldots, t_n]$ und $a \in A$ positiv semidefinit auf R^n, so gibt es $f, g \in \Sigma A^2$ und $m \geq 0$ mit $a = (a^{2m} + f) / (a^{2m} + g)$ (und $a^{2m} + g \neq 0$). Nach Erweiterung wird

$$a = \frac{(a^{2m} + f)(a^{2m} + g)}{(a^{2m} + g)^2}$$

als Summe von Quadraten in Quot A erkennbar. Man kann also zudem erreichen, daß die Nenner der in dieser Darstellung auftretenden rationalen Funktionen höchstens in Nullstellen von a verschwinden.

Zur Illustration des Erreichten geben wir zwei Anwendungen von Prestels Positivstellensatz (Satz 2) und eine Anwendung des Nullstellensatzes (Theorem 6).

Sei A ein beliebiger kommutativer Ring und P eine Ordnung von A. Wir geben eine Beschreibung der maximalen Spezialisierung Q von P in Sper A (vgl. §6, Korollar). Bezeichnet Q^+ das Komplement von $\mathfrak{q} := \mathrm{supp}\, Q$ in Q, so ist A die disjunkte Vereinigung von Q^+, $-Q^+$ und $\mathfrak{q}$, insbesondere ist also Q durch Q^+ bestimmt.

Satz 7. Q^+ *ist die Menge aller* $a \in P$, *die in* A *ein Element aus* $1 + P$ *teilen.*

Beweis. Da der Speer $\overline{\{P\}} = \bar{H}_A(P)$ aus Generalisierungen von Q besteht, ist Q^+ die Menge aller $a \in A$, die auf $\bar{H}_A(P)$ positiv sind. Die Behauptung folgt also aus Satz 2 (angewandt auf $T = P$), denn aus $ap = 1 + p'$ mit $a \in A$, $p, p' \in P$ folgt $a \in P$. $\qquad\square$

Wir leiten jetzt einen Spezialfall eines Satzes von Hörmander über das Wachstum von Polynomen in mehreren Variablen her ([Hör], siehe auch [Sw, p. 224]). Verfeinerungen dieses Satzes (loc.cit., [Go], [Ch], ...) sind in der Theorie der partiellen Differentialgleichungen (insbesondere bei konstanten Koeffizienten) von Nutzen, die überhaupt ein reiches Feld für Anwendungen der reellen Algebra ist.

Sei R ein reell abgeschlossener Körper. Mit $\|x\|$ bezeichnen wir die euklidische Norm auf R^n, also $\|x\|^2 = x_1^2 + \cdots + x_n^2$.

Satz 8. *Seien $f \in R[t_1, \ldots, t_n]$ und ein $r \geq 0$ in R gegeben, so daß $f(x) \neq 0$ für alle $x \in R^n$ mit $\|x\| \geq r$ gilt. Dann gibt es eine Konstante $C > 0$ in R und eine natürliche Zahl N, so daß*

$$|f(x)| \geq C\left(1 + \|x\|^2\right)^{-N}$$

für alle $x \in R^n$ mit $\|x\| \geq r$ ist.

Beweis. Wir setzen $g(t_1, \ldots, t_n) := t_1^2 + \cdots + t_n^2 - r^2$ und $M := \left\{ x \in R^n : g(x) \geq 0 \right\}$. Nach Voraussetzung verschwindet f nirgends in M. Nach Korollar 1 (angewandt auf $A = R[t_1, \ldots, t_n]$ und $F = \{g\}$) gibt es daher ein Polynom $h \in R[t_1, \ldots, t_n]$, so daß

$$|f(x)\,h(x)| \geq 1 \quad \text{für alle } x \in M \tag{$*$}$$

gilt. Ist N der Totalgrad von h, so hat h die Gestalt

$$h(t) = \sum_{|\alpha| \leq N} c_\alpha\, t^\alpha$$

mit Konstanten $c_\alpha \in R$. (Hier durchläuft $\alpha = (\alpha_1, \ldots, \alpha_n) \in \mathbb{N}_0^n$ die Multi-Indizes mit $|\alpha| = \alpha_1 + \cdots + \alpha_n \leq N$.) Wegen $|x_i| \leq 1 + \|x\|^2$ ist

$$|h(x)| \leq \sum_{|\alpha| \leq N} |c_\alpha|\left(1 + \|x\|^2\right)^{|\alpha|} \leq \left(\sum_{|\alpha| \leq N} |c_\alpha| \right) \left(1 + \|x\|^2\right)^N$$

für alle $x \in R^n$, und die Behauptung folgt aus $(*)$. $\qquad\square$

Wir kehren zu einem beliebigen kommutativen Ring A zurück.

Satz 9. *Sei X eine abgeschlossene Teilmenge von $\operatorname{Sper} A$, und seien $f, g \in A$ derart, daß für jedes $x \in X$ mit $f(x) = 0$ auch $g(x) = 0$ ist. Dann gibt es ein $a \in A$ und ein $n \in \mathbb{N}$, so daß*

$$g(x)^{2n} \leq \left(1 + a(x)^2\right) f(x)^2$$

für alle $x \in X$ gilt.

Ist umgekehrt eine solche Ungleichung für alle $x \in X$ erfüllt, so verschwindet g natürlich in den Nullstellen von f in X.

Beweis. Nach Voraussetzung ist $X \cap Z_A(f) \subseteq Z_A(g)$. Da X Durchschnitt von abgeschlossenen konstruierbaren Teilmengen von $\operatorname{Sper} A$ und $Z_A(g)$ konstruierbar ist, gibt es eine konstruierbare abgeschlossene Obermenge Y von X mit $Y \cap Z_A(f) \subseteq Z_A(g)$ (§4, Korollar 2). Wir können X durch Y ersetzen, also o.E. X als konstruierbar voraussetzen. Es gibt dann (endlich erzeugte) Präordnungen $T_1, \ldots, T_r$ von A mit

$$X = \bar{H}_A(T_1) \cup \cdots \cup \bar{H}_A(T_r).$$

(Um dies einzusehen, stelle man das Komplement von X als endliche Vereinigung von Mengen der Form $\mathring{H}_A(f_1, \ldots, f_N)$ dar.) Anwendung des Nullstellensatzes (Theorem 6) gibt uns Gleichungen

$$g^{2n_i} + t_i = a_i f^2$$

mit $n_i \in \mathbb{N}$, $t_i \in T_i$ und $a_i \in A$ $(i = 1, \ldots, r)$, und nach Multiplikation mit Potenzen von g^2 erreichen wir $n_1 = \cdots = n_r =: n$. Für $x \in \bar{H}_A(T_i)$ ist

$$g(x)^{2n} \leq |a_i(x)|\, f(x)^2 \leq \left(1 + a_i(x)^2\right) f(x)^2 \,.$$

Daher gilt für jedes $x \in X$

$$g(x)^{2n} \leq \left(1 + a_1(x)^2 + \cdots + a_r(x)^2\right) f(x)^2 \leq \left(1 + a(x)^2\right) f(x)^2$$

mit $a := 1 + a_1^2 + \cdots + a_r^2$. $\square$

Historische Bemerkungen. Der erste Nichtnegativstellensatz (unser Satz 3 im wesentlichen) stammt nach unserem Wissen von G. Stengle [St]. Stengle arbeitet dort in der geometrischen Situation, beweist zunächst einen „semialgebraischen Nullstellensatz" (unser Theorem 6 mit $F = \emptyset$ und G endlich) und leitet daraus den Nichtnegativstellensatz ab. Der hier gegebene Beweis fußt auf einer Idee von Prestel [Pr1, p. 56f.], der über obiges Lemma 1 seinen „strikten" Positivstellensatz (Satz 2 oben) gewinnt. Heute findet man in der Literatur zahlreiche Varianten und Kombinationen der Methoden von Stengle und Prestel, um zu den Sätzen in diesem Abschnitt zu gelangen. Als historisch von Stengle und Prestel weitgehend unabhängige Zugänge seien [Bru1] und [Sw, §10] genannt.

Lojasiewicz bewies 1959 [L] in der geometrischen Situation eine zu Satz 9 ähnliche Aussage über semialgebraische Funktionen (das sind stetige Funktionen mit semialgebraischem Graphen). Wir verweisen auf [BCR, §2.6] für eine moderne Darstellung dieser berühmten und wichtigen *Ungleichung von Lojasiewicz* über einem beliebigen reell abgeschlossenen Körper R. Die Theorie der abstrakten semialgebraischen Funktionen (siehe [Schw1] oder [Schw2]) führt zu der Einsicht, daß Satz 9 mit der Lojasiewicz Ungleichung nicht nur verwandt ist, sondern geradezu eine abstrakte Version derselben ist. (Lojasiewicz bewies seine Ungleichung — natürlich für $R = \mathbb{R}$ — sogar für semianalytische Funktionen. Es scheint möglich, die Ungleichung auch in diesem Fall auf Satz 9 zurückzuführen.)

§10. Die konvexen Radikalideale zu einer Präordnung

Sei A stets ein Ring.

Nachdem wir in §7 die bezüglich einer Ordnung P von A konvexen Ideale studiert haben, führen wir jetzt allgemeiner den Begriff der Konvexität bezüglich einer Präordnung T ein. Die Stellensätze aus §9 werden ein geometrisches Verständnis zumindest der T-konvexen Radikalideale ermöglichen.

Fast alle hier bewiesenen Resultate über T-konvexe Radikalideale gehen auf G. Brumfiel zurück [Bru 1], [Bru 2]. Er und sein Schüler R. Robson haben auch erfolgreich über allgemeinere T-konvexe Ideale gearbeitet („completely convex ideals", [Bru 2], [Ro]).

Sei T eine Präordnung von A. Wir definieren die Relation $\cdot \leq \cdot (T)$ auf A durch

$$a \leq b\,(T) \quad \Longleftrightarrow \quad b - a \in T.$$

Dann ist $\cdot \leq \cdot (T)$ reflexiv und transitiv, aber nur dann antisymmetrisch (und damit eine Ordnungsrelation auf A), wenn $T \cap (-T) = 0$ ist. (Jedoch kann $\cdot \leq \cdot (T)$ stets als Anordnung der abelschen Gruppe $A/T \cap (-T)$ aufgefaßt werden.) Für jede Untergruppe G der additiven Gruppe $(A, +)$ sind äquivalent:

   (i) Aus $t, t' \in T$ und $t + t' \in G$ folgt $t \in G$ (und $t' \in G$);

   (ii) aus $a, b \in G$, $c \in A$ und $a \leq c \leq b\,(T)$ folgt $c \in G$;

   (iii) aus $a \in G$, $c \in A$ und $0 \leq c \leq a\,(T)$ folgt $c \in G$.

(Für (i) $\Rightarrow$ (ii) setze man $t := c - a$, $t' := b - c$, für (iii) $\Rightarrow$ (i) $a := t + t'$, $c := t$. Hierfür spielt die multiplikative Struktur von A keine Rolle, T braucht also auch keine Präordnung zu sein.)

Definition 1. Sei T eine Präordnung von A. Eine Untergruppe G der additiven Gruppe von A heißt *T-konvex* (oder *konvex bezüglich T*), wenn die äquivalenten Bedingungen (i)–(iii) erfüllt sind.

Dies verallgemeinert Definition 1 aus §7; vgl. auch II, §1, Definition 1. In diesem Abschnitt interessieren wir uns nur für T-konvexe *Ideale* von A, im nächsten dann für T-konvexe Teilringe. Da jeder Durchschnitt von T-konvexen Untergruppen von A wieder T-konvex ist, gibt es zu jeder Untergruppe (jedem Ideal, jedem Teilring) von A eine kleinste T-konvexe Untergruppe (ein kleinstes T-konvexes Ideal, einen kleinsten T-konvexen Teilring) von A, welche(r) das gegebene Objekt enthält.

Ist $T = A$ die triviale (unechte) Präordnung, so ist A die einzige T-konvexe Untergruppe von A; dieser Fall ist also uninteressant. Für die kleinste Präordnung $T_0 = \Sigma A^2$ von A ist ein Ideal $\mathfrak{a}$ genau dann T_0-konvex, wenn es reell ist (also wenn der Ring $A/\mathfrak{a}$ reell ist). Da für Präordnungen $T \subseteq T'$ jede T'-konvexe Untergruppe auch T-konvex ist, folgt aus §9, Satz 1 und aus §7, daß zu jeder echten Präordnung T auch ein von A verschiedenes T-konvexes Ideal existiert.

Wir wollen zunächst zeigen, daß jedes bezüglich der Eigenschaft $\mathfrak{p} \cap (1+T) = \emptyset$ maximale Ideal $\mathfrak{p}$ von A konvex bezüglich T ist. Sei stets T eine Präordnung von A. Ohne Mühe verifiziert man die beiden ersten Lemmata:

Lemma 1. *Ist $\mathfrak{a} \neq A$ ein T-konvexes Ideal, so ist $\mathfrak{a} \cap (1 + T) = \emptyset$.* $\qquad\qquad$ $\square$

Lemma 2. *Ist $S \neq \emptyset$ eine in $1 + T$ enthaltene multiplikative Teilmenge von A, so ist*

$$T' := \{a \in A : \text{ es gibt } s \in S \text{ mit } as \in T\}$$

eine T umfassende echte Präordnung von A. $\qquad\qquad$ $\square$

Lemma 3. *Für alle $a \in A$ gelte „$2a \in T \Rightarrow a \in T$" (dies ist z.B. erfüllt, falls 2 eine Einheit ist). Dann ist $\mathfrak{a} := T \cap (-T)$ das kleinste T-konvexe Ideal von A.*

Beweis. $\mathfrak{a}$ ist eine additive Untergruppe von A, welche „$2c \in \mathfrak{a} \Rightarrow c \in \mathfrak{a}$" und $c^2 \mathfrak{a} \subseteq \mathfrak{a}$ für jedes $c \in A$ erfüllt. Da für alle $a \in \mathfrak{a}$ und $b \in A$

$$2ba = (1 + b)^2 a - b^2 a - a$$

gilt und die rechte Seite in $\mathfrak{a}$ liegt, ist auch $ba \in \mathfrak{a}$, und folglich ist $\mathfrak{a}$ ein Ideal. Die T-Konvexität von $\mathfrak{a}$ folgt sofort (sind $t, t' \in T$ mit $t + t' \in \mathfrak{a}$, so ist $t + t' \in -T$, also $t = (t + t') - t' \in -T$), und es ist klar, daß $\mathfrak{a}$ in jedem T-konvexen Ideal von A enthalten ist. $\qquad\qquad$ $\square$

Satz 1. *Sei T eine Präordnung von A, und sei das Ideal $\mathfrak{p}$ von A maximal bezüglich der Eigenschaft $\mathfrak{p} \cap (1 + T) = \emptyset$. Dann ist $\mathfrak{p}$ ein T-konvexes Primideal.*

Beweis. Nach dem Lemma in §1 ist $\mathfrak{p}$ ein Primideal. Wir betrachten die echte Präordnung $U := T + \mathfrak{p}$ von A und die multiplikative Teilmenge $S := \{2^n : n \geq 0\} \subseteq 1 + U$. Die bezüglich S aus U wie in Lemma 2 gebildete Präordnung $U' = \{a \in A : 2^n a \in U$ für ein $n \geq 0\}$ erfüllt die Eigenschaft aus Lemma 3, folglich ist $\mathfrak{p}' := U' \cap (-U')$ ein $\mathfrak{p}$ umfassendes U'-konvexes, also auch T-konvexes, Ideal. Nach Lemma 1 ist insbesondere $\mathfrak{p}' \cap (1 + T) = \emptyset$, und somit $\mathfrak{p}' = \mathfrak{p}$. $\qquad\qquad$ $\square$

Aus Satz 1 folgert man wegen Lemma 1, daß die maximalen von A verschiedenen T-konvexen Ideale von A genau die unter $\mathfrak{p} \cap (1 + T) = \emptyset$ maximalen (Prim-) Ideale $\mathfrak{p}$ von A sind. Man beachte, daß im Falle $T_0 = \Sigma A^2$ die Bedingung $\mathfrak{a} \cap (1 + T) = \emptyset$ gerade die halbreellen Ideale $\mathfrak{a}$ von A charakterisiert (§2); da die T_0-konvexen Ideale genau die reellen Ideale sind, haben wir in diesem Spezialfall gerade Satz 2 aus §2 vor uns.

Satz 2. *Sei $\mathfrak{a}$ ein T-konvexes Ideal von A. Dann ist auch jedes minimale Primoberideal von $\mathfrak{a}$ T-konvex.*

Beweis. Sei $\mathfrak{p}$ ein minimales Primoberideal von A. Dann ist $U := \left\{\frac{t}{s^2} : t \in T, s \in A - \mathfrak{p}\right\}$ eine echte Präordnung von $A_\mathfrak{p}$. Wäre nämlich $-1 \in U$, so gäbe es $s \in A - \mathfrak{p}$ mit $s^2 \in T \cap (-T) \subseteq \mathfrak{a}$, ein Widerspruch zu $\mathfrak{a} \subseteq \mathfrak{p}$ und $\mathfrak{p}$ prim. Das (echte) Ideal $\mathfrak{a} A_\mathfrak{p}$ ist U-konvex in $A_\mathfrak{p}$, also nach Zorns Lemma und mit Satz 1 in einem U-konvexen Primideal von $A_\mathfrak{p}$ enthalten. Aber $\mathfrak{p} A_\mathfrak{p}$ ist das einzige Primoberideal von $\mathfrak{a} A_\mathfrak{p}$ in $A_\mathfrak{p}$, und folglich ist $\mathfrak{p} A_\mathfrak{p}$ U-konvex. Hieraus schließt man leicht, daß $\mathfrak{p}$ T-konvex in A ist. $\qquad\qquad$ $\square$

Folgerung: *Sei $\mathfrak{a}$ ein echtes Ideal von A.*

a) *Mit $\mathfrak{a}$ ist auch $\sqrt{\mathfrak{a}}$ T-konvex.*

b) *Ist $\mathfrak{a}$ ein Radikalideal, so ist $\mathfrak{a}$ genau dann T-konvex, wenn alle seine minimalen Primoberideale dies sind.* $\qquad\qquad\square$

In §9 wurde schon bemerkt, daß eine Präordnung im allgemeinen nicht Durchschnitt von Ordnungen ist. Wir zeigen als nächstes, daß man sich jedoch beim Studium von T-konvexen Radikalidealen auf diesen Fall beschränken kann; Satz 2 erlaubt dabei die Reduktion auf Primideale.

Lemma 4 (A. Klapper, vgl. [Bru 1], p. 63). *Sind T und T' Präordnungen von A und ist $\mathfrak{p}$ ein $(T \cap T')$-konvexes Primideal, so ist $\mathfrak{p}$ konvex bezüglich T oder bezüglich T'.*

Beweis. Wir verwenden wieder die Relation $\cdot \leq \cdot (T)$ vom Beginn dieses Abschnitts. Sind $a, a', b, b' \in A$ und gelten $0 \leq a \leq b\,(T)$ und $0 \leq a' \leq b'\,(T)$, so ist auch $0 \leq aa' \leq bb'\,(T)$. Wäre $\mathfrak{p}$ weder T- noch T'-konvex, so gäbe es $a, b \in \mathfrak{p}$ und $u, v \in A - \mathfrak{p}$ mit

$$0 \leq u \leq a\,(T) \quad \text{und} \quad 0 \leq v \leq b\,(T').$$

Es folgt $0 \leq u^2 \leq a^2\,(T)$ und $0 \leq v^2 \leq b^2\,(T')$, und daraus

$$0 \leq u^2v^2 \leq a^2v^2 \leq a^2v^2 + b^2u^2\,(T) \quad \text{und} \quad 0 \leq u^2v^2 \leq u^2b^2 \leq a^2v^2 + u^2b^2\,(T'),$$

also $0 \leq u^2v^2 \leq a^2v^2 + b^2u^2\,(T \cap T')$. Wegen $a^2v^2 + b^2u^2 \in \mathfrak{p}$ und $u^2v^2 \notin \mathfrak{p}$ ist das ein Widerspruch zur $(T \cap T')$-Konvexität von $\mathfrak{p}$. $\qquad\qquad\square$

Definition 2. Für eine Präordnung T von A bezeichnen wir mit $\hat{T}$ den Durchschnitt aller Ordnungen P von A mit $P \supseteq T$ (für $T = A$ ist also $\hat{T} = A$). Ist $T = \hat{T}$, so nennen wir T *saturiert*.

Nach §9, Satz 1 ist mit T auch $\hat{T}$ eine echte Präordnung. Nach dem Nichtnegativstellensatz §9, Satz 3 gilt

$$\hat{T} = \{a \in A : -a^{2n} \in T - aT \text{ für ein } n \geq 0\}$$
$$= \left\{a \in A : \text{ es gibt } t, t' \in T \text{ und } n \geq 0 \text{ mit } a(a^{2n} + t) = t'\right\}$$

für jede Präordnung T von A.

Satz 3. *Sei T eine Präordnung von A und $\mathfrak{a}$ ein Radikalideal von A. Dann ist $\mathfrak{a}$ genau dann T-konvex, wenn es $\hat{T}$-konvex ist.*

Beweis. Wir können $\mathfrak{a} = \mathfrak{p}$ als prim voraussetzen (Folgerung b) aus Satz 2). Nur eine Beweisrichtung ist nicht-trivial. Angenommen, $\mathfrak{p}$ sei T-konvex, aber nicht $\hat{T}$-konvex. Dann gibt es $a, b \in \hat{T}$ mit $a + b \in \mathfrak{p}$ und $a, b \notin \mathfrak{p}$. Es gibt $u, u', v, v' \in T$ und $m, n \geq 0$ mit $au = a^{2m} + u'$ und $bv = b^{2n} + v'$. Beide Elemente liegen in T, aber nicht in $\mathfrak{p}$, denn $\mathfrak{p}$ ist T-konvex. Folglich liegen auch $c := a \cdot aubv$ und $d := b \cdot aubv$ in T, aber nicht in $\mathfrak{p}$. Wegen $c + d = (a + b)aubv \in \mathfrak{p}$ ist das ein Widerspruch zur T-Konvexität von $\mathfrak{p}$. $\qquad\qquad\square$

Aus Korollar 1 in §9 folgt sofort, daß $1+\hat{T}$ aus Teilern von Elementen aus $1+T$ besteht. Das erhält man jetzt auch aus den Sätzen 1 und 3. (Wäre $a \in \hat{T}$ und $1+a$ kein Teiler eines Elementes aus $1+T$, so gäbe es nach Satz 1 ein T-konvexes Primideal $\mathfrak{p}$ mit $1+a \in \mathfrak{p}$; dieses ist natürlich nicht $\hat{T}$-konvex, Widerspruch.)

Definition 3. Wir nennen eine abgeschlossene Teilmenge X von Sper A *basisch*, wenn sie die Gestalt $X = \bar{H}_A(F)$ für eine Teilmenge F von A hat. Da der Durchschnitt von basischen abgeschlossenen Mengen wieder basisch ist, gibt es zu jeder Teilmenge $X \subseteq$ Sper A eine kleinste basische abgeschlossene Obermenge von X, die wir mit $\hat{X}$ bezeichnen.

Ist X eine Teilmenge von Sper A, so schreiben wir künftig

$$P(X) := \left\{a \in A : a(x) \geq 0 \quad \forall x \in X\right\}.$$

Dies ist eine Präordnung von A, und ist gerade der Durchschnitt aller Elemente aus X, wenn man diese als Ordnungen von A interpretiert. Die Präordnungen der Gestalt $P(X)$ sind also genau die saturierten Präordnungen von A. Im Falle $X = \{x\}$ ist $P(x) := P(\{x\})$ nichts anderes als x selbst, aufgefaßt als eine Ordnung von A (vgl. §3).

Man kann die Beziehung zwischen Präordnungen von A und basischen abgeschlossenen Teilmengen von Sper A formal wie folgt fassen. Wir haben ordnungsumkehrende Abbildungen

$$\{\text{Teilmengen von } A\} \underset{P}{\overset{\bar{H}}{\rightleftarrows}} \{\text{Teilmengen von Sper } A\}$$

zwischen den Potenzmengen von A und Sper A erklärt. Für jede Teilmenge $F \subseteq A$ ist dabei

$$P\big(\bar{H}(F)\big) = \widehat{P[F]},$$

die Saturierung der von F in A erzeugten Präordnung, und für jede Teilmenge X von Sper A ist

$$\bar{H}\big(P(X)\big) = \hat{X},$$

die kleinste X enthaltende basische abgeschlossene Teilmenge von Sper A. Schränkt man $\bar{H}$ bzw. P ein auf die saturierten Präordnungen von A einerseits und die basischen abgeschlossenen Teilräume von Sper A andererseits, so vermitteln diese Operatoren zueinander inverse ordnungsumkehrende Bijektionen zwischen den jeweiligen Mengen: Saturierte Präordnungen von A und basische abgeschlossene Teilräume von Sper A können via $\bar{H}$ und P also miteinander identifiziert werden. Wir werden im weiteren den Teilräumen von Sper A häufig den Vorzug geben, da diese den Vorteil einer größeren geometrischen Anschaulichkeit besitzen.

Ist $X \subseteq$ Sper A, so sprechen wir daher in der Folge häufig auch von *X-konvexen Untergruppen (Idealen, Teilringen)* anstelle von $P(X)$-konvexen Untergruppen etc. (Ist $X = \{x\}$, so sprechen wir auch von in x konvexen Untergruppen, ...) Satz 3 besagt also für Radikalideale $\mathfrak{a}$ und beliebige Präordnungen T, daß $\mathfrak{a}$ genau dann T-konvex ist, wenn es $\bar{H}(T)$-konvex ist. Eine Untergruppe von A ist genau dann X-konvex, wenn sie $\hat{X}$-konvex ist.

Da für Teilmengen $Y \subseteq X \subseteq \operatorname{Sper} A$ trivialerweise jedes Y-konvexe Ideal auch X-konvex ist, ist insbesondere für jedes $x \in X$ das Ideal $\operatorname{supp}(x)$ X-konvex. Wir zeigen nun, daß hiervon auch die Umkehrung gilt, falls X abgeschlossen ist.

Lemma 5. *Ixt X eine prokonstruierbare Teilmenge von $\operatorname{Sper} A$ und $\mathfrak{p}$ ein Primideal von A, welches in keinem $x \in X$ konvex ist, so gibt es eine abgeschlossene konstruierbare Menge $Y \supseteq X$, so daß $\mathfrak{p}$ nicht Y-konvex ist. Insbesondere ist $\mathfrak{p}$ nicht X-konvex.*

Beweis. Zu jedem $x \in X$ gibt es Elemente $a_x, b_x \in A - \mathfrak{p}$ mit $a_x(x) \geq 0$, $b_x(x) \geq 0$ und $a_x + b_x \in \mathfrak{p}$. Die Mengen $Y(x) := \bar{H}(a_x, b_x)$ $(x \in X)$ bilden dann eine Überdeckung von X durch abgeschlossene konstruierbare Mengen. Wegen der Kompaktheit der konstruierbaren Topologie (vgl. §4, Korollar 2a) gibt es endlich viele $x_1, \ldots, x_r \in X$ mit $X \subseteq Y_1 \cup \cdots \cup Y_r =: Y$, wobei $Y_i := Y(x_i)$. Für kein $i \in \{1, \ldots, r\}$ ist $\mathfrak{p}$ Y_i-konvex. Aus Lemma 4 folgt, daß $\mathfrak{p}$ nicht Y-konvex ist, wegen $P(Y) = \bigcap_i P(Y_i)$. $\qquad\square$

Theorem 4. *Sei X eine abgeschlossene Teilmenge von $\operatorname{Sper} A$. Dann sind die X-konvexen Primideale von A genau die Träger $\operatorname{supp}(x)$ aller Punkte $x \in X$.*

Beweis. Die Ideale $\operatorname{supp}(x)$ $(x \in X)$ sind X-konvex, wie schon bemerkt wurde. Umgekehrt sei $\mathfrak{p}$ ein X-konvexes Primideal. Nach Lemma 5 ist $\mathfrak{p}$ konvex in einem $x \in X$, also $\mathfrak{p} = \operatorname{supp}(y)$ für eine Spezialisierung y von x (§7, Theorem 2). Da X abgeschlossen ist, ist $y \in X$. $\qquad\square$

Aus Theorem 4 läßt sich eine sehr anschauliche geometrische Interpretation der X-konvexen Radikalideale herleiten. Ist $X \subseteq \operatorname{Sper} A$ eine Teilmenge, so nennen wir im folgenden eine Teilmenge Z von X *algebraisch in X*, wenn es ein Ideal $\mathfrak{a} \subseteq A$ gibt mit $Z = Z_X(\mathfrak{a}) := X \cap Z_A(\mathfrak{a}) = \{x \in X : a(x) = 0 \text{ für alle } a \in \mathfrak{a}\}$. Schreiben wir $I(Y) := \bigcap_{y \in Y} \operatorname{supp}(y) = \{a \in A : a(y) = 0 \text{ für alle } y \in Y\}$, so gilt

Theorem 5. *Sei X abgeschlossen in $\operatorname{Sper} A$. Dann entsprechen die X-konvexen Radikalideale $\mathfrak{a}$ von A bijektiv den in X algebraischen Teilmengen Z von X, vermöge*

$$Z = Z_X(\mathfrak{a}) \quad und \quad \mathfrak{a} = I(Z).$$

Beweis. Wegen $Z_X \circ I \circ Z_X = Z_X$ ist $Z_X \circ I(Z) = Z$ für jede in X algebraische Teilmenge Z. Umgekehrt sei $\mathfrak{a}$ ein X-konvexes Radikalideal; klar ist $\mathfrak{a} \subseteq I(Z_X(\mathfrak{a}))$. Ist $f \notin \mathfrak{a}$, so gibt es nach Satz 2 ein X-konvexes Primideal $\mathfrak{p} \supseteq \mathfrak{a}$ mit $f \notin \mathfrak{p}$. Nach Theorem 4 ist $\mathfrak{p} = \operatorname{supp}(x)$ für ein $x \in X$, also $x \in Z_X(\mathfrak{p}) \subseteq Z_X(\mathfrak{a})$. Andererseits ist $f(x) \neq 0$, also $f \notin I(Z_X(\mathfrak{a}))$. $\qquad\square$

Was bedeutet Theorem 5 im „geometrischen Fall"? Sei V eine affine Varietät über einem reell abgeschlossenen Körper R und $A := R[V]$ die zugehörige R-Algebra. Sei $M \subseteq V(R)$ eine abgeschlossene semialgebraische Teilmenge der Form

$$M = \bigcup_{i=1}^{r} \{x \in V(R) : f_{i1}(x) \geq 0, \ldots, f_{is(i)}(x) \geq 0\} \tag{$*$}

mit endlich vielen $f_{ij} \in A$. (Nach dem (hier noch unbewiesenen) Endlichkeitssatz (§5) hat jedes abgeschlossene semialgebraische M die Form $(*)$. Wir brauchen diese Voraussetzung nur, um sicherzustellen, daß $\tilde{M}$ abgeschlossen in $V(R)$ ist.) Die zu M korrespondierende (abgeschlossene) konstruierbare Teilmenge $\tilde{M}$ von $\operatorname{Sper} A$ ist der Abschluß von M in $\operatorname{Sper} A$ (bezüglich konstruierbarer oder Harrison-Topologie), somit gilt $P(M) = P(\tilde{M})$ für die zugehörigen (saturierten) Präordnungen von A.

Sei $\mathfrak{a}$ ein Radikalideal von A und W die zugehörige abgeschlossene Untervarietät von V. Nach Theorem 5 ist $\mathfrak{a}$ genau dann M-konvex, wenn $\mathfrak{a} = I\bigl(Z_{\tilde{M}}(\mathfrak{a})\bigr) = I\bigl(\tilde{M} \cap Z_A(\mathfrak{a})\bigr)$ gilt. Nun ist aber $Z_A(\mathfrak{a}) = \widetilde{W(R)}$, also $\tilde{M} \cap Z_A(\mathfrak{a}) = \bigl(M \cap W(R)\bigr)^{\sim}$. Wegen $I(\tilde{N}) = I(N)$ für semialgebraisches $N \subseteq V(R)$ können wir Theorem 5 im vorliegenden Fall also so formulieren:

Theorem 5a. *Sei V eine affine R-Varietät, sei M eine abgeschlossene semialgebraische Teilmenge von $V(R)$ (der Form $(*)$) und $\mathfrak{a}$ ein Radikalideal von $R[V]$, sowie W die zu $\mathfrak{a}$ gehörende Untervarietät von V. Genau dann ist $\mathfrak{a}$ konvex bezüglich M, wenn $M \cap W(R)$ Zariski-dicht in W ist.*

Wir kehren zu einem beliebigen kommutativen Ring A zurück und ziehen aus den Theoremen 4 und 5 zwei Folgerungen. Sei T eine Präordnung und $\mathfrak{a}$ ein Ideal von A.

Definition 4. $\operatorname{ci}_T(\mathfrak{a})$ bezeichne den Durchschnitt aller T-konvexen Oberideale $\mathfrak{b}$ von $\mathfrak{a}$ (also das kleinste T-konvexe Ideal $\mathfrak{b} \supseteq \mathfrak{a}$). (Hier steht ci für „convex ideal".)

Satz 6. *Für jedes Ideal $\mathfrak{a}$ von A ist*

$$\sqrt{\operatorname{ci}_T(\mathfrak{a})} = \{a \in A : \text{ es gibt } n \geq 0 \text{ und } t \in T \text{ mit } a^{2n} + t \in \mathfrak{a}\}.$$

Beweis. Zunächst ist $\mathfrak{c} := \sqrt{\operatorname{ci}_T(\mathfrak{a})}$ das kleinste T-konvexe Radikalideal $\supseteq \mathfrak{a}$ (Folgerung a) aus Satz 2). Sei $X := \bar{H}(T)$, also $P(X) = \hat{T}$. Da $\mathfrak{c}$ nach Satz 3 auch X-konvex ist, ist $\mathfrak{c}$ erst recht das kleinste X-konvexe Radikalideal $\supseteq \mathfrak{a}$. Theorem 5 gibt nun $\mathfrak{c} = I\bigl(Z_X(\mathfrak{a})\bigr)$. Nach dem Nullstellensatz §9, Theorem 6 (angewandt auf $F = \emptyset$, $G = T$, $E = \mathfrak{a}$) ist $I\bigl(Z_X(\mathfrak{a})\bigr)$ gerade die rechte Seite in der Behauptung. $\qquad\qquad\square$

Man beachte, daß Satz 6 eine Verallgemeinerung des schwachen reellen Nullstellensatzes (§2, Satz 3) ist (dieser entspricht dem Fall $T = \Sigma A^2$); das reelle Radikal $\sqrt[r]{\mathfrak{a}}$ von $\mathfrak{a}$ ist gerade $\sqrt{\operatorname{ci}_{\Sigma A^2}(\mathfrak{a})}$.

Der folgende direkte Beweis von Satz 6 findet sich in [Bru 2], p. 59: Sei $\mathfrak{b} = \{a \in A : a^{2n} + t \in \mathfrak{a} \text{ für ein } n \geq 0 \text{ und ein } t \in T\}$. Offenbar ist $\mathfrak{b} \subseteq \sqrt{\operatorname{ci}_T(\mathfrak{a})}$, und es genügt zu zeigen, daß $\mathfrak{b} + \mathfrak{b} \subseteq \mathfrak{b}$ ist. Seien also $b, b' \in \mathfrak{b}$ und $b^{2m} + t = a \in \mathfrak{a}$, $b'^{2n} + t' = a' \in \mathfrak{a}$ mit $t, t' \in T$; wir können $m = n$ annehmen. Es ist

$$\bigl((b + b')^2 + (b - b')^2\bigr)^{2n} = (2b^2 + 2b'^2)^{2n} = b^{2n}u + b'^{2n}u'$$

mit $u, u' \in T$, also

$$\bigl((b + b')^2 + (b - b')^2\bigr)^{2n} + tu + t'u' = au + a'u' \in \mathfrak{a}.$$

Da die linke Seite die Form $(b + b')^{4n} + v$ mit $v \in T$ hat, folgt $b + b' \in \mathfrak{b}$.

Der nächste Satz betrifft die Beziehung zwischen einer Teilmenge X von Sper A und der von ihr erzeugten basischen abgeschlossenen Menge $\hat{X}$:

Satz 7. *Ist $X \subseteq$ Sper A abgeschlossen, so haben X und $\hat{X}$ unter der Trägerabbildung* supp : Sper $A \rightarrow$ Spec A *dasselbe Bild.*

Beweis. Das folgt sofort aus Theorem 4, denn es ist $P(X) = P(\hat{X})$. $\qquad\square$

Es scheint ein interessantes und wohl auch schwieriges Problem zu sein, in vernünftigen Situationen die Beziehungen zwischen X und $\hat{X}$ zu klären. Ist etwa

$$X = \bigcup_{i=1}^{r} \bar{H}(f_{i1}, \ldots, f_{is(i)})$$

eine explizit gegebene abgeschlossene konstruierbare Teilmenge von Sper A, wie läßt sich dann $\hat{X}$ durch die f_{ij} beschreiben? In welchen Fällen ist $\hat{X}$ wieder konstruierbar?

§11. Beschränktheit

In II, §1 war schon der Begriff einer bezüglich einer festen Anordnung archimedischen Körpererweiterung eingeführt worden. Dieses Konzept wird jetzt in zweifacher Hinsicht verallgemeinert: An die Stelle von Körpererweiterungen treten beliebige Ringerweiterungen $A \supseteq \Lambda$, und statt einer festen (An-) Ordnung werden beliebige Teilmengen X von Sper A betrachtet. So gelangt man zum Begriff des archimedischen Abschlusses von Λ in A auf X, welcher in diesem Abschnitt verschiedene Charakterisierungen erfahren wird. Tatsächlich läßt sich das Konzept des archimedischen Abschlusses auch als Bildung der konvexen Hülle eines Teilrings bezüglich einer Präordnung verstehen, wie weiter unten erläutert wird.

Im folgenden sei stets $\varphi \colon \Lambda \to A$ ein Ringhomomorphismus.

Definition 1. Sei $X \subseteq$ Sper A eine Teilmenge.
a) Ein Element $a \in A$ heißt *auf X beschränkt über* Λ (oder *bezüglich* φ), wenn es ein $\lambda \in \Lambda$ gibt mit

$$|a(x)| \ \leq \ (\varphi\lambda)(x)$$

für alle $x \in X$. Die auf X über Λ beschränkten Elemente von A bilden offensichtlich einen $\varphi(\Lambda)$ umfassenden Teilring von A, der mit $\mathfrak{o}_X(A/\Lambda)$ oder $\mathfrak{o}_X(A, \varphi)$ bezeichnet wird. Ist $X = \{x\}$ einelementig, so schreiben wir $\mathfrak{o}_x(A/\Lambda) := \mathfrak{o}_{\{x\}}(A/\Lambda)$.
b) A heißt *auf X archimedisch über* Λ (oder *bezüglich* φ), wenn $\mathfrak{o}_X(A/\Lambda) = A$ ist. Ist Λ ein Teilring von A und φ die Inklusion, so nennt man $\mathfrak{o}_X(A/\Lambda)$ den *archimedischen Abschluß von Λ in A auf X*. Ist dabei $\Lambda = \mathfrak{o}_X(A/\Lambda)$, so heißt Λ auf X *archimedisch abgeschlossen* in A.

Ersetzt man φ durch die Inklusion des Teilrings $\varphi(\Lambda)$ von A, so ändert sich $\mathfrak{o}_X(A/\Lambda)$ nicht. Daher kann man sich Λ stets als Teilring von A (und φ als die Inklusion) denken.

Ein Element $a \in A$ ist (schon) genau dann auf X beschränkt bezüglich φ, wenn ein $\mu \in \Lambda$ existiert mit

$$|a(x)| \ \leq \ |(\varphi\mu)(x)|$$

für alle $x \in X$ (man nehme etwa $\lambda = 1 + \mu^2$). Die Bezeichnung von $\mathfrak{o}_X(A/\Lambda)$ als archimedischem Abschluß (von Λ in A auf X) ist gerechtfertigt, da $\mathfrak{o}_X(A/\Lambda)$ ersichtlich der größte Teilring B von A ist, welcher über Λ archimedisch auf dem Bild von X in Sper B ist.

Man beachte, daß in Definition 1 eine (auf X) *gleichmäßige* Beschränkung durch Elemente aus Λ gefordert wird, d.h. es handelt sich um eine bezüglich X globale Bedingung. Wir werden jedoch sehen, daß diese für prokonstruierbares X zur entsprechenden lokalen Bedingung äquivalent ist (Korollar 6).

Tatsächlich handelt es sich beim Begriff des archimedischen Abschlusses eines Teilrings von A um die Bildung einer konvexen Hülle bezüglich einer Präordnung. Sei nämlich $X \subseteq$ Sper A, und $T := P(X)$ die zugehörige Präordnung, vgl. §11; wie dort sprechen wir von X-Konvexität anstelle von T-Konvexität. Die Relation $\cdot \leq \cdot \ (T)$ auf A interpretiert sich als

$$a \leq b \, (T) \ \Longleftrightarrow \ a(x) \leq b(x) \ \text{ für alle } x \in X.$$

Ist nun $\Lambda \subseteq A$ ein Teilring, so überzeugt man sich sofort, daß der Teilring $\mathfrak{o}_X(A/\Lambda)$ nichts anderes ist als die X-konvexe Hülle von Λ in A (welche in der gegebenen Situation also wieder ein Teilring ist). Daher handelt dieser Abschnitt im Grunde über bezüglich einer Präordnung konvexe Teilringe eines Rings; so ist Λ genau dann in A archimedisch abgeschlossen auf X, wenn Λ X-konvex in A ist.

Die Bildung des archimedischen Abschlusses ist in folgender Weise funktoriell: Ist

$$A' \xrightarrow{\ \alpha\ } A$$
$$\uparrow \qquad \uparrow$$
$$\Lambda' \longrightarrow \Lambda$$

ein kommutatives Diagramm von Ringhomomorphismen und sind $X \subseteq \operatorname{Sper} A$, $X' \subseteq$ $\operatorname{Sper} A'$ Teilmengen mit $(\operatorname{Sper} \alpha)(X) \subseteq X'$, so ist $\alpha\big(\mathfrak{o}_{X'}(A'/\Lambda')\big) \subseteq \mathfrak{o}_X(A/\Lambda)$. (Beweis klar.)

Beispiele und Bemerkungen.
1. Ist $A = K$ ein Körper, Λ ein Teilring von K und besteht $X = \{x\}$ aus nur einer Anordnung von K, so haben wir den Teilring $\mathfrak{o}_x(K/\Lambda)$ schon in II, §1, Definition 4 eingeführt: $\mathfrak{o}_x(K/\Lambda)$ ist die konvexe Hülle von Λ in K bezüglich x.
2. In der allgemeinen Situation gilt für jede Teilmenge X von $\operatorname{Sper} A$

$$\mathfrak{o}_X(A/\Lambda) = \mathfrak{o}_{\bar X}(A/\Lambda) = \mathfrak{o}_{\hat X}(A/\Lambda),$$

wobei $\hat X$ der von X erzeugte basische abgeschlossene Teilraum ist (§10). Denn definitionsgemäß liegt ein Element $a \in A$ genau dann in $\mathfrak{o}_X(A/\Lambda)$, wenn es ein $\lambda \in \Lambda$ gibt mit $X \subseteq \bar H\big(\varphi(\lambda)^2 - a^2\big)$. (Da es sich bei den Ringen um konvexe Hüllen bezüglich Präordnungen handelt, folgt die Identität auch aus $P(X) = P(\bar X) = P(\hat X)$.)

Definition 2. Ist X eine Teilmenge von $\operatorname{Sper} A$, so setzen wir $\mathfrak{o}_X(A) := \mathfrak{o}_X(A/\mathbf{Z})$ und nennen die Elemente aus $\mathfrak{o}_X(A)$ die *auf X absolut beschränkten* Elemente von A. (Dies versteht sich natürlich in bezug auf den eindeutigen Homomorphismus $\mathbf{Z} \to A$.) Im Falle $X = \operatorname{Sper} A$ heißen die Elemente aus $\mathfrak{o}(A) := \mathfrak{o}_{\operatorname{Sper} A}(A)$ die *absolut beschränkten* Elemente von A. Ist $A = K$ ein Körper, so nennt man $\mathfrak{o}(K)$ den *(reellen) Holomorphiering von K*. In §12 werden wir diesen eingehender studieren.

Aus der oben erwähnten Funktorialität des archimedischen Abschlusses folgt für jeden Homomorphismus $\alpha \colon A' \to A$, daß $\alpha\big(\mathfrak{o}(A)\big) \subseteq \mathfrak{o}(A')$ gilt. Allgemeiner ist $\alpha\big(\mathfrak{o}_X(A)\big) \subseteq \mathfrak{o}_{X'}(A')$ für alle Teilmengen $X \subseteq \operatorname{Sper} A$ und $X' \subseteq \operatorname{Sper} A'$ mit $(\operatorname{Sper} \alpha)(X') \subseteq X$.

Beispiel 3. Sind $a_1, \ldots, a_r \in A$ und ist $1 + a_1^2 + \cdots + a_r^2$ eine Einheit in A, so ist $a_1(1 + a_1^2 + \cdots + a_r^2)^{-1} \in \mathfrak{o}(A)$, also absolut beschränkt. Insbesondere sind in einem formal reellen Körper F alle Elemente $a_1(1 + a_1^2 + \cdots + a_r^2)^{-1}$ (mit $a_1, \ldots, a_r \in F$) absolut beschränkt. Allgemeiner ist für eine Präordnung T von A jedes Element $b \in A$ absolut beschränkt auf $\bar H(T)$, zu dem es eine Gleichung $b(1 + a^2 + t) = a$ mit $a \in A$, $t \in T$ gibt.

Beispiele von archimedischen Ringerweiterungen erhält man aus

Satz 1. *Jede ganze Ringerweiterung $A \supseteq \Lambda$ ist archimedisch (auf ganz Sper A).*

Beweis: Jedes $a \in A$ genügt einer Gleichung

$$a^n + \lambda_1 a^{n-1} + \cdots + \lambda_n = 0$$

mit $\lambda_i \in \Lambda$. Daraus folgt für jedes $x \in \text{Sper } A$

$$|a(x)| \leq \max\{1, \ |\lambda_1(x)| + \cdots + |\lambda_n(x)|\}$$

(I, §7, Satz 1), also etwa

$$|a(x)| \leq \left(n + 1 + \lambda_1^2 + \cdots + \lambda_n^2\right)(x)\,,$$

da $|\lambda| \leq 1 + \lambda^2$ in jedem angeordneten Körper gilt. $\square$

Wir beweisen jetzt ein Resultat, welches über Satz 1 wesentlich hinausgeht und den archimedischen Abschluß eines Teilrings Λ auf einer Teilmenge des reellen Spektrums charakterisiert. Dabei können wir $\text{char } A = 0$, also $\mathbf{Z} \subseteq A$ voraussetzen, da sonst Sper $A = \emptyset$ ist und die Begriffe inhaltsleer werden.

Definition 3. Sei Λ ein Ring mit $\mathbf{Z} \subseteq \Lambda$. Wir nennen ein Polynom $f(t) \in \Lambda[t]$ *fast normiert*, falls sein Leitkoeffizient eine natürliche Zahl ist.

Theorem 2 (G.W. Brumfiel [Bru1, ch. VI]). *Sei A ein Ring mit $\mathbf{Z} \subseteq A$ und Λ ein Teilring von A, sowie X eine Teilmenge von Sper A. Dann sind für jedes $a \in A$ die folgenden Aussagen gleichwertig:*
  (i) *$a \in \mathfrak{o}_X(A/\Lambda)$, d.h. a ist auf X beschränkt über Λ;*
 (ii) *es gibt ein fast normiertes nicht-konstantes Polynom $f(t) \in \Lambda[t]$ mit $f(a^2) \leq 0$ auf X;*
(iii) *es gibt ein fast normiertes nicht-konstantes Polynom $f(t) \in \Lambda[t]$ von geradem Grad mit $f(a) \leq 0$ auf X.*

(Für $b \in A$ soll „$b \leq 0$ auf X“ natürlich heißen, daß $b(x) \leq 0$ für alle $x \in X$ ist.)

Ist $a \in \mathfrak{o}_X(A/\Lambda)$ und $\lambda \in \Lambda$ mit $|a(x)| \leq \lambda(x)$ für alle $x \in X$, so erfüllt das Polynom $f(t) = t - \lambda^2$ die Bedingung (ii). Die Implikation (ii) $\Rightarrow$ (iii) ist trivial (ersetze $f(t)$ durch $f(t^2)$), es bleibt also (iii) $\Rightarrow$ (i) zu zeigen. Hierzu dient das folgende bemerkenswerte

Lemma (G.W. Brumfiel). *Sei $n \in \mathbb{N}$ und seien $t, u_1, \ldots, u_{2n}$ unabhängige Variable über $\mathbb{Q}$; sei $u := (u_1, \ldots, u_{2n})$. Dann gibt es ein $k \in \mathbb{N}$ und Polynome $b(u) \in \mathbb{Q}[u]$ sowie $h_1(u,t), \ldots, h_k(u,t) \in \mathbb{Q}[u,t]$ mit*

$$t^{2n} + u_1 t^{2n-1} + \cdots + u_{2n} = b(u) + \sum_{i=1}^{k} h_i(u,t)^2\,.$$

Ist also Λ ein Ring mit $\mathbf{Z} \subseteq \Lambda$ und $f \in \Lambda[t]$ ein fast normiertes Polynom von geradem Grad $2n$, so gibt es eine natürliche Zahl s, ein $\beta(f) \in \Lambda$ und ein Polynom $h(t)$, welches Summe von Quadraten in $\Lambda[t]$ ist, mit $\beta(f) = sf(t) - h(t)$. Wendet man dies in der Situation von Theorem 2, Voraussetzung (iii) auf die Polynome $f(t) + t$ und $f(t) - t$ an, so erhält man eine natürliche Zahl s, Elemente $\beta, \tilde{\beta} \in \Lambda$ mit $\beta = s\big(f(t) + t\big) - h(t)$ und $\tilde{\beta} = s\big(-f(t) + t\big) + \tilde{h}(t)$, wobei $h, \tilde{h}$ Summen von Quadraten in $\Lambda[t]$ sind. Einsetzen von $t = a$ gibt dann

$$\beta(x) \leq sa(x) \leq \tilde{\beta}(x)$$

für alle $x \in X$, woraus sofort (i) folgt.

Das Lemma selbst wird durch Induktion nach n bewiesen, wobei der Induktionsbeginn aus

$$t^2 + u_1 t + u_2 \;=\; \big(t + \frac{u_1}{2}\big)^2 + \big(u_2 - \frac{u_1^2}{4}\big)$$

folgt. Ist $n > 1$, so nehmen wir die „Tschirnhausen-Transformation" $s := t - \frac{u_1}{2n}$ vor und erhalten

$$t^{2n} + u_1 t^{2n-1} + \cdots + u_{2n} \;=\; s^{2n} + v_2 s^{2n-2} + v_3 s^{2n-3} + \cdots + v_{2n}$$

mit $v_i \in \mathbb{Q}[u]$. Schreibt man die rechte Seite als

$$\Big(s^n + \frac{v_2 - 1}{2}\, s^{n-2}\Big)^2 + \Big(s^{2n-2} + v_3 s^{2n-3} + \Big(v_4 - \big(\frac{v_2 - 1}{2}\big)^2\Big) s^{2n-4} + \cdots\Big),$$

so kann man auf den zweiten Summanden die Induktionsvoraussetzung anwenden und erhält so die Behauptung des Lemmas auch für n. $\qquad\square\square$

Anmerkung. Brumfiel benutzt den nach Theorem 2 naheliegenden Terminus „semi-integrally closed" für unser „archimedisch abgeschlossen". Zu einer wörtlichen Eindeutschung fehlte uns hier der Mut.

Wir kommen zu einer anderen Beschreibung des archimedischen Abschlusses von Λ in A auf X, bei der stärker die Präordnung $P(X)$ der auf X nicht-negativen Elemente aus A im Vordergrund steht. Ist T eine beliebige Präordnung von A, so schreiben wir auch $\mathfrak{o}_T(A/\Lambda)$ für $\mathfrak{o}_{\hat{H}(T)}(A/\Lambda)$ (und $\mathfrak{o}_T(A)$ für $\mathfrak{o}_T(A/\mathbf{Z})$). Es ist also $\mathfrak{o}_T(A/\Lambda)$ die $\hat{T}$-konvexe Hülle von Λ in A. Aufgrund von Beispiel 2 hat jeder Ring $\mathfrak{o}_X(A/\Lambda)$ die Gestalt $\mathfrak{o}_T(A/\Lambda)$, etwa mit $T = P(X)$.

Satz 3. *Sei Λ ein Teilring von A und T eine Präordnung von A.*
a) *Ein Element $a \in A$ liegt genau dann in $\mathfrak{o}_T(A/\Lambda)$, wenn es $\lambda \in \Lambda$ und $t \in T$ gibt mit*

$$(1 + t)(\lambda^2 + a) \in T \quad \text{und} \quad (1 + t)(\lambda^2 - a) \in T\,.$$

b) *Ein Element $a \in A$ liegt genau dann in $\mathfrak{o}_T(A)$, wenn es $n \in \mathbb{N}$ und $t \in T$ gibt mit*

$$(1 + t)(n + a) \in T \quad \text{und} \quad (1 + t)(n - a) \in T\,.$$

Beweis: Aus der Existenz von λ (bzw. n) und t wie in den beiden Aussagen folgt $-\lambda^2 \leq a \leq \lambda^2$ (bzw. $-n \leq a \leq n$) auf $X := \bar{H}(T)$. Es genügt daher, die umgekehrte Richtung im Falle a) zu verifizieren. Ist also $a \in \mathfrak{o}_T(A/\Lambda)$ gegeben, so wählen wir ein $\mu \in \Lambda$ mit $|a(x)| \leq |\mu(x)|$ für alle $x \in X$ und setzen $\lambda := 1+\mu^2$. Wegen $|a| \leq |\mu| < \lambda \leq \lambda^2$ auf X sind $\lambda^2 \pm a$ positiv auf X, und die Behauptung folgt aus Prestels Positivstellensatz (§9, Satz 2, Implikation (i) $\Rightarrow$ (iii)). $\qquad\square$

Korollar 1. *Ist jedes Element aus $1+T$ eine Einheit in A (etwa A ein Körper und T eine echte Präordnung), so ist*

$$\mathfrak{o}_T(A/\Lambda) = \{a \in A : \text{ es gibt } \lambda \in \Lambda \text{ mit } \lambda^2 \pm a \in T\}$$

und

$$\mathfrak{o}_T(A) = \{a \in A : \text{ es gibt } n \in \mathbb{N} \text{ mit } n \pm a \in T\}. \qquad\square$$

Korollar 2. *Ist jedes Element aus $1 + \Sigma A^2$ eine Einheit in A, so ist*

$$\mathfrak{o}\big(\mathfrak{o}(A/\Lambda) / \Lambda\big) = \mathfrak{o}(A/\Lambda).$$

Beweis: Sei $B := \mathfrak{o}(A/\Lambda)$. Man muß zeigen, daß jedes $b \in B$ auf ganz Sper B beschränkt über Λ ist. Anwendung von Korollar 1 (mit $T = \Sigma A^2$) gibt $\lambda \in \Lambda$, $a_1,\ldots,a_r \in A$ und eine Gleichung
$$\lambda^4 - b^2 = a_1^2 + \cdots + a_r^2.$$
Jedes $|a_i|$ ist auf ganz Sper A durch λ^2 beschränkt, weshalb die a_i in B liegen. Somit ist $|b|$ auf ganz Sper B durch λ^2 beschränkt. $\qquad\square$

Im Körperfall läßt sich aus Korollar 1 eine Parametrisierung der Elemente aus $\mathfrak{o}_T(A/\Lambda)$ gewinnen:

Satz 4. *Sei K ein Körper, T eine echte Präordnung von K und $\Lambda \subseteq K$ ein Teilring. Dann ist $\mathfrak{o}_T(K/\Lambda)$ die Menge aller Elemente*

$$\frac{\lambda a}{1 + a^2 + t}$$

mit $\lambda \in \Lambda$, $a \in K$ und $t \in T$.

Beweis: Jedes solche Element liegt in $\mathfrak{o}_T(K/\Lambda)$ (Beispiel 3). Ist umgekehrt ein Element $z \neq 0$ in $\mathfrak{o}_T(K/\Lambda)$ gegeben, so gibt es nach Korollar 1 ein $\lambda \in \Lambda$ mit $\lambda^2 - z^2 \in T$, also mit $t := \left(\frac{\lambda}{z}\right)^2 - 1 \in T$. Setzt man $a := \frac{\lambda}{z}$, so ist $2\frac{\lambda}{z}a = 2a^2 = 1 + a^2 + t$, woraus man

$$z = \frac{2\lambda a}{1 + a^2 + t}$$

erhält, wie gewünscht. $\qquad\square$

Korollar 3. *Ist K ein Körper, X eine Teilmenge von* Sper K *und Λ ein Teilring von K, so ist*

$$\mathfrak{o}_X(K/\Lambda) = \Lambda \cdot \mathfrak{o}_X(K) = \left\{ \lambda z : \lambda \in \Lambda,\, z \in \mathfrak{o}_X(K) \right\}. \qquad \square$$

Korollar 4. *Ist K ein Körper und T eine echte Präordnung von K, so wird $\mathfrak{o}_T(K)$ als additive Gruppe von den Elementen $1/(1+t)$ mit $t \in T$ erzeugt.*

Beweis: Das folgt aus Satz 4 und der Identität

$$\frac{2a}{1+a^2+t} = \frac{(a+1)^2 - (a-1)^2}{(a+1)^2 + (a-1)^2 + 2t}. \qquad \square$$

Wir kehren zu einem beliebigen (kommutativen) Ring A zurück und fragen jetzt bei festgehaltenem Teilring Λ nach der Abhängigkeit der Ringe $\mathfrak{o}_X(A/\Lambda)$ von der Teilmenge $X \subseteq$ Sper A. Da aus $Y \subseteq X$ ganz allgemein $\mathfrak{o}_Y(A/\Lambda) \supseteq \mathfrak{o}_X(A/\Lambda)$ folgt, ist stets

$$\mathfrak{o}_X(A/\Lambda) \subseteq \bigcap_{x \in X} \mathfrak{o}_x(A/\Lambda),$$

aber i.a. gilt hier keine Gleichheit:

Beispiel 4. Sei R ein reell abgeschlossener Körper, sei $A = R[t]$ der Polynomring in einer Variablen und $\Lambda = R$. Jedes nicht-konstante Polynom $f \in R[t]$ ist in genau zwei Punkten aus Sper $R[t]$ unbeschränkt über R, nämlich in $\pm\infty$ (vgl. §3, Beispiel 2). Aber auf der offenen Teilmenge $X := (\text{Sper } R[t]) - \{\pm\infty\}$ von Sper $R[t]$ sind nur die konstanten Polynome archimedisch über R, es ist also

$$\mathfrak{o}_X\big(R[t]/R\big) = R \neq R[t] = \bigcap_{x \in X} \mathfrak{o}_x\big(R[t]/R\big).$$

Wir werden jedoch sogleich sehen, daß dies bei prokonstruierbarem X nicht passieren kann. Zuvor

Satz 5. *Sei Λ ein Teilring von A. Für jedes $a \in A$ ist der „Unbeschränktheitsort"*

$$\Omega(a/\Lambda) := \left\{ x \in \text{Sper } A : a \notin \mathfrak{o}_x(A/\Lambda) \right\}$$

von a über Λ abgeschlossen in Sper A *und enthält mit jedem Punkt auch dessen Generalisierungen.*

Beweis: Es ist

$$\Omega(a/\Lambda) = \left\{ x \in \text{Sper } A : \forall \lambda \in \Lambda \ |a(x)| \geq |\lambda(x)| \right\} = \bigcap_{\lambda \in \Lambda} \bar{H}(a^2 - \lambda^2).$$

Da man hierbei das $\geq$ durch ein $>$ ersetzen kann, ist auch

$$\Omega(a/\Lambda) = \bigcap_{\lambda \in \Lambda} \mathring{H}(a^2 - \lambda^2).$$

Aus diesen beiden Darstellungen folgen die Behauptungen. $\hspace{2cm}$ □

Korollar 5. *Sind $x, y \in \operatorname{Sper} A$ mit $y \succ x$, so ist $\mathfrak{o}_y(A/\Lambda) = \mathfrak{o}_x(A/\Lambda)$.* $\hspace{1cm}$ □

Beispiel 5. Sei wieder R ein reell abgeschlossener Körper, und sei V eine affine R-Varietät mit zugehöriger Koordinatenalgebra $A = R[V]$. Seien $u_1, \ldots, u_n$ Erzeuger von $R[V]$ über R und sei $a := u_1^2 + \cdots + u_n^2 \in A$. Dann besteht $\Omega(a/R)$ aus allen $x \in \operatorname{Sper} A = V(R)$, für die der „Abstand von x zum Ursprung" (bei der durch $u_1, \ldots, u_n$ gegebenen Einbettung von V in den affinen Raum $\mathbf{A}^n$) unendlich groß gegenüber R ist. Nach Satz 5 besteht $\Omega(a/R)$ genau aus allen Generalisierungen von Punkten aus

$$\Omega^{\max}(a/R) \ := \ \Omega(a/R) \cap (\operatorname{Sper} A)^{\max}.$$

Aus §7, Korollar 5 folgt

$$\Omega^{\max}(a/R) = \left\{ x \in (\operatorname{Sper} A)^{\max} : k(x) \text{ ist nicht archimedisch über } R \right\}.$$

Insbesondere ist $\Omega(a/R)$ von der Wahl der Erzeuger von $R[V]$ unabhängig und kann daher als Menge der *unendlich fernen Punkte* in $\widetilde{V(R)}$ bezeichnet werden. Dies harmoniert auch mit §6, Bemerkung 5.

Satz 6. *Sei Λ ein Teilring von A und X eine prokonstruierbare Teilmenge von $\operatorname{Sper} A$. Ist $a \in A$ in jedem $x \in X$ beschränkt über Λ, so gibt es eine offene konstruierbare Umgebung U von $\overline{X}$ in $\operatorname{Sper} A$, auf der a über Λ beschränkt ist.*

Beweis: Nach Satz 5 ist a auch in jedem $x \in \overline{X}$ beschränkt über Λ, weshalb wir $X = \overline{X}$ annehmen können. Zu jedem $x \in X$ gibt es ein $\lambda_x \in \Lambda$ mit $|a(x)| < \lambda_x(x)$. Da X quasikompakt ist, gibt es endlich viele $x_1, \ldots, x_N \in X$ mit

$$X \ \subseteq \ \bigcup_{i=1}^{N} \left\{ y \in \operatorname{Sper} A : |a(y)| < \lambda_{x_i}(y) \right\} =: U.$$

Die Menge U ist eine offene konstruierbare Umgebung von $X = \overline{X}$, und mit $\lambda := 1 + \lambda_{x_1}^2 + \cdots + \lambda_{x_N}^2$ gilt $|a(y)| < \lambda(y)$ für alle $y \in U$. $\hspace{1cm}$ □

Korollar 6. *Sei Λ ein Teilring von A und X eine prokonstruierbare Teilmenge von $\operatorname{Sper} A$. Dann ist*

$$\mathfrak{o}_X(A/\Lambda) \ = \ \bigcap_{x \in X} \mathfrak{o}_x(A/\Lambda),$$

und man kann sich auf der rechten Seite sogar auf die Punkte x aus $X^{\max}$ oder aus $X^{\min}$ beschränken.

Beweis: Satz 6 und Korollar 5. $\hspace{2cm}$ □

Bemerkung. Sei V eine affine Varietät über einem reell abgeschlossenen Körper R und $A = R[V]$ ihre Koordinatenalgebra. Ist M eine semialgebraische Teilmenge von $V(R)$

und $\tilde{M}$ die zugehörige konstruierbare Teilmenge von Sper A, so liegt es nahe zu fragen, ob $\mathfrak{o}_{\tilde{M}}(A/\Lambda)$ schon der Durchschnitt der Ringe $\mathfrak{o}_x(A/\Lambda)$ mit $x \in M$ ist, etwa für $\Lambda = R$. Dies ist jedoch im allgemeinen zu verneinen. Trivialerweise ist $\mathfrak{o}_x(A/R) = A$ für alle $x \in V(R)$, während nur in besonderen Fällen die R-wertige Funktion $x \mapsto a(x)$ für *jedes* $a \in A$ auf M beschränkt ist. In allen anderen Fällen ist $\mathfrak{o}_{\tilde{M}}(A/R)$ ein echter Teilring von A. An dieser Stelle wird in Verbindung mit Korollar 6 erneut die Nützlichkeit „idealer Punkte" in $\tilde{M}$ deutlich: Zu jeder auf M nicht beschränkten polynomialen Funktion $f \in A$ gibt es einen solchen Punkt in $\tilde{M}$, in welchem f tatsächlich einen bezüglich R unendlich großen Funktionswert annimmt.

§12. Prüferringe und reeller Holomorphiering eines Körpers

Dieser letzte Abschnitt ist einem näheren Studium des Holomorphieringes $\mathfrak{o}(F)$ eines (formal reellen) Körpers gewidmet. Die mittlerweile weit entwickelte Theorie des Holomorphierings — und allgemeiner der Ringe $\mathfrak{o}_T(F)$ — sowie interessante Anwendungen auf Potenzsummen in Körpern verdankt man vornehmlich E. Becker und seinem Schüler H.-W. Schülting ([Schü], [Be1], [Be2], ...). Ein Schlüsselbegriff für diese Fragen ist das Konzept des Prüferrings (siehe unten). Wir werden hier nur die Anfangsgründe dieser Theorie erklären, welche zu einem wichtigen Teil schon auf D.W. Dubois zurückgehen [Du]. Unsere Darstellung unterscheidet sich dabei von diesen älteren Arbeiten durch die (stärkere) Verwendung des reellen Spektrums, welches sich auch hier häufig als klärend und hilfreich erweist.

Definition 1.

a) Ein Integritätsbereich A heißt *Prüferring*, falls jede Lokalisierung $A_{\mathfrak{p}}$ von A in einem Primideal $\mathfrak{p}$ ein Bewertungsring ist. Ist A dabei Teilring eines Körpers F und ist zusätzlich F der Quotientenkörper von A, so heißt A ein *Prüferring von F*.

b) Der Prüferring A heißt *residuell reeller Prüferring*, falls die Restklassenkörper $\kappa(\mathfrak{p}) = A_{\mathfrak{p}}/\mathfrak{p}A_{\mathfrak{p}}$ ($\mathfrak{p} \in \operatorname{Spec} A$) sämtlich formal reell sind (d.h. falls die Bewertungsringe $A_{\mathfrak{p}}$ sämtlich residuell reell im Sinne von II, §2 sind). Analog wird der Begriff *residuell reeller Prüferring von F* erklärt.

Bemerkungen.

1. Jeder Bewertungsring B ist ein Prüferring. Ist dabei $\kappa(B) = B/\mathfrak{m}_B$ formal reell, so ist B konvex in $F := \operatorname{Quot}(B)$ bezüglich einer Anordnung P von F (II, §7, Korollar). Dasselbe gilt dann auch für jeden Oberring von B in F, und folglich ist $B_{\mathfrak{p}}/\mathfrak{p}B_{\mathfrak{p}}$ formal reell für jedes $\mathfrak{p} \in \operatorname{Spec} B$. Dies zeigt, daß die beiden für Bewertungsringe gegebenen Definitionen von „residuell reell" (Definition 1b und II, §2, Definition 3) äquivalent sind.

2. Ist A ein Prüferring von F, so ist auch jeder Oberring B von A in F ein Prüferring, denn für $\mathfrak{q} \in \operatorname{Spec} B$ ist $B_{\mathfrak{q}}$ ein Oberring von $A_{\mathfrak{q} \cap A}$ in F. Ebenso ist jeder Oberring (in F) eines residuell reellen Prüferrings von F wieder ein residuell reeller Prüferring (vgl. Bemerkung 1).

3. Sei A ein nullteilerfreier Ring. Sind alle Lokalisierungen $A_{\mathfrak{m}}$ nach maximalen Idealen von A Bewertungsringe (bzw. residuell reelle Bewertungsringe), so ist A schon ein Prüferring (bzw. ein residuell reeller Prüferring). Denn für $\mathfrak{p} \in \operatorname{Spec} A$ mit $\mathfrak{p} \subseteq \mathfrak{m}$ ist $A_{\mathfrak{p}}$ ein Oberring von $A_{\mathfrak{m}}$ im Quotientenkörper von A.

4. Ist A nullteilerfrei und $F = \operatorname{Quot} A$, so ist $A = \bigcap_{\mathfrak{m}} A_{\mathfrak{m}}$, wobei der Durchschnitt über alle maximalen Ideale $\mathfrak{m}$ von A in F gebildet wird. (Das ist leicht zu sehen: Zu vorgegebenem $\lambda \in \bigcap_{\mathfrak{m}} A_{\mathfrak{m}}$ ist das Ideal aller Elemente a von A, für die $a\lambda \in A$ ist, in keinem maximalen Ideal von A enthalten, also das Einsideal.) Daher ist jeder Prüferring von F Durchschnitt von Bewertungsringen von F, insbesondere also ganz abgeschlossen.

5. Ist A ein Prüferring von F und K ein weiterer Körper, so besteht eine natürliche Bijektion von der Menge der auf A endlichen Stellen $\lambda \colon F \to K \cup \infty$ auf $\operatorname{Hom}(A, K)$, nämlich $\lambda \mapsto \lambda|A$. (Hier und später bezeichnet $\operatorname{Hom}(\cdot, \cdot)$ die Menge der Ringhomomorphismen.) Denn jeder Homomorphismus $\varphi \colon A \to K$ hat eine eindeutige Fortsetzung zu einem Homomorphismus von einem A enthaltenden Bewertungsring (nämlich $A_{\operatorname{kern} \varphi}$) nach K, also zu

einer (auf A ganzen) Stelle $F \to K \cup \infty$.

6. Ist A ein Prüferring von F, so ist die Abbildung $\mathfrak{p} \mapsto A_\mathfrak{p}$ eine Bijektion von $\operatorname{Spec} A$ auf die Menge aller A enthaltenden Bewertungsringe B von F. Die Umkehrabbildung ist $B \mapsto A \cap \mathfrak{m}_B$. (Klar ist $\mathfrak{p} = A \cap \mathfrak{p}A_\mathfrak{p}$ für $\mathfrak{p} \in \operatorname{Spec} A$. Sei umgekehrt $B \supseteq A$ ein Bewertungsring und $\mathfrak{p} := A \cap \mathfrak{m}_B$. Dann ist $B = A_\mathfrak{p}$ zu zeigen, wobei $\supseteq$ sofort klar ist. Ist $c \in F$, $c \notin A_\mathfrak{p}$, so ist $c^{-1} \in \mathfrak{p}A_\mathfrak{p}$, also $c^{-1} = a/b$ mit $a \in \mathfrak{p}$, $b \in A$, $b \notin \mathfrak{p}$. Folglich ist $b \in B^*$, $a \in \mathfrak{m}_B$, also $c = b/a \notin B$.)

Die Bedeutung von Prüferringen für die reelle Algebra ergibt sich aus dem folgenden Satz von A. Dress [Dr] (vgl. auch [LOV, p. 86]):

Satz 1. *Sei F ein Körper. Dann ist der von allen Elementen*

$$\frac{1}{1 + a^2} \quad (a \in F,\ a^2 \neq -1)$$

erzeugte Teilring A von F ein Prüferring von F.

Beweis. Sei $\mathfrak{p}$ ein Primideal von A und $B := A_\mathfrak{p}$, sowie ein $x \in F^*$ vorgegeben; zu zeigen ist $x \in B$ oder $x^{-1} \in B$. Zunächst ist $x^2 \in B$ oder $x^{-2} \in B$. Dies ist klar, falls $x^2 = -1$ ist. Andernfalls folgt es aus der Identität

$$\frac{1}{1 + x^2} + \frac{1}{1 + x^{-2}} = 1,$$

da nicht beide Summanden der linken Seite in $\mathfrak{p}$ liegen, also einer von beiden in B invertierbar ist. Wir können o.E. $x^2 \in B$ annehmen. Sei $y := 1 + x$. Ist $y^2 \in B$, so ist $2x = y^2 - 1 - x^2 \in B$, also $x \in B$. Andernfalls ist $y \neq 0$ und $y^{-2} \in B$. Wegen $(y - 1)^2 = x^2 \in B$ folgt auch

$$y^{-2}(y - 1)^2 = 1 - 2y^{-1} + y^{-2} \in B,$$

also $y^{-1} \in B$. Aus $1 - x = y^{-1}(1 - x^2)$ schließt man nun $x \in B$, wie gewünscht. $\square$

Wir erinnern daran, daß $\mathfrak{o}(F)$ den reellen Holomorphiering von F bezeichnet (§11, Definition 2).

Theorem 2. *Sei F ein formal reeller Körper. Für jeden Teilring A von F sind äquivalent:*

(i) $\mathfrak{o}(F) \subseteq A$;

(ii) *A ist ein residuell reeller Prüferring von F;*

(iii) *A ist archimedisch abgeschlossen in F, d.h. $\mathfrak{o}(F/A) = A$;*

(iv) *A ist ein ΣF^2-konvexer Teilring von F;*

(v) *es gibt einen Teilring Λ von F und eine Teilmenge X von $\operatorname{Sper} F$ mit $A = \mathfrak{o}_X(F/\Lambda)$.*

Insbesondere ist der reelle Holomorphiering $\mathfrak{o}(F)$ von F der kleinste residuell reelle Prüferring von F.

Beweis.

(i) $\Rightarrow$ (ii). Da $\mathfrak{o}(F)$ alle Elemente $(1 + a^2)^{-1}$ $(a \in F)$ enthält, ist $\mathfrak{o}(F)$ ein Prüferring von F wegen Satz 1. Sei B ein Bewertungsring von F mit $\mathfrak{o}(F) \subseteq B$. Wäre B nicht residuell reell, so gäbe es $b_1, \ldots, b_r \in B$ mit $1 + b_1^2 + \cdots + b_r^2 \in \mathfrak{m}_B$, was wegen $(1 + b_1^2 + \cdots + b_r^2)^{-1} \in \mathfrak{o}(F) \subseteq B$ nicht sein kann. Somit ist A ein residuell reeller Prüferring von F.

(ii) $\Rightarrow$ (iii). Es genügt, die archimedische Abgeschlossenheit von residuell reellen Bewertungsringen in F nachzuweisen, da Durchschnitte von archimedisch abgeschlossenen Teilringen von F wieder archimedisch abgeschlossen in F sind. Ist B ein residuell reeller Bewertungsring von F, so ist B konvex in F bezüglich einem $x \in \text{Sper } F$ (II, §7). Folglich ist $\mathfrak{o}_x(F/B) = B$, erst recht also $\mathfrak{o}(F/B) = \mathfrak{o}_{\text{Sper } F}(F/B) = B$.

Die Implikationen (iii) $\Rightarrow$ (iv) $\Rightarrow$ (v) $\Rightarrow$ (i) sind trivial. $\qquad\qquad\square$

Korollar 1. *Der reelle Holomorphiering $\mathfrak{o}(F)$ ist der Durchschnitt aller residuell reellen Bewertungsringe von F.* $\qquad\qquad\square$

Bemerkung.

7. Dieses Korollar ist schon in früheren Ergebnissen enthalten: Nach §11, Korollar 6 ist nämlich $\mathfrak{o}(F)$ der Durchschnitt der residuell reellen Bewertungsringe $\mathfrak{o}_x(F)$, $x \in \text{Sper } F$, und nach II, §7 enthält jeder residuell reelle Bewertungsring von F solch ein $\mathfrak{o}_x(F)$. Allgemeiner ist nach §11 jeder Ring $\mathfrak{o}_X(F/\Lambda)$ (mit $X \subseteq \text{Sper } F$ und einem Teilring $\Lambda \subseteq F$) Durchschnitt der residuell reellen Bewertungsringe $\mathfrak{o}_x(F/\Lambda)$ mit $x \in \overline{X}$.

Im folgenden halten wir einen Körper F fest, der o.E. als formal reell vorausgesetzt sei, und untersuchen das reelle Spektrum seines Holomorphieringes $\mathfrak{o}(F)$ etwas näher. Zur Abkürzung schreiben wir $\mathfrak{o} := \mathfrak{o}(F)$.

Satz 3. *Sei A ein residuell reeller Prüferring von F. Faßt man $\text{Sper } F$ in der üblichen Weise als Teilraum von $\text{Sper } A$ auf, so ist $\text{Sper } F = (\text{Sper } A)^{\min}$.*

Beweis. Sei $x \in \text{Sper } A$ und $\mathfrak{p} := \text{supp}(x)$, sowie $B := A_\mathfrak{p}$ und $\bar{x}$ die von x auf $\kappa(\mathfrak{p}) = B/\mathfrak{m}_B$ induzierte Anordnung. Nach Baer–Krull gibt es eine Anordnung y von F, welche B konvex macht und auf $B/\mathfrak{m}_B$ die Anordnung $\bar{x}$ induziert. Faßt man y und $\bar{x}$ als Elemente von $\text{Sper } B$ auf, so ist sofort klar, daß dort $y \succ \bar{x}$ gilt; die Inklusion $\text{Sper } B \subseteq \text{Sper } A$ zeigt also, daß y eine Generalisierung von x in $\text{Sper } A$ mit Träger (0) ist. $\qquad\qquad\square$

Wie steht es mit den maximalen (= abgeschlossenen) Punkten von $\text{Sper } \mathfrak{o}$? Sei $x \in \text{Sper } \mathfrak{o}$, $\mathfrak{p} := \text{supp}(x)$ und $\bar{x}$ die induzierte Anordnung von $\kappa(\mathfrak{p})$. Nach §7, Korollar 5 ist x genau dann ein abgeschlossener Punkt, wenn $\kappa(\mathfrak{p})$ über $\mathfrak{o}/\mathfrak{p}$ archimedisch bezüglich $\bar{x}$ ist. Da $\mathfrak{o}/\mathfrak{p}$ nach Definition von $\mathfrak{o}$ archimedisch über $\mathbf{Z}$ bezüglich $\bar{x}$ ist, ist die Abgeschlossenheit von x äquivalent dazu, daß $\bar{x}$ eine archimedische Anordnung von $\kappa(\mathfrak{p})$ ist, also zur Existenz einer ordnungstreuen Einbettung $\kappa(\mathfrak{p}) \hookrightarrow \mathbb{R}$. Da diese durch $\bar{x}$ eindeutig bestimmt ist, erhält man

Satz 4. *Die kanonische Abbildung* $\mathrm{Hom}(\mathfrak{o}, \mathbb{R}) \to \mathrm{Sper}\,\mathfrak{o}$ *ist eine Bijektion von* $\mathrm{Hom}(\mathfrak{o}, \mathbb{R})$ *auf* $(\mathrm{Sper}\,\mathfrak{o})^{\max}$. $\quad\square$

Korollar 2. *Ist* $\mathbb{R}$ *in* F *enthalten, so liefert die Trägerabbildung* $\mathrm{supp}\colon \mathrm{Sper}\,\mathfrak{o} \to \mathrm{Spec}\,\mathfrak{o}$ *eine Bijektion von* $(\mathrm{Sper}\,\mathfrak{o})^{\max}$ *auf den Raum* $(\mathrm{Spec}\,\mathfrak{o})^{\max}$ *der maximalen Ideale von* $\mathfrak{o}$.

Man beachte aber, daß diese Bijektion i.a. kein Homöomorphismus ist.

Beweis. Da der Körper $\mathbb{R}$ keine echten Endomorphismen besitzt (II, §1), ist jeder Homomorphismus $\varphi\colon \mathfrak{o} \to \mathbb{R}$ surjektiv, und φ ist durch seinen Kern bestimmt. Nach Satz 4 ist $\mathrm{supp}(x)$ also ein maximales Ideal für jedes $x \in (\mathrm{Sper}\,\mathfrak{o})^{\max}$. Da alle Primideale von $\mathfrak{o}$ reell sind, ist $\mathrm{supp}\colon (\mathrm{Sper}\,\mathfrak{o})^{\max} \to (\mathrm{Spec}\,\mathfrak{o})^{\max}$ surjektiv. Im kommutativen Diagramm

$$\mathrm{Hom}(\mathfrak{o}, \mathbb{R})$$
$$\swarrow \qquad \searrow \mathrm{kern}$$
$$(\mathrm{Sper}\,\mathfrak{o})^{\max} \xrightarrow{\quad \mathrm{supp} \quad} (\mathrm{Spec}\,\mathfrak{o})^{\max}$$

ist kern injektiv; wegen Satz 4 ist also supp auch injektiv. $\quad\square$

Durch Identifizierung von $\mathrm{Hom}(\mathfrak{o}, \mathbb{R})$ mit $(\mathrm{Sper}\,\mathfrak{o})^{\max}$ erhält man also eine kompakte (Hausdorff-) Topologie auf $\mathrm{Hom}(\mathfrak{o}, \mathbb{R})$ (§6, Theorem 2). Diese läßt sich auch ohne Bezugnahme auf das reelle Spektrum einfach beschreiben:

Satz 5. *Die durch* $\mathrm{Hom}(\mathfrak{o}, \mathbb{R}) \subseteq \mathrm{Sper}\,\mathfrak{o}$ *auf* $\mathrm{Hom}(\mathfrak{o}, \mathbb{R})$ *induzierte Topologie stimmt mit der Teilraumtopologie von* $\mathrm{Hom}(\mathfrak{o}, \mathbb{R})$ *in* $\mathbb{R}^{\mathfrak{o}} = \prod_{\mathfrak{o}} \mathbb{R}$ *überein.*

Beweis. Sei $\mathcal{T}$ bzw. $\mathcal{T}'$ die Teilraumtopologie von $\mathrm{Hom}(\mathfrak{o}, \mathbb{R})$ in $\mathrm{Sper}\,\mathfrak{o}$ bzw. in $\mathbb{R}^{\mathfrak{o}}$. Eine Subbasis offener Mengen von $\mathcal{T}$ wird gebildet von allen

$$S(a) := \big\{\varphi \in \mathrm{Hom}(\mathfrak{o}, \mathbb{R})\colon \varphi(a) > 0\big\}$$

$(a \in A)$, denn $S(a) = \mathrm{Hom}(\mathfrak{o}, \mathbb{R}) \cap \mathring{H}_{\mathfrak{o}}(a)$. Da alle $S(a)$ $\mathcal{T}'$-offen sind, ist $\mathcal{T}'$ feiner als $\mathcal{T}$. Eine Subbasis offener Mengen von $\mathcal{T}'$ wird gegeben durch alle Mengen

$$S(a, p, q) := \big\{\varphi \in \mathrm{Hom}(\mathfrak{o}, \mathbb{R})\colon p < \varphi(a) < q\big\}$$

mit $a \in A$ und $p, q \in \mathbf{Q}$, $p < q$. Nun ist $S(a, p, q) = S(a - p) \cap S(q - a)$ (beachte $\mathbf{Q} \subseteq \mathfrak{o}$), und somit auch $\mathcal{T}$ feiner als $\mathcal{T}'$. $\quad\square$

Wir bezeichnen im folgenden den kompakten Raum $\mathrm{Hom}(\mathfrak{o}, \mathbb{R})$ mit Y und studieren den Ringhomomorphismus

$$\tau\colon \mathfrak{o} \to C(Y, \mathbb{R}), \quad a \mapsto \hat{a}.$$

Hier bezeichnet $C(Y, \mathbb{R})$ den Ring der stetigen $\mathbb{R}$-wertigen Funktionen auf Y, und für $a \in \mathfrak{o}$ ist $\hat{a}$ definiert durch $\hat{a}(\varphi) := \varphi(a)$ $(\varphi \in Y)$.

Unmittelbar aus der Definition folgt, daß die Funktionen $\hat{a}$ die Punkte von Y trennen. Weiter ist $\mathbf{Q}$ in $\mathfrak{o}$ enthalten. Mit dem Satz von Stone-Weierstraß [BTG, chap. 10, §4, Th. 3] erhält man also, daß $\tau(\mathfrak{o})$ ein dichter Teilring von $C(Y, \mathbb{R})$ ist, bezüglich der Topologie der gleichmäßigen Konvergenz.

Im Ring $C(Y, \mathbb{R})$ ist die Teilmenge $C^{+}(Y, \mathbb{R})$ der nicht-negativen Funktionen eine Präordnung (identisch mit der Menge der Quadrate). Für ihr Urbild unter τ gilt

Satz 6. *Für $a \in \mathfrak{o}$ ist genau dann $\hat{a} \in C^+(Y, \mathbb{R})$, wenn $a + \frac{1}{n}$ für jedes $n \in \mathbb{N}$ Summe von Quadraten (in F oder in $\mathfrak{o}$) ist.*

Beweis. Zunächst ist klar, daß $\Sigma \mathfrak{o}^2 = \mathfrak{o} \cap \Sigma F^2$ gilt, denn ist $a_1^2 + \cdots + a_r^2$ beschränkt über $\mathbf{Z}$ (auf Sper F), so auch jedes der a_i. Ist nun $a + \frac{1}{n} \in \Sigma F^2$, so ist $\hat{a} + \frac{1}{n} \in C^+(Y, \mathbb{R})$; gilt dies für alle $n \in \mathbb{N}$, so folgt $\hat{a} \in C^+(Y, \mathbb{R})$. Umgekehrt folgt aus $\hat{a} \in C^+(Y, \mathbb{R})$, daß a als Funktion auf $(\text{Sper } \mathfrak{o})^{\max}$ nicht negativ ist (Satz 4). Für alle $n \in \mathbb{N}$ ist daher der Schnitt der abgeschlossenen Menge

$$\bar{H}_{\mathfrak{o}}\left(-a - \frac{1}{n}\right) \;=\; \left\{ x \in \text{Sper } \mathfrak{o} \colon \frac{1}{n} + a(x) \leq 0 \right\}$$

mit $(\text{Sper } \mathfrak{o})^{\max}$ leer, und somit $\bar{H}_{\mathfrak{o}}\left(-a - \frac{1}{n}\right) = \emptyset$, also $a + \frac{1}{n} > 0$ auf Sper $\mathfrak{o}$. Insbesondere ist $a + \frac{1}{n}$ positiv auf Sper F (Satz 3), also Summe von Quadraten (I, §1). $\square$

Korollar 3. *Der Kern von $\tau \colon \mathfrak{o} \to C(Y, \mathbb{R})$ besteht genau aus allen $a \in F$, für die $\frac{1}{n} \pm a$ für alle $n \in \mathbb{N}$ Summen von Quadraten sind (in $\mathfrak{o}$ oder F), also aus den auf ganz* Sper F *bezüglich* $\mathbf{Q}$ *„infinitesimalen" Elementen von F.* $\square$

Ebenso wie für $(\text{Sper } \mathfrak{o})^{\min}$ gibt es auch für $(\text{Sper } \mathfrak{o})^{\max}$ eine rein körpertheoretische Beschreibung, die auf $\mathfrak{o}$ nicht Bezug nimmt. Hierzu definieren wir

Definition 2. Die Menge aller $\mathbb{R}$-wertigen Stellen $F \to \mathbb{R} \cup \infty$ von F wird mit $M(F)$ bezeichnet.

Nach Korollar 1 ist jedes $\lambda \in M(F)$ endlich auf $\mathfrak{o}$, man hat also eine natürliche Abbildung $M(F) \to \text{Hom}(\mathfrak{o}, \mathbb{R})$, $\lambda \mapsto \lambda | \mathfrak{o}$. Nach Bemerkung 5 ist diese eine Bijektion, so daß wir die Menge $M(F)$ im folgenden mit $Y = \text{Hom}(\mathfrak{o}, \mathbb{R})$ identifizieren können. Man beachte, daß somit $M(F)$ auch zu $(\text{Sper } \mathfrak{o})^{\max}$ in natürlicher Bijektion steht (Satz 4).

Um die (kompakte) Topologie von $\text{Hom}(\mathfrak{o}, \mathbb{R})$ bzw. $(\text{Sper } \mathfrak{o})^{\max}$ (Satz 5) auf $M(F)$ zu übertragen, fassen wir die Elemente $\lambda \in M(F)$ auf als Abbildungen von F in den kompakten Raum $\mathbf{P}^1(\mathbb{R})$ (die projektive Gerade über $\mathbb{R}$), indem wir $c \in \mathbb{R}$ mit dem Punkt $(c : 1)$ und ∞ mit $(1 : 0)$ (homogene Koordinaten!) identifizieren. Für später sei noch vermerkt, daß durch $(c : d) \mapsto (d : c)$ eine stetige Involution ι von $\mathbf{P}^1(\mathbb{R})$ definiert ist, welche 0 und ∞ vertauscht und $c \in \mathbb{R}$ in $1/c$ überführt.

Für $a \in F$ definieren wir die Auswertungsabbildung $\hat{a} \colon M(F) = Y \to \mathbb{R} \cup \infty = \mathbf{P}^1(\mathbb{R})$ durch $\hat{a}(\lambda) = \lambda(a)$. Diese Definition stimmt für $a \in \mathfrak{o}$ mit der früheren überein (∞ wird dann von $\hat{a}$ als Wert nicht angenommen), und es gilt

Satz 7. *Für jedes $a \in F$ ist die Abbildung $\hat{a} \colon M(F) = Y \to \mathbf{P}^1(\mathbb{R})$ stetig (wobei Y die früher definierte Topologie trage). Daher ist die Topologie von $M(F)$ auch die gröbste Topologie, welche alle $\hat{a}$ ($a \in F$) stetig macht.*

Beweis. Sei o.E. $a \neq 0$, und sei ein $\lambda \in M(F)$ vorgegeben; wir zeigen die Stetigkeit von $\hat{a}$ in λ. Ist zunächst $\lambda(a) \neq \infty$, so gibt es $b, c \in \mathfrak{o}$ mit $a = b/c$ und $\lambda(c) \neq 0$. Auf der offenen Umgebung $\{ \mu \in M(F) : \mu(c) \neq 0 \}$ von λ stimmt $\hat{a}$ mit der stetigen Funktion $\hat{b}/\hat{c}$ überein, woraus die Stetigkeit von $\hat{a}$ in λ folgt. Ist dagegen $\lambda(a) = \infty$, so beachte man, daß $\hat{a} = \iota \circ \widehat{(1/a)}$ gilt (ι ist die oben erwähnte Involution von $\mathbf{P}^1(\mathbb{R})$); aus dem schon bewiesenen Fall folgt also die Stetigkeit von $\hat{a}$ in λ. $\square$

Bemerkung.

8. Sei $\rho\colon \operatorname{Sper}\mathfrak{o} \to (\operatorname{Sper}\mathfrak{o})^{\max} = \underline{M(F)}$ die (stetige) kanonische Retraktion, die jedem $x \in \operatorname{Sper}\mathfrak{o}$ die Spitze des Speeres $\overline{\{x\}}$ in $\operatorname{Sper}\mathfrak{o}$ (also die abgeschlossene Spezialisierung von x in $\operatorname{Sper}\mathfrak{o}$) zuordnet, vgl. §6. Es ist leicht, $\rho(x)$ zu gegebenem $x \in \operatorname{Sper}F = (\operatorname{Sper}\mathfrak{o})^{\min}$ anzugeben, ohne auf den Holomorphiering $\mathfrak{o}$ Bezug zu nehmen: $\rho(x)$ ist nämlich die zur Anordnung x von F gehörende sogenannte „kanonische" Stelle $F \to \mathbb{R} \cup \infty$, also die eindeutig bestimmte mit x verträgliche Stelle, deren Bewertungsring die konvexe Hülle $\mathfrak{o}_x(F)$ von $\mathbf{Z}$ in F bezüglich x ist. Die Restriktion $\operatorname{Sper}F \to M(F)$ von ρ stellt dabei $M(F)$ als topologischen Quotientenraum von $\operatorname{Sper}F$ dar (denn die Abbildung ist abgeschlossen).

Wir müssen es uns hier versagen, zu einem tieferen geometrischen Verständnis des Stellenraums $M(F)$ vorzudringen (etwa im Fall von Funktionenkörpern über reell abgeschlossenem Grundkörper), da dies weiter reichende Kenntnisse in algebraischer Geometrie (z.B. Aufblasungen) erfordern und somit den Rahmen dieses Buches überschreiten würde. Doch geben wir zur Illustration zwei Beispiele. Diese sind recht speziell, weil „eindimensional". Es sei daher betont, daß der Holomorphiering $\mathfrak{o}(F)$ und der Raum $M(F)$ gerade auch für die mehrdimensionale Geometrie von Nutzen sind.

Beispiel 1 (Schülting [Schü, pp. 11ff.]). Sei N eine eindimensionale reell-analytische Mannigfaltigkeit und M eine nicht-leere kompakte zusammenhängende Teilmenge von N. Es sei $\mathcal{O}(M) := \lim \mathcal{O}(U)$, wobei U die offenen Umgebungen von M durchläuft und $\mathcal{O}(U)$ den Ring der reell-analytischen Funktionen $U \to \mathbb{R}$ bezeichnet. Dann ist $\mathcal{O}(M)$ nullteilerfrei. Sei F der Quotientenkörper von $\mathcal{O}(M)$, also der Körper der „auf M meromorphen Funktionen". Wir setzen voraus (was de facto stets der Fall ist [Schü, p. 13]), daß die Funktionen aus $\mathcal{O}(M)$ die Punkte von M trennen. Dann ist $\mathcal{O}(M) = \mathfrak{o}(F)$, und die kanonische Auswertungsabbildung $M \to \operatorname{Hom}\bigl(\mathfrak{o}(F), \mathbb{R}\bigr)$ ist ein Homöomorphismus. Es findet sich also M mit seiner Topologie als Stellenraum $M(F)$ wieder, und der Holomorphiering $\mathfrak{o}(F)$ entspricht den darauf holomorphen Funktionen.

Zum Beweis: Jeder Punkt $x \in M$ liefert eine diskrete Bewertung v_x von F mit Restklassenkörper $\mathbb{R}$, nämlich die (Nullstellen-) Ordnung in x. Dabei ist $\mathcal{O}(M) = \bigl\{f \in F : v_x(f) \geq 0$ für alle $x \in M\bigr\}$, woraus $\mathfrak{o}(F) \subseteq \mathcal{O}(M)$ folgt. Umgekehrt ist jedes $f \in \mathcal{O}(M)$ auf M, also auch auf einer offenen Umgebung U von M, beschränkt, da M kompakt ist. Ist etwa $n \in \mathbb{N}$ mit $|f(x)| < n$ auf U gewählt, so sind $\sqrt{n \pm f}$ analytisch auf U. Somit sind $n \pm f$ Quadrate in F, woraus $f \in \mathfrak{o}$ folgt. Es gilt also $\mathfrak{o}(F) = \mathcal{O}(M)$. Sei jetzt $\mathfrak{o} := \mathfrak{o}(F) = \mathcal{O}(M)$. Die Auswertungsabbildung $M \to \operatorname{Hom}(\mathfrak{o}, \mathbb{R})$ ist trivialerweise stetig und ist nach Voraussetzung injektiv. Da beide Räume kompakt sind, genügt es, ihre Surjektivität nachzuweisen. Sei also $\varphi\colon \mathfrak{o} \to \mathbb{R}$ ein Homomorphismus, und sei $\mathfrak{p}$ sein Kern. Wegen $\mathbb{R} \subseteq \mathfrak{o}$ ist $\mathfrak{p}$ ein maximales Ideal von $\mathfrak{o}$. Zu $f \in \mathfrak{o}$ sei $Z(f) := \bigl\{x \in M : f(x) = 0\bigr\}$. Wäre der Durchschnitt aller $Z(f)$ mit $f \in \mathfrak{p}$ leer, so gäbe es endlich viele $f_1, \ldots, f_r \in \mathfrak{p}$ mit $Z(f_1) \cap \cdots \cap Z(f_r) = \emptyset$, da M kompakt ist. Dann wäre aber $g := f_1^2 + \cdots + f_r^2$ nullstellenfrei auf einer Umgebung von M, also $1/g \in \mathfrak{o}$, was zum Widerspruch $1 = (f_1^2 + \cdots + f_r^2)/g \in \mathfrak{p}$ führt. Ist nun $x \in M$ mit $f(x) = 0$ für alle $f \in \mathfrak{p}$, so folgt aus der Maximalität von $\mathfrak{p}$ sofort, daß $\varphi(f) = f(x)$ für alle $f \in \mathfrak{o}$ gilt. $\qquad\square$

Dieses Beispiel illustriert die Vorstellung, die zu dem Terminus „Holomorphiering“ geführt hat: Ist F ein Körper, so denkt man sich die Elemente von F als stetige $\mathbf{P}^1(\mathbb{R})$-wertige Funktionen auf dem kompakten Raum $M(F)$ („meromorphe Funktionen“); die Elemente von $\mathfrak{o}(F)$ sind dann genau diejenigen Funktionen, die nirgends unendlich werden, also die „holomorphen Funktionen“.

Beispiel 2. Hier werden ein paar elementare Tatsachen aus den Anfangsgründen der algebraischen Geometrie benutzt, siehe etwa [Sf], [H, chapter I]. Sei V eine glatte projektive irreduzible Kurve, welche über $\mathbb{R}$ definiert (also durch homogene Polynome mit Koeffizienten in $\mathbb{R}$ beschrieben) ist, und sei $F = \mathbb{R}(V)$ ihr Funktionenkörper. Bekanntlich definiert jeder Punkt $x \in V(\mathbf{C})$ einen diskreten Bewertungsring $\mathcal{O}_x$ von F (den Ring der in x regulären Funktionen), wobei genau dann $\mathcal{O}_x$ residuell reell (mit Restklassenkörper $\mathbb{R}$) ist, wenn $x \in V(\mathbb{R})$ ist. (Überdies gilt $\mathcal{O}_x = \mathcal{O}_y$ genau dann, wenn x und y komplex konjugiert sind.) Da die $\mathcal{O}_x$ ($x \in V(\mathbf{C})$) sämtliche nicht-trivialen Bewertungsringe von F über $\mathbb{R}$ sind, ist $\mathfrak{o}(F) = \mathcal{O}\big(V(\mathbb{R})\big)$, der Ring der auf ganz $V(\mathbb{R})$ regulären Funktionen, und man hat eine kanonische Bijektion $\varepsilon\colon V(\mathbb{R}) \to M(F)$. Versieht man $V(\mathbb{R})$ wie üblich mit seiner starken (= klassischen) Topologie, so ist $V(\mathbb{R})$ kompakt. Die auf $V(\mathbb{R})$ regulären Funktionen $f\colon V(\mathbb{R}) \to \mathbb{R}$ sind natürlich stetig. Mit Satz 5 folgert man, daß ε stetig, also ein Homöomorphismus ist. Wir können also $V(\mathbb{R})$ mit $M(F)$ identifizieren.

Wir wollen nun einige Aspekte des Verhaltens von Präordnungen und (residuell reellen) Prüferringen unter (reellen) Stellen diskutieren.

Sei $\lambda\colon F \twoheadrightarrow K \cup \infty$ eine surjektive Stelle und T eine Präordnung von F. Dann ist $\lambda(T \cap \mathfrak{o}_\lambda)$ eine Präordnung von K (§9, Bemerkung 2; $\mathfrak{o}_\lambda$ ist der Bewertungsring zu λ), die wir — etwas nachlässig — mit $\lambda(T)$ bezeichnen.

Definition 3. Die Stelle λ heißt mit T *verträglich*, wenn $-1 \notin \lambda(T)$, also $\lambda(T)$ eine echte Präordnung von K ist.

Bemerkungen.
9. Genau dann ist λ mit der Präordnung ΣF^2 von F verträglich, wenn λ reell (also K formal reell) ist, und dann gilt $\lambda(\Sigma F^2) = \Sigma K^2$.
10. Ist $T = P$ eine Anordnung von F, so ist λ genau dann mit P verträglich, wenn $\lambda(P)$ eine Anordnung von K ist. Dies ist also äquivalent zur Existenz einer Anordnung Q von K, so daß λ mit P und Q verträglich im Sinne von II, §8 ist (und dann ist notwendigerweise $Q = \lambda(P)$).

Wir werden bald eine ganze Liste von Bedingungen angeben, die sämtlich zur Verträglichkeit von λ mit T äquivalent sind. Gleichzeitig ergibt sich dabei eine Charakterisierung aller Stellen λ von F mit $\mathfrak{o}_T(F) \subseteq \mathfrak{o}_\lambda$ (man beachte, daß $\mathfrak{o}_T(F)$ der Durchschnitt all dieser $\mathfrak{o}_\lambda$ ist). Zunächst jedoch einige Vorbereitungen.

Lemma 1. *Sei T eine echte Präordnung von F und A ein Oberring von $\mathfrak{o}_T(F)$ in F. Dann ist jedes Ideal von A konvex in F bezüglich T. Insbesondere ist A ein T-konvexer Teilring von F.*

Beweis. Seien $a \in A$ und $b \in F$ mit $0 \leq b \leq a\,(T)$. Ist $a = 0$, so auch $b = 0$. Andernfalls folgt $0 \leq ba^{-1} \leq 1\,(T)$, also $ba^{-1} \in \mathfrak{o}_T(F) \subseteq A$ (denn $\mathfrak{o}_T(F)$ ist die T-konvexe Hülle von $\mathbf{Z}$ in F), und somit $b = (ba^{-1})a \in Aa$. $\qquad\square$

Dies zeigt insbesondere, daß die T-konvexen Teilringe von F genau die Oberringe der T-konvexen Hülle $\mathfrak{o}_T(F)$ von $\mathbf{Z}$ in F sind.

Lemma 2. *Sei T eine echte Präordnung von F, sei A ein Prüferring von F und $\mathfrak{p}$ ein Primideal von A. Dann sind äquivalent:*
 (i) *$A_\mathfrak{p}$ ist konvex in F bezüglich T;*
 (ii) *$\mathfrak{p}$ ist konvex in A bezüglich $T \cap A$.*

Beweis. Aus (i) folgt nach Lemma 1 die T-Konvexität von $\mathfrak{p}A_\mathfrak{p}$ in F, also auch die $T \cap A$-Konvexität von $\mathfrak{p} = (\mathfrak{p}A_\mathfrak{p}) \cap A$ in A. Umgekehrt gelte (ii), und seien $a \in A_\mathfrak{p}$, $b \in F$ mit $0 \leq b \leq a\,(T)$; angenommen, $b \notin A_\mathfrak{p}$. Dann ist $b^{-1} \in \mathfrak{p}A_\mathfrak{p}$, also auch $ab^{-1} \in \mathfrak{p}A_\mathfrak{p}$, und $0 \leq 1 \leq ab^{-1}(T)$. Es gibt $c, s \in A$ mit $c \in \mathfrak{p}$, $s \notin \mathfrak{p}$ und $ab^{-1} = cs^{-1}$. Dann liegt $(c - s)s = s^2(ab^{-1} - 1)$ in $T \cap A$, aber nicht in $\mathfrak{p}$, und

$$s^2 + (c - s)s \; = \; cs \in \mathfrak{p}$$

gibt einen Widerspruch zur $T \cap A$-Konvexität von $\mathfrak{p}$. $\qquad\square$

Lemma 3 (G. Brumfiel). *Sei A ein Integritätsbereich, $\mathfrak{p}$ ein Primideal von A und T eine echte Präordnung des Quotientenkörpers F von A. Dann sind äquivalent:*
 (i) *$\mathfrak{p}$ ist ein $T \cap A$-konvexes Primideal von A;*
 (ii) *es gibt eine Anordnung P von F mit $P \supseteq T$, so daß $\mathfrak{p}$ ein $P \cap A$-konvexes Primideal von A ist.*

Beweis. (i) $\Rightarrow$ (ii) Mit dem Zornschen Lemma erhält man eine Präordnung $U \supseteq T$ von F, für die $\mathfrak{p}$ noch $U \cap A$-konvex ist und die maximal unter dieser Eigenschaft ist. Angenommen, U sei keine Anordnung von F. Es gibt also $a \in F$, $a \notin U \cup (-U)$, und folglich sind $U_1 := U + aU$ und $U_2 := U - aU$ echte Präordnungen von F (I, §1, Lemma 1). Wir zeigen $U_1 \cap U_2 = U$. Dazu sei $b \in U_1 \cap U_2$ gegeben, etwa $b = u + av = u' - av'$ mit $u, u', v, v' \in U$. Es folgt

$$b(v + v') = uv' + u'v \in U \,,$$

und daraus $b \in U$, denn ist $v + v' = 0$, so auch $v = v' = 0$. Es ist also insbesondere $U \cap A = (U_1 \cap A) \cap (U_2 \cap A)$. Nach dem Lemma von Klapper (§10, Lemma 4) ist $\mathfrak{p}$ konvex bezüglich einem der $U_i \cap A$, ein Widerspruch zur Maximalität von U. Die Implikation (ii) $\Rightarrow$ (i) ist trivial. $\qquad\square$

Wir kommen nun zu den angekündigten äquivalenten Beschreibungen der Verträglichkeit einer Stelle mit einer Präordnung. Wie früher bezeichnet $\mathfrak{o}_\lambda$ den Bewertungsring einer Stelle λ von F und $\mathfrak{m}_\lambda$ dessen maximales Ideal.

Theorem 8. *Sei* $\lambda\colon F \twoheadrightarrow K \cup \infty$ *eine surjektive Stelle von* F, *und sei* T *eine echte Präordnung von* F. *Es bezeichne* $\mathfrak{o} := \mathfrak{o}(F)$ *den Holomorphiering von* F. *Die folgenden Aussagen sind äquivalent:*

  (i) λ *ist mit* T *verträglich;*
  (ii) $\mathfrak{m}_\lambda \cap (1 + T) = \emptyset;$
  (iii) λ *ist endlich auf* $\mathfrak{o}_T(F)$ *(also* $\mathfrak{o}_T(F) \subseteq \mathfrak{o}_\lambda$*);*
  (iv) $\mathfrak{o}_\lambda$ *ist* T-*konvex;*
  (v)   *es gibt eine Anordnung* $P \supseteq T$ *von* F, *so daß* $\mathfrak{o}_\lambda$ *P-konvex ist;*
  (vi) *es gibt ein* $x \in \bar{H}_F(T)$, *so daß* λ *mit* x *verträglich ist;*
  (vii) *es gibt eine Vergröberung* μ *von* λ *in* $M(F)$ *(also* $\mathfrak{o}_\mu \subseteq \mathfrak{o}_\lambda$*), welche mit* T *verträglich ist.*

Für die weiteren Aussagen sei λ *als reell vorausgesetzt. Dann ist* $\mathfrak{o} \subseteq \mathfrak{o}_\lambda$, *und für das Primideal* $\mathfrak{p} := \mathfrak{o} \cap \mathfrak{m}_\lambda$ *von* $\mathfrak{o}$ *gilt* $\mathfrak{o}_\lambda = \mathfrak{o}_\mathfrak{p}$. *Zu den obigen Aussagen sind auch äquivalent:*

  (viii) *Das Primideal* $\mathfrak{p}$ *von* $\mathfrak{o}$ *ist* $T \cap \mathfrak{o}$-*konvex;*
  (ix)   *es gibt ein* $y \in \bar{H}_\mathfrak{o}(T \cap \mathfrak{o})$ *mit* $\operatorname{supp}(y) = \mathfrak{p};$
  (x) $\mathfrak{p} \cap (1 + T \cap \mathfrak{o}) = \emptyset.$

Beweis. Die nötige Beweisarbeit ist schon getan, man muß nur die bisherigen Resultate zusammenfügen:

Die Äquivalenz von (i) und (ii) folgt direkt aus Definition 3, jene von (iii) und (iv) aus Lemma 1. Da $\mathfrak{o}_T(F)$ nach §11, Korollar 4 von allen $(1 + t)^{-1}$ mit $t \in T$ erzeugt wird, sind (ii) und (iii) äquivalent. Die Äquivalenz von (v) und (vi) ist klar nach Bemerkung 10 (vgl. II, §8, Satz 4), und (v) $\Rightarrow$ (iv) ist trivial. Umgekehrt folgt aus (iv) nach Lemma 2, daß $\mathfrak{m}_\lambda$ konvex bezüglich $T \cap \mathfrak{o}_\lambda$ ist; nach Lemma 3 gibt es also eine Anordnung $P \supseteq T$ von F, so daß $\mathfrak{m}_\lambda$ konvex bezüglich $P \cap \mathfrak{o}_\lambda$ ist, und nochmalige Anwendung von Lemma 2 gibt (v). (v) $\Rightarrow$ (vii): Wählt man P wie in (v) und μ als Stelle mit Bewertungsring $\mathfrak{o}_P(F)$, so ist μ mit T verträglich, vergröbert λ, und $\mu \in M(F)$. Umgekehrt folgt (vii) $\Rightarrow$ (iii) durch Anwendung der schon bewiesenen Implikation (i) $\Rightarrow$ (iii) auf μ. Damit ist schon die Äquivalenz von (i)–(vii) bewiesen.

Nun sei λ reell, also $\mathfrak{o} \subseteq \mathfrak{o}_\lambda$ (Theorem 2). Die Gleichheit $\mathfrak{o}_\lambda = \mathfrak{o}_\mathfrak{p}$ wurde schon in Bemerkung 6 gezeigt, und aus Lemma 2 folgt die Äquivalenz von (iv) und (viii). Die Äquivalenz von (viii) und (ix) folgt aus §10, Satz 3 und Theorem 4, und (ii) $\Rightarrow$ (x) ist trivial. Umgekehrt gelte jetzt (x). Ist $\mathfrak{q}$ ein unter $\mathfrak{q} \cap (1 + T \cap \mathfrak{o}) = \emptyset$ maximales Ideal von $\mathfrak{o}$, so ist $\mathfrak{q}$ prim und konvex in $\mathfrak{o}$ bezüglich $T \cap \mathfrak{o}$ (§10, Satz 1), also $\mathfrak{o}_\mathfrak{q}$ T-konvex in F nach der schon bewiesenen Implikation (viii) $\Rightarrow$ (iv). Aus $\mathfrak{o}_\mathfrak{q} \subseteq \mathfrak{o}_\mathfrak{p}$ und Lemma 1 folgt dann die T-Konvexität von $\mathfrak{o}_\mathfrak{p} = \mathfrak{o}_\lambda$, also (iv). Damit ist das Theorem bewiesen. $\qquad\square$

Satz 9. *Sei* $\lambda\colon F \twoheadrightarrow K \cup \infty$ *eine surjektive Stelle und* T *eine Präordnung von* F. *Ist* λ *mit* T *verträglich, so gilt*

$$\lambda\bigl(\mathfrak{o}_T(F)\bigr) = \mathfrak{o}_{\lambda(T)}(K)\,.$$

Inbesondere gilt $\lambda\bigl(\mathfrak{o}(F)\bigr) = \mathfrak{o}(K)$, *falls* λ *reell ist.*

Beweis. Nach §11, Korollar 4 wird $\mathfrak{o}_T(F)$ von allen $(1 + t)^{-1}$ mit $t \in T$ erzeugt. Die Voraussetzung besagt, daß λ auf $\mathfrak{o}_T(F)$ endlich ist (Theorem 8). Für $t \in T$ ist aber

$$\lambda \Bigl(\frac{1}{1 + t}\Bigr) = \begin{cases} 1/\bigl(1 + \lambda(t)\bigr) & \text{falls } t \in T \cap \mathfrak{o}_\lambda, \\ 0 & \text{falls } t \notin \mathfrak{o}_\lambda. \end{cases}$$

Wegen $\lambda(T) = \lambda(T \cap \mathfrak{o}_\lambda)$ folgt daraus die erste Behauptung. Die zweite ist der Spezialfall $T = \Sigma F^2$ (also $\lambda(T) = \Sigma K^2$), vgl. Bemerkung 9. $\qquad\square$

Da sich die Primideale $\mathfrak{p}$ von $\mathfrak{o}(F)$ und die residuell reellen Bewertungsringe von F entsprechen (via $\mathfrak{p} \mapsto \mathfrak{o}(F)_\mathfrak{p}$, siehe Bemerkung 6 und Theorem 2), kann man die zweite Aussage in Satz 9 auch so formulieren: Ist $\mathfrak{p}$ ein Primideal von $\mathfrak{o}(F)$, so ist $\mathfrak{o}(F)/\mathfrak{p}$ der Holomorphiering des Quotientenkörpers $\kappa(\mathfrak{p})$ von $\mathfrak{o}(F)/\mathfrak{p}$.

Korollar 4. *Ist A ein residuell reeller Prüferring von F und $\lambda\colon F \twoheadrightarrow K \cup \infty$ eine surjektive Stelle, die auf A ganz ist, so ist $\lambda(A)$ ein residuell reeller Prüferring von K.*

Beweis. Nach Theorem 2 ist $\mathfrak{o}(F) \subseteq A$, also $\mathfrak{o}(K) \subseteq \lambda(A)$ nach Satz 9. Nun erneut Theorem 2. $\qquad\square$

Satz 10. *Sei T eine Präordnung von F und $\lambda\colon F \twoheadrightarrow K \cup \infty$ eine mit T verträgliche surjektive Stelle. Sei Q eine Anordnung von K. Genau dann ist $Q \supseteq \lambda(T)$, wenn es eine mit λ verträgliche Anordnung $P \supseteq T$ von F mit $Q = \lambda(P)$ gibt.*

Beweis. Für die nicht-triviale Richtung sei $Q \supseteq \lambda(T)$, sei $Q^* := Q - \{0\}$. Ist P eine Anordnung von F mit $T \cup \lambda^{-1}(Q^*) \subseteq P$, so erfüllt P offenbar das Verlangte. Daher ist zu zeigen, daß $T \cup \lambda^{-1}(Q^*)$ eine echte Präordnung von F erzeugt. Wäre dies falsch, so gäbe es $s_i \in \lambda^{-1}(Q^*)$, $t_i \in T$ $(i = 1,\ldots,N)$ mit

$$1 + s_1 t_1 + \cdots + s_N t_N = 0\,.$$

Für mindestens ein i ist dann $\lambda(t_i) = \infty$. Sei v die zu λ gehörende Bewertung, und sei etwa $v(t_1) \leq \cdots \leq v(t_N)$. Dann erhält man

$$t_1^{-1} + s_1 + s_2 t_2' + \cdots + s_N t_N' = 0\,,$$

wobei t_1^{-1} und alle $t_i' = t_i/t_1$ in $T \cap \mathfrak{o}_\lambda$ liegen. Anwendung von λ auf diese Identität ergibt einen Widerspruch. $\qquad\square$

Korollar 5. *Sei A ein residuell reeller Prüferring von F und T eine Präordnung von F. Dann ist $\bar{H}_A(T \cap A)$ der Abschluß von $\bar{H}_F(T)$ in $\operatorname{Sper} A$ (wobei $\operatorname{Sper} F = (\operatorname{Sper} A)^{\min}$ als Teilraum von $\operatorname{Sper} A$ aufgefaßt wird).*

Beweis. Wegen $\bar{H}_F(T) \subseteq \bar{H}_A(T \cap A)$ muß man zeigen, daß jedes $y \in \bar{H}_A(T \cap A)$ eine Generalisierung in $\bar{H}_F(T)$ hat. Sei $\mathfrak{p} := \operatorname{supp}(y)$ und $B := A_\mathfrak{p}$. Wir fassen y auch als Punkt in $\operatorname{Sper} B$ (mit Träger $\mathfrak{m}_B$) auf. Dann ist $y \in \bar{H}_B(T \cap B)$. Nun folgt die Behauptung durch Anwendung von Satz 10 auf die zu B gehörende Stelle $F \to \kappa(B) \cup \infty$. $\qquad\square$

Abschließend diskutieren wir die Beziehungen zwischen den reellen Spektren von $\mathfrak{o} := \mathfrak{o}(F)$ und anderen residuell reellen Prüferringen von F.

Satz 11. *Sei A ein residuell reeller Prüferring von F, also ein Oberring von $\mathfrak{o}$ in F, und sei $Y(A)$ das Bild von $\mathrm{Sper}\,A$ unter der Restriktionsabbildung $r_A \colon \mathrm{Sper}\,A \to \mathrm{Sper}\,\mathfrak{o}$.*

  a) *$Y(A)$ ist ein unter Generalisierung in $\mathrm{Sper}\,\mathfrak{o}$ stabiler prokonstruierbarer Teilraum von $\mathrm{Sper}\,\mathfrak{o}$, und r_A ist ein Homöomorphismus von $\mathrm{Sper}\,A$ auf $Y(A)$;*

  b) *$Y(A)$ besteht aus allen $x \in \mathrm{Sper}\,\mathfrak{o}$ mit $\mathfrak{o}_{\mathrm{supp}(x)} \supseteq A$, oder äquivalent, mit $A\cdot\mathrm{supp}(x) \neq A$ (hier bezeichnet $A \cdot \mathrm{supp}(x)$ wie üblich das von $\mathrm{supp}(x)$ in A erzeugte Ideal);*

  c) *$Y(A)$ ist die Vereinigung aller $Y(B)$, wo B die Bewertungsringe von F mit $A \subseteq B$ durchläuft.*

Beweis. Sei $\mathfrak{p}$ ein Primideal von A. Da aus Bemerkung 6 $\mathfrak{o}_{\mathfrak{p}\cap\mathfrak{o}} = A_{\mathfrak{p}}$ folgt (beide Bewertungsringe haben dasselbe Zentrum in $\mathfrak{o}$), kommutiert

$$\mathrm{Spec}\,A \longrightarrow \{\,\text{Bewertungsringe von } F/A\}$$
$$\downarrow \qquad\qquad\qquad \cap$$
$$\mathrm{Spec}\,\mathfrak{o} \longrightarrow \{\,\text{Bewertungsringe von } F/\mathfrak{o}\}$$

wobei die horizontalen Pfeile die Bijektionen aus Bemerkung 6 (Lokalisierung) sind. Daher ist die Restriktionsabbildung $\mathrm{Spec}\,A \to \mathrm{Spec}\,\mathfrak{o}$ injektiv und erhält die Restklassenkörper, woraus schon folgt, daß r_A injektiv und $Y(A) = \{x \in \mathrm{Sper}\,\mathfrak{o} \colon A \subseteq \mathfrak{o}_{\mathrm{supp}(x)}\}$ ist. Damit ist c) evident und außerdem klar, daß $Y(A)$ stabil unter Generalisierung ist. A priori ist $Y(A)$ prokonstruierbar. Ist $a = b/c \in A$ mit $0 \neq b$, $c \in \mathfrak{o}$, so ist $r_A\big(\mathring{H}_A(a)\big) = \mathring{H}_\mathfrak{o}(bc) \cap Y(A)$; folglich ist r_A ein Homöomorphismus auf $Y(A)$. Es bleibt noch die zweite Aussage unter b) zu zeigen. Ist $\mathfrak{q} \in \mathrm{Spec}\,\mathfrak{o}$ und $A \subseteq \mathfrak{o}_\mathfrak{q}$, so folgt $A\mathfrak{q} \subseteq A \cap \mathfrak{q}\,\mathfrak{o}_\mathfrak{q} \neq A$. Ist umgekehrt $A\mathfrak{q} \subseteq \mathfrak{p}$ mit $\mathfrak{p} \in \mathrm{Spec}\,A$, so folgt $A \subseteq A_\mathfrak{p} = \mathfrak{o}_{\mathfrak{p}\cap\mathfrak{o}} \subseteq \mathfrak{o}_\mathfrak{q}$. Damit ist der Satz bewiesen. $\qquad\square$

Korollar 6. *Sind A und A' residuell reelle Prüferringe von F mit $Y(A) = Y(A')$, so ist $A = A'$.*

Denn nach Satz 11 enthält $\mathfrak{o}_\mathfrak{q}$ für ein Primideal $\mathfrak{q}$ von $\mathfrak{o}$ genau dann A, wenn es A' enthält, und A bzw. A' ist der Durchschnitt all dieser $\mathfrak{o}_\mathfrak{q}$. $\qquad\square$

Wegen Satz 11 kann man $\mathrm{Sper}\,A$ mit dem Teilraum $Y(A)$ von $\mathrm{Sper}\,\mathfrak{o}$ identifizieren. Dieser läßt sich wie folgt recht anschaulich beschreiben. Sei $y \in \mathrm{Sper}\,F = (\mathrm{Sper}\,\mathfrak{o})^{\min}$. Via $x \mapsto \mathfrak{o}_{\mathrm{supp}(x)}$ entsprechen die Spezialisierungen x von y in $\mathrm{Sper}\,\mathfrak{o}$ *eineindeutig* den bezüglich y konvexen Teilringen B von F. (Dies folgt aus Theorem 8 und Bemerkung 6.) Diese Entsprechung ist ordnungsumkehrend; es entspricht also y dem größten solchen Teilring (nämlich $B = F$) und die abgeschlossene Spezialisierung $\bar{y}$ von y in $\mathrm{Sper}\,\mathfrak{o}$ dem kleinsten solchen Teilring (nämlich $B = \mathfrak{o}_y(F)$). Ist nun eine Spezialisierung x von y gegeben, so liegt x nach Satz 10b) genau dann in $Y(A) = \mathrm{Sper}\,A$, wenn A in $\mathfrak{o}_{\mathrm{supp}(x)}$ enthalten ist. Insbesondere hat die in $\mathrm{Sper}\,A$ abgeschlossene Spezialisierung von y als Trägerideal genau das Zentrum von $A \cdot \mathfrak{o}_y(F)$ (der y-konvexen Hülle von A) in $\mathfrak{o}$.

Man kann nun für die Ringe $A = \mathfrak{o}_T(F)$ zu echten Präordnungen T von F ähnliche Resultate beweisen, wie wir sie in den Sätzen 4 bis 7 für den Holomorphiering $\mathfrak{o}(F)$ gezeigt haben. Wir deuten diese nur an und überlassen die Beweise dem Leser.

Die kanonische Abbildung $\mathrm{Hom}(A, \mathbb{R}) \to \mathrm{Sper}\,A$ ist eine Bijektion auf die Teilmenge

$$\mathrm{Sper}\,A \cap (\mathrm{Sper}\,\mathfrak{o})^{\max}$$

von $(\operatorname{Sper} A)^{\max}$. Diese Teilmenge enthält die Spitzen aller Speere $\overline{\{x\}}$ in $\operatorname{Sper} \mathfrak{o}$ für $x \in \bar{H}_F(T)$, ist aber im allgemeinen größer. Weiter steht $\operatorname{Hom}(A, \mathbb{R})$ in natürlicher Bijektion zu

$$M(F/T) := \left\{ \lambda \in M(F) \colon \lambda \text{ und } T \text{ sind verträglich} \right\},$$

einem abgeschlossenen (also kompakten) Teilraum von $M(F)$. Satz 5 gilt entsprechend auch für A, und Satz 6 verallgemeinert sich wie folgt: Ist $a \in A$ und bezeichnet $\hat{a} \colon \operatorname{Hom}(A, \mathbb{R}) \to \mathbb{R}$ die Auswertungsabbildung, so ist genau dann $\hat{a} \geq 0$, wenn

$$a + \frac{1}{n} \in T \quad \text{für alle } n \in \mathbb{N}$$

ist.

Literatur

Wie im Vorwort schon erwähnt, soll diesem Buch ein Band „Higher Real Algebra" der selben Autoren folgen. Dieser wurde im Text mit dem Kürzel [HRA] bezeichnet.

[ABR] C. Andradas, L. Bröcker, J.M. Ruiz: Minimal generation of basic open semianalytic sets. Invent. math. **92**, 409-430 (1988).

[A] E. Artin: Über die Zerlegung definiter Funktionen in Quadrate. Abh. Math. Sem. Univ. Hamburg **5**, 100-115 (1927).

[AS] E. Artin, O. Schreier: Algebraische Konstruktion reeller Körper. Abh. Math. Sem. Univ. Hamburg **5**, 85-99 (1926).

[Be1] E. Becker: Valuations and real places in the theory of formally real fields. In: Géométrie Algébrique Réelle et Formes Quadratiques, Proceedings Rennes 1981, Springer Lecture Notes in Mathematics **959**, Berlin Heidelberg New York 1982, pp. 1-40.

[Be2] E. Becker: The real holomorphy ring and sums of $2n$-th powers. In: Géométrie Algébrique Réelle et Formes Quadratiques, Proceedings Rennes 1981, Springer Lecture Notes **959**, Berlin Heidelberg New York 1982, pp. 139-181.

[Be3] E. Becker: On the real spectrum of a ring and its applications to semialgebraic geometry. Bull. Am. Math. Soc. (N.S.) **15**, 19-60 (1986).

[BeKö] E. Becker, E. Köpping: Reduzierte quadratische Formen und Semiordnungen reeller Körper. Abh. Math. Sem. Univ. Hamburg **46**, 143-177 (1977).

[BeSp] E. Becker, K.-J. Spitzlay: Zum Satz von Artin – Schreier über die Eindeutigkeit des reellen Abschlusses eines angeordneten Körpers. Comment. Math. Helvetici **50**, 81-87 (1975).

[BCR] J. Bochnak, M. Coste, M.-F. Roy: Géométrie Algébrique Réelle. Ergebnisse der Mathematik und ihrer Grenzgebiete (3. Folge) **12**, Springer, Berlin Heidelberg New York, 1987.

[BA] N. Bourbaki: Algèbre. Masson, Paris.

[BAC] N. Bourbaki: Algèbre Commutative. Masson, Paris.

[BTG] N. Bourbaki: Topologie Générale. Hermann, Paris.

[Brö] L. Bröcker: Zur Theorie der quadratischen Formen über formal reellen Körpern. Math. Ann. **210**, 233-256 (1974).

[Bru1] G.W. Brumfiel: Partially Ordered Rings and Semi-Algebraic Geometry. London Math. Soc. Lecture Notes Series **37**, Cambridge, 1979.

[Bru2] G.W. Brumfiel: Real valuation rings and ideals. In: Géométrie Algébrique Réelle et Formes Quadratiques, Proceedings, Rennes 1981, Springer Lecture Notes in Mathematics **959**, Berlin Heidelberg New York, 1982, pp. 55-97.

[Bru3] G.W. Brumfiel: Witt rings and K-theory. Rocky Mountain J. Math. **14**, 733-765 (1984).

[Bru4] G.W. Brumfiel: The real spectrum compactification of Teichmüller space. Preprint, Stanford University, 1987.

[CC] M. Carral, M. Coste: Normal spectral spaces and their dimension. J. Pure Appl.

Algebra **30**, 227-235 (1983).

[Ca]   J.W.S. Cassels: On the representation of rational functions as sums of squares. Acta Arith. **9**, 79-82 (1964).

[CEP]   J.W.S. Cassels, W.S. Ellison, A. Pfister: On sums of squares and on elliptic curves over function fields. J. Number Theory **3**, 125-149 (1971).

[Ch]   J. Chaillou: Hyperbolic Differential Polynomials and their Singular Perturbations. Reidel, Dordrecht, 1979.

[CL]   M.-D. Choi, T.-Y.Lam: An old question of Hilbert. In: Conf. on quadratic forms 1976 (ed. G. Orzech), Queen's Papers Pure Appl. Math. **46**, pp. 385-405 (1977).

[CR]   M. Coste, M.-F. Roy: La topologie du spectre réel. Contemp. Math. **8**, 27-59 (1982).

[DK1]   H. Delfs, M. Knebusch: Semialgebraic topology over a real closed field, I: Paths and components in the set of rational points of an algebraic variety. Math. Z. **177**, 107-129 (1981).

[DK2]   H. Delfs, M. Knebusch: Semialgebraic topology over a real closed field, II: Basic theory of semialgebraic spaces. Math. Z. **178**, 175-213 (1981).

[DK3]   H. Delfs, M. Knebusch: Locally Semialgebraic Spaces. Springer Lecture Notes **1173**, Berlin Heidelberg New York, 1985.

[Dr]   A. Dress: Lotschnittebenen mit halbierbarem rechten Winkel. Arch. Math. **16**, 388-392 (1965).

[Du]   D.W. Dubois: Infinite primes and ordered fields. Dissertationes Math. **69**, 43 pp. (1970).

[ELW]   R. Elman, T.Y. Lam, A. Wadsworth: Orderings under field extensions. J. Reine Angew. Math. **306**, 7-27 (1979).

[FuHe] P.A. Fuhrmann, U. Helmke: Bezoutians. Erscheint in Lin. Algebra Appl. (Preprint Regensburg 1987).

[Fu]   A.T. Fuller: Aperiodicity determinants expressed in terms of roots. Int. J. Control **47**, 1571-1593 (1988).

[Ga]   F.R. Gantmacher: Matrizentheorie. Springer, Berlin Heidelberg New York, 1986.

[Go]   E.A. Gorin: Asymptotic properties of polynomials and algebraic functions of several variables. Englische Übersetzung: Russian Math. Surveys **16**, no. 1, 93-119 (1961).

[Gr]   G. Grätzer: General Lattice Theory. Birkhäuser, Basel, 1978.

[Ha]   D.K. Harrison: Witt rings. Lecture notes, Univ. of Kentucky, Lexington, 1970.

[H]   R. Hartshorne: Algebraic Geometry. Graduate Texts in Math. **52**, Springer, Berlin Heidelberg New York, 1977.

[He]   U. Helmke: Rational functions and Bézout forms: A functorial correspondence. Eingereicht bei Lin. Algebra Appl. (Preprint Regensburg 1987).

[Ho]   M. Hochster: Prime ideal structure in commutative rings. Trans. Am. Math. Soc. **142**, 43-60 (1969).

[Hö]   O. Hölder: Die Axiome der Quantität und die Lehre vom Maß. Ber. Verh. Sächs. Ges. Wiss. Leipzig, Math.-Phys. Cl. **53**, 1-64 (1901).

[Hör]   L. Hörmander: On the division of distributions by polynomials. Arkiv f. Mat. **3**, 555-568 (1958).

[JAA]   N. Jacobson: Lectures in Abstract Algebra (3 volumes). Van Nostrand, Princeton, N.J., 1951-1964.

[JBA]   N. Jacobson: Basic Algebra (2 volumes). Freeman, San Francisco, 1974 and 1980.

[Jo]   P. Johnstone: Stone Spaces. Cambridge Univ. Press, Cambridge, 1983.

[KCT]   K. Kato: A Hasse principle for two dimensional global fields. With an appendix by J.-L. Colliot-Thélène. J. Reine Angew. Math. **366**, 142-183 (1986).

[K1]   M. Knebusch: On the extension of real places. Comment. Math. Helvetici **48**, 354-369 (1973).

[K2]   M. Knebusch: Signaturen, reelle Stellen und reduzierte quadratische Formen. Jber. Dt. Math. Ver. **82**, 109-127 (1980).

[KK]   M. Knebusch, M. Kolster: Wittrings. Vieweg, Braunschweig und Wiesbaden, 1982.

[KW]   M. Knebusch, M.J. Wright: Bewertungen mit reeller Henselisierung. J. Reine Angew. Math. **286/287**, 314-321 (1976).

[KN]   M.G. Krein, M.A. Naimark: The method of symmetric and hermitian forms in the theory of the separation of the roots of algebraic equations. Kharkov, 1936 (in Russisch); englische Übersetzung in Lin. Multilin. Algebra **10**, 265-308 (1981).

[Kr]   W. Krull: Allgemeine Bewertungstheorie. J. Reine Angew. Math. **167**, 160-196 (1932).

[Ku]   E. Kunz: Einführung in die kommutative Algebra und algebraische Geometrie. Vieweg, Braunschweig und Wiesbaden, 1980.

[LQF]   T.Y. Lam: The Algebraic Theory of Quadratic Forms. Benjamin, Reading, Mass., 1973

[LOV]   T.Y. Lam: Orderings, valuations and quadratic forms. Conf. Board Math. Sciences, Regional Conference Series in Mathematics no. **52**, Providence, R.I., 1983.

[LRA]   T.Y. Lam: An introduction to real algebra. Rocky Mountain J. Math. **14**, 767-814 (1984).

[La]   S. Lang: The theory of real places. Ann. Math. **57**, 378-391 (1953).

[LaA]   S. Lang: Algebra. Second edition, Addison-Wesley, Reading, Mass., 1984.

[Le]   J.B. Leicht: Zur Charakterisierung reell abgeschlossener Körper. Monatsh. Math. **70**, 452-453 (1966).

[L]   S. Łojasiewicz: Sur le problème de la division. Studia Math. **18**, 87-136 (1959).

[LoLe] F. Lorenz, J. Leicht: Die Primideale des Wittschen Ringes. Invent. Math. **10**, 82-88 (1970).

[Ma]   H. Matsumura: Commutative Algebra. Second edition, Benjamin, Reading, Mass., 1980.

[M]   J. Milnor: Algebraic K-theory and quadratic forms. Invent. math. **9**, 318-344 (1970).

[MH]   J. Milnor, D. Husemoller: Symmetric Bilinear Forms. Ergebnisse der Mathematik und ihrer Grenzgebiete **73**, Springer, Berlin Heidelberg New York, 1973.

[Mo]   T.S. Motzkin: The arithmetic-geometric inequality. In: Inequalities, ed. O.

Shisha, Academic Press, New York, 1967, pp. 205-224.

[Ob]   N. Obreschkoff: Verteilung und Berechnung der Nullstellen reeller Polynome. VEB Dt. Verlag Wiss., Berlin, 1963.

[Os]   A. Ostrowski: Über einige Lösungen der Funktionalgleichung $\varphi(x)\varphi(y) = \varphi(xy)$. Acta Math. **41**, 271-284 (1918).

[Pf]   A. Pfister: Zur Darstellung definiter Funktionen als Summe von Quadraten. Invent. math. **4**, 229-237 (1967).

[Pou]   Y. Pourchet: Sur la représentation en somme de carrés des polynômes à une indéterminée sur un corps de nombres algébriques. Acta Arith. **19**, 89-104 (1971).

[Pr1]   A. Prestel: Lectures on Formally Real Fields. Springer Lecture Notes in Math. **1093**, Berlin Heidelberg New York, 1984.

[Pr2]   A. Prestel: Einführung in die Mathematische Logik und Modelltheorie. Vieweg, Braunschweig/Wiesbaden, 1986.

[PC]   S. Prieß-Crampe: Angeordnete Strukturen: Gruppen, Körper, projektive Ebenen. Ergebnisse der Mathematik und ihrer Grenzgebiete **98**, Springer, Berlin Heidelberg New York, 1983.

[Ro]   R. Robson: The ideal theory of real algebraic curves and affine embeddings of semi-algebraic spaces and manifolds. Thesis, Stanford University, 1981.

[R]   M.-F. Roy: Faisceau structural sur le spectre réel et fonctions de Nash. In: Géométrie Algébrique Réelle et Formes Quadratiques, Proceedings, Rennes 1981, Springer Lecture Notes in Mathematics **959**, Berlin Heidelberg New York, 1982, pp. 406-432.

[Sf]   I.R. Schafarewitsch: Grundzüge der algebraischen Geometrie. Vieweg, Braunschweig, 1972.

[Sch]   W. Scharlau: Quadratic and Hermitian Forms. Grundlehren der mathematischen Wissenschaften **270**, Springer, Berlin Heidelberg New York, 1985.

[Schü]   H.-W. Schülting: Über reelle Stellen eines Körpers und ihren Holomorphiering. Dissertation, Univ. Dortmund, 1979.

[Schw1] N. Schwartz: The Basic Theory of Real Closed Spaces. Regensburger Math. Schriften **15**, Fak. f. Math. d. Univ. Regensburg, 1987.

[Schw2] N. Schwartz: The basic theory of real closed spaces. Mem. Am. Math. Soc. **397** (1989).

[Se]   J.-P. Serre: Groupes algébriques et corps de classes. 2éme edition, Hermann, Paris, 1975.

[St]   G. Stengle: A Nullstellensatz and a Positivstellensatz in semialgebraic geometry. Math. Ann. **207**, 87-97 (1974).

[Sw]   R.G. Swan: Topological examples of projective modules. Trans. Am. Math. Soc. **230**, 201-234 (1977).

[vdW]   B.L. van der Waerden: Algebra (2 Bände). Heidelberger Taschenbücher, Springer, Berlin Heidelberg New York, 1971 und 1967.

[W]   H. Weber: Lehrbuch der Algebra (3 Bände). Reprint: Chelsea Publ. Comp., New York, 1963.

[ZS]   O. Zariski, P. Samuel: Commutative Algebra (2 volumes). Van Nostrand, Princeton, N.J., 1958-1960.

Symbolverzeichnis

$\mathbb{N}$ bezeichnet die Menge $\{1, 2, 3, \ldots\}$ der natürlichen Zahlen, $\mathbb{N}_0 := \mathbb{N} \cup \{0\}$. Wie üblich bezeichnen $\mathbf{Z}$, $\mathbb{Q}$, $\mathbb{R}$ und $\mathbf{C}$ die Mengen der ganzen, der rationalen, der reellen und der komplexen Zahlen. Der Körper mit q Elementen (q eine Primzahlpotenz) wird mit $\mathbf{F}_q$ bezeichnet.

Für eine Menge X bezeichnet $\#X$ die Anzahl der Elemente von X in einem naiven Sinne: $\#X \in \mathbb{N}_0 \cup \{\infty\}$. Die Potenzmenge von X wird mit 2^X bezeichnet. Sind Y, Z Teilmengen von X, so schreiben wir $Y - Z = \{y \in Y: y \notin Z\}$.

Ringe sind stets kommutativ und haben ein Einselement. Teilringe enthalten die Eins, und alle Ringhomomorphismen bilden Eins auf Eins ab. Es bezeichnet A^* die Einheitengruppe des Rings A und A^2 die Teilmenge $\{a^2: a \in A\}$ von A. Ist A nullteilerfrei, so schreiben wir $\operatorname{Quot} A$ für den Quotientenkörper von A. Der Transzendenzgrad einer Körpererweiterung L/K (vgl. auch p. 85) wird mit $\operatorname{tr.deg.}(L/K)$ bezeichnet; $\operatorname{tr.deg.}(L/K) \in \mathbb{N}_0 \cup \{\infty\}$.

ΣK^2 2
$\operatorname{sign}_P a$ 3
$\langle a_1, \ldots, a_n \rangle$ 5
H 5
$\phi \perp \phi'$, $\phi \otimes \phi'$ 5
$n \cdot \phi$, $\phi^{\otimes n}$ 6
$U^\perp$ 6
$\operatorname{Rad} \phi$ 6
$\operatorname{rang} \phi$ 6
$\det \phi$ 6
$\dim \phi$ 6
$\phi \sim \phi'$ 6
$[\phi]$ 6
$W(K)$ 6, 7
$\operatorname{sign}_P \phi$, sign_P, sign 8
$e: W(K) \to \mathbf{Z}/2\mathbf{Z}$ 9
$I(K)$ 9
ϕ_L 10
$i_{L/K}$ 10
$\tau | \sigma$ 10
$\operatorname{Var}(c_0, \ldots, c_r)$ 22
$V(x)$ 22
$s_r(f)$ 24
$S(f)$ 24

$S_\lambda(f)$ 25
$\operatorname{tr}_{A/K}$ 27
$[A, a]_K$ 27
$\operatorname{Syl}_K(f, g)$ 27
$\operatorname{ind}_\alpha(\varphi)$ 30
$I_a^b(\varphi)$ 30
$B(f, g)$ 31
$H(f, g)$ 31
$R(f, g)$ 34
$s_* \phi$ 47
$(\Gamma_1 \times \cdots \times \Gamma_r)_{\text{lex}}$ 52
$\mathfrak{o}_P(K/A)$, $\mathfrak{o}(K/A)$ 52
$\mathfrak{o}_P(K)$, $\mathfrak{o}(K)$ 52
$\mathfrak{m}_A$ 55
$\kappa(A)$ 55
$\mathfrak{o}_v$, $\mathfrak{m}_v$ 61
Γ_A, v_A 62
$\operatorname{rang} \Gamma$, $\operatorname{rang} A$ 65
$\mathcal{T}_P$, $\mathcal{T}_v$ 69
λ_A 75
$\mathfrak{o}_\lambda$, $\mathfrak{m}_\lambda$, κ_λ 76
Γ_λ, v_λ 76
$\mathbb{R}\{t\}$ 81
$\sqrt{\mathfrak{a}}$ 95

Stichwortverzeichnis

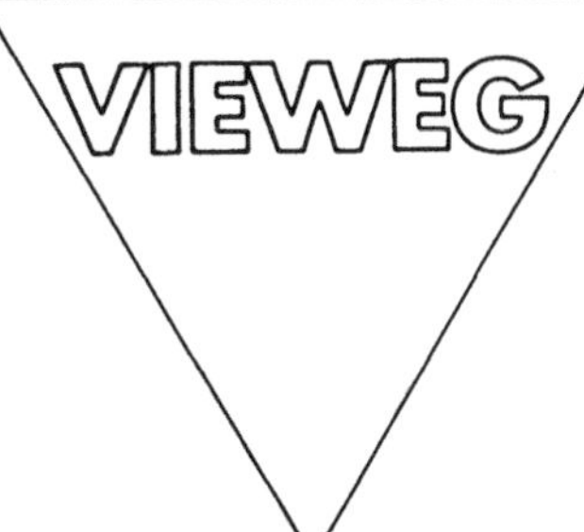

Alexander Prestel

Einführung in die Mathematische Logik und Modelltheorie

*1986. XIV, 286 Seiten. 16,2 x 22,9 cm.
(vieweg studium, Bd. 60, Aufbaukurs
Mathematik; hrsg. von Gerd Fischer.)
Paperback.*

Ein wesentliches Ziel dieses Buches ist, Studenten des Hauptstudiums und interessierten Mathematikern die Möglichkeit zu eröffnen, die bekanntesten, in der Algebra zur Zeit üblichen modelltheoretischen Schlüsse kennen und verstehen zu lernen.

Die Modelltheorie beschäftigt sich primär mit der Untersuchung der Modelle von Axiomensystemen, die in der Sprache der Logik erster Stufe formuliert sind. Die meisten der in der Mathematik üblichen Axiomensysteme gehören dazu.

In Kapitel 1 wird das formale System der Logik 1. Stufe behandelt, deren Untersuchung historisch gesehen wesentlich zur Entwicklung der Modelltheorie beigetragen hat. Nach der Einführung und Behandlung der wichtigsten modelltheoretischen Begriffe und Methoden in den Kapiteln 2 und 3 werden in Kapitel 4 einige algebraische Theorien modelltheoretisch untersucht.

Manfred Knebusch
und Manfred Kolster

Wittrings

1982. XI, 96 pp. 15,5 x 22,6 cm. (Aspects of Mathematics, E 2; ed. by Klas Diederich.) Softcover.

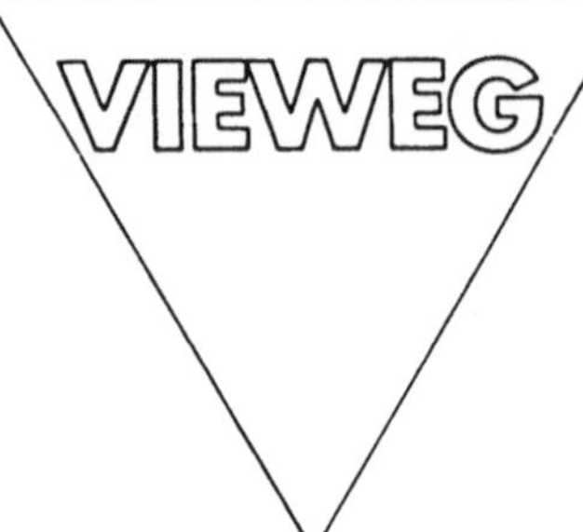

Contents: Basic facts about symmetric bilinear forms, and definition of the Witt-ring – The structure of Wittrings – Reduced Wittrings.

This book gives an introduction to some parts of the algebraic theory of quadratic forms which have developed rapidly in the last years. It presents the structure theory of Wittrings and reduced Wittrings over fields in the framework of "abstract" Wittrings. This approach has the advantage that the results carry over to the case of Wittrings over local theory of forms over algebraic varieties.